普通高等教育"十二五"规划教材（高职高专教育）

工程招投标与合同管理

主　编	曾　瑜　金玮佳
副主编	厉　莎
参　编	周雄杰　任月霞　雷丽春
主　审	楼洪瑞

中国电力出版社

CHINA ELECTRIC POWER PRESS

内 容 提 要

本书为普通高等教育"十二五"规划教材（高职高专教育）。全书共分 7 章，主要内容包括工程招投标概述、工程项目施工招标、工程量清单及清单计价、工程项目施工投标、建设工程施工合同、建设工程合同管理、建设工程合同索赔。本书根据当前建筑市场发展及 2013 版《标准施工招标文件》和《建设工程施工合同（示范文本）》中的核心内容，结合高职高专课程和教学内容体系改革方向，采用项目化教学方法编写。每个章节均通过项目串联，并在各章后附有练习与思考题，以检验学生学习效果。

本书可作为高职高专院校工程造价、建筑经济管理、建筑工程管理、建筑工程技术等专业的教材，也可供相关专业人员参考。

图书在版编目（CIP）数据

工程招投标与合同管理/曾瑜，金玮佳主编. —北京：中国电力出版社，2015.2

普通高等教育"十二五"规划教材. 高职高专教育
ISBN 978 - 7 - 5123 - 6985 - 6

Ⅰ. ①工… Ⅱ. ①曾…②金… Ⅲ. ①建筑工程-招标-高等职业教育-教材②建筑工程-投标-高等职业教育-教材③建筑工程-经济合同-管理-高等职业教育-教材 Ⅳ. ①TU723

中国版本图书馆 CIP 数据核字（2015）第 030717 号

中国电力出版社出版、发行
（北京市东城区北京站西街 19 号　100005　http：//www.cepp.sgcc.com.cn）
汇鑫印务有限公司印刷
各地新华书店经售

*

2015 年 2 月第一版　2015 年 2 月北京第一次印刷
787 毫米×1092 毫米　16 开本　14.5 印张　351 千字
定价 30.00 元

前　言

  本课程的任务是使学生了解并掌握在工程项目管理及招投标过程中，如何进行全方位全过程的科学管理和合理协调，具有从事工程建设的项目管理及招投标知识，具有进行建筑企业项目管理的能力，具有从事建设招投标及合同管理的初步能力，以及具有有关其他工程实践的能力，为学生在毕业后从事有关的工程建设管理工作中奠定坚实的基础。

  本书是培养土建类专业学生具备建筑工程项目招投标及合同管理职业能力的核心课程教材。本书结合高等教育课程和教学内容体系改革方向，按照 2013 版《标准施工招标文件》和《建设工程施工合同（示范文本）》中的核心内容，采用项目化教学方法的全新体例编写，本书中的基础理论知识以应用为目的，以必要够用为度，注重理论与实践相结合，强调培养学生解决实际问题的能力，结合招投标与合同管理发展的前沿问题，突出实用性原则。本书内容丰富，对建筑市场、工程项目招投标、投标报价计算与编制、投标报价策略、施工合同管理、施工索赔等内容进行了详细的阐述，还引入了较为详实的实际工程案例，以帮助学生掌握基础概念，培养实务操作能力。

  本书由浙江同济科技职业学院教师曾瑜、金玮佳担任主编，厉莎和周雄杰高级工程师、任月霞高级工程师和雷丽春高级工程师参与编写，由楼洪瑞教授级高级工程师主审。全书在编写过程中，参考和引用了书后所列参考文献中的部分内容，在此谨向原作者表示衷心的感谢！

  限于编者水平，书中难免存在疏漏，敬请广大读者及同行专家批评指正。

编　者

2014 年 5 月

目　录

第1章 工程招投标概述

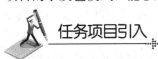

技能目标

建筑市场是市场体系的重要组成部分，要求学生对建筑市场概念，建筑市场交易活动，工程项目承发包的概念，承发包业务的形成与发展，工程项目承发包模式，工程项目招投标概念、特点、范围，招投标活动的主要参与者等内容学习后，掌握工程承发包的概念和内容、招投标的分类及特点，熟悉建设工程交易中心的职能和运作程序，熟悉建筑市场的资质管理，掌握工程项目的承发包模式，能够运用已有知识，分析工程特征，选择适当的承发包模式。

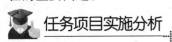

任务项目引入

学生先独立思考再分组讨论，最后教师进行案例讲解，探讨我国建筑市场发展现状及存在的主要问题。

任务项目实施分析

通过对建筑市场概念、特征及管理，招投标概念及相应法律条款等内容的学习，准确判断建筑市场中的不规范或违法行为。

教学内容

1.1 建 筑 市 场

1.1.1 市场概述

1. 市场的概念

市场是社会分工和商品经济发展的必然产物，概括来说，市场就是商品流通领域一切商品交换活动的总和。市场的概念有着广义与狭义之分，狭义的市场是指有形市场，所谓有形市场，是进行商品买卖交易行为的固定场所，如商场、购物中心、集市、交易所等。广义的市场是商品交换关系的总和，是对某项商品或服务具有需求的所有现实和潜在的购买者和售卖者，也就是说，市场是由人组成的，是对某种产品具有现实或潜在需求的消费者群体。

2. 市场的构成要素

市场是由各种有机联系着的基本要素组成。正是这些要素之间的相互联系和相互作用，推动着市场的现实运动。总体来看，构成市场的基本要素包括以下几个部分：

（1）市场主体。市场主体是指在市场上从事经济活动，享有权利和承担义务的个人和机构组织。具体来说，就是具有独立经济利益和资产，享有民事权利和承担民事责任的可从事市场交易活动的法人或自然人，也可分为买方和卖方。

法人是具有民事权利能力和民事行为能力，依法独立享有民事权利和承担民事义务的组织，是社会组织在法律上的人格化。法人按是否具有盈利性，分为企业法人和国家机关、事业单位、社会团体、为实现社会管理及其他公益目的非企业法人。

自然人与法人相对，是基于出生而成为民事权利和义务主体的人。在中国和其他一些国家称为公民。但公民仅指具有一国国籍的自然人，而自然人还包括外国人和无国籍人。

（2）市场客体。市场客体是指可供交换的商品，这里的商品既包括有形的物质产品，如各种原材料、机械设备、产成品等，也包括无形的服务及各种商品化了的资源要素，如资金、技术、信息、土地、劳动力等。市场的基本活动是商品交换，所发生的经济联系也是以商品的购买或售卖为内容的。因此，具备一定量的可供交换的商品，是市场存在的物质基础，也是市场的基本构成要素。倘若没有可供交换的商品，市场也就不存在了。

（3）交易行为。交易行为是指买卖双方的交易活动，它是连接市场主体和市场客体的桥梁，不同的市场主体通过交易行为完成对市场客体的交换。在整个交易过程中，交易价格是买卖双方考虑商品交换的主要因素，完成交易行为的媒介是货币。手段包括各种必需的物质条件，如交易场地、计量工具、储运等服务设施。另外，交易行为的顺利完成还要依靠交易规则来保证，即在市场运行过程中形成的保证市场秩序、保护主体合法权益的各种法律法规、体制机制、规章制度等。

1.1.2　建筑市场概述

1. 建筑市场的概念

建筑市场的形成是市场经济的产物，它是指进行建筑产品生产交易活动的市场，体现了建筑产品和有关服务交换关系的总和。

建筑市场不同于其他产品市场，有其独特性。由于建筑产品具有生产周期长、规模大、造价高的特点，决定了交易活动始终贯穿于建筑产品生产的整个过程。从工程建设的决策、设计、施工，到工程竣工、保修期结束，发包人与承包商、分包商进行的各种交易活动与建筑产品的生产活动交织在一起。

建筑市场有广义的市场和狭义的市场之分。狭义的市场一般指以建筑产品为交换内容的市场，如建筑安装、装饰装修、环境绿化等。广义的市场除了以建筑产品为交换内容外，还包括与工程建设有关的勘察设计、专业技术服务、金融产品、劳务、建筑材料、设备租赁等各种要素市场，以及建筑商品生产过程及流通过程中的各种经济联系和经济关系。

2. 建筑市场的特征

（1）建筑市场的地域性。建筑市场的地域性是由建筑产品的固定性和区域性所决定的，由于存在地区经济、自然地理和文化条件的差异，建筑产品的生产往往是在一个相对稳定的地理区域内完成的，受技术、人才、政策等因素的影响，就会出现明显的建筑市场区域差异。例如，我国长三角地区、沿海地区建筑市场发展迅速，具备明显的领先优势；华中、西南、东北等地区，建筑市场潜力较大；西北地区建筑市场份额较小，相对发展较慢。

（2）市场交易的直接性。一般商品可以预先批量生产，然后经过批发、零售环节进入市场。建筑产品由于业主对其用途、功能的要求不同，决定了建筑产品只能根据需要单独设计、单独生产。建筑市场中没有商业中介人，无法经过中间环节，只能由需求者和生产者直接交易，先成交后生产。

（3）市场交易的阶段性与长期性。建筑产品价值高昂且生产周期长，难以实现由产品买方先支付全部工程款再由卖方交货，因此建筑产品的交易大多采用分期交付中间产品、分阶段付款，待工程完工后再结清全部款项的方式，因此具备交易阶段性的特点，并且这样的交易是一个很长的过程，直到建筑产品完整交付后才能完成。

（4）建筑市场的风险性。对建筑产品的买方而言，希望在满足自身对质量和功能要求的情况下价格尽可能低，但卖方因为自身利益的考虑可能在既定价格条件下达不到买方的功能质量预期，然而建筑产品一旦进入生产阶段，就难以退还或重新建造，如果在质量标准理解上产生分歧，就可能给买方或卖方带来损失。另外，由于建筑产品生产周期长，不确定因素较多，国家政策、国际国内经济形势、供求关系，甚至地质、环境的变化都会给建筑市场带来一系列影响。例如，金融政策和市场形势影响到产品买方的资金链，造成对卖方已完成产品的拖延支付或者中断支付；或是产品卖方采用较低定价以获得业务，却因为在较长的生产周期内遭遇材料、劳务、设备价格和汇率、利率等的变化，导致亏损。

（5）建筑市场的竞争性。建筑产品生产者之间竞争激烈。由于不同的生产者在管理技术水平、专业特长、对市场的熟悉程度和竞争策略上的差异，使得建筑市场的竞争性首先体现在各生产者的建筑产品定价上。为在激烈的市场竞争中中标，对于一些技术特点不强的工程项目，生产者只有降低自身利润以增大中标几率，并且由于政府在环境保护和安全方面制定的政策使得生产者在这方面的管理费用也逐步增加，利润空间进一步缩小。建筑产品的买方相对而言处于主导地位，有的建设单位利用买方市场优势地位，要求建筑产品生产者垫资施工，作为建设单位变相筹措资金的渠道转嫁经营风险，损害了建筑产品生产者的利益，也加剧了建筑市场的竞争。

3. 建筑市场的主体

建筑市场的主体是指参与建筑生产交易过程的各方，包括：发包工程的政府部门、企事业单位和个人组成的发包人；承担工程的勘察设计施工任务的承包人；为市场提供服务的工程咨询服务机构等。

（1）发包人。发包人是指具有工程发包主体资格和支付工程价款能力，在建筑市场中发包工程项目的勘察、设计、施工任务，并最终得到建筑产品的政府部门、企事业单位和个人。发包人有时也称建设单位、业主，在发包工程和组织工程建设时进入建筑市场，成为建筑市场的主体，其在项目建设过程中的主要职能是完成建设项目的立项决策、资金筹措、手续办理、招标与合同管理、施工与质量管理、竣工验收、运行等。

发包人必须承担建设项目的全部责任和风险，对建设过程中的各个环节进行统筹安排，实行责、权、利的统一。依据法律规定，建设工程合同发包人的主要义务是：

1）不得违法发包。发包人不能将应当由一个承包人完成的建设工程肢解成若干部分发包给几个承包人。

2）提供必要施工条件，确保承包人准时进入施工现场。如发包人未按约定的时间和要求提供原材料、设备、场地、资金、技术资料，承包人可以顺延工程日期，并要求停工、窝工损失赔偿。

3）对工程质量、进度及时检查。发包人在不妨碍承包人正常作业的情况下，可以随时对作业进度、质量进行检查。隐蔽工程在隐蔽以前，承包人应当通知发包人检查，发包人没有及时检查，承包人可以顺延工程日期，并有权要求赔偿停工、窝工等损失。

4）组织验收。建设工程竣工后，发包人应当根据施工图纸说明书、国家颁发的施工验收规范和质量检验标准进行验收。

5）支付工程价款。发包人应按照合同约定的时间、地点和方式等，向承包人支付工程价款。

（2）承包人。承包人有时也称承包商，是指满足法律规定的承包人主体资格要求，取得建设行政主管部门颁发的资质证书，持有工商行政管理机关核发的营业执照，具有一定数量的建筑装备、流动资金、管理人员及一定数量的工人，在核准的资质等级许可范围内承揽工程，能够按照业主的要求提供不同形态的建筑产品并最终得到相应工程价款的建筑施工企业。

按照生产的主要形式，承包人可以分为勘察、设计单位，建筑安装企业，混凝土构配件及非标准预制件等生产厂家，商品混凝土供应站，建筑机械租赁单位及专门提供建筑劳务的企业等。按照其所从事的专业，承包人分为土建、水电、道路、港口、市政工程等专业公司。按照承包方式，承包人可分为总包商和分包商。

依据法律规定，建设工程合同承包人的主要义务是：

1）不转包和违法分包工程。承包人不得将其承包的全部建设工程转包给第三人，不得将其承包的全部建设工程肢解后以分包的名义转包给第三人。禁止分包单位将其承包的工程再分包。

2）按照合同约定的日期准时进入施工现场，按期开工。

3）确保建设工程质量达到合同约定的标准，接受发包人的监督。《中华人民共和国合同法》（简称《合同法》）规定，因施工人的原因致使建设工程质量不符合约定的，发包人有权要求施工人在合理期限内无偿修理或者返工、改建。经过修理或者返工、改建后，造成逾期交付的，施工人应承担违约责任。

4）保证工程施工人员的安全。因承包人的原因致使建设工程在合理使用期内造成人身和财产损害的，承包人应当承担损害赔偿责任。

5）交付竣工验收合格的建设工程。建设工程竣工经验收合格后，方可交付使用，未经验收或验收不合格的，不得交付使用。

在市场经济条件下，承包人要通过竞争取得工程项目，必须具备优秀的专业人员队伍和先进的施工机械设备，能够自主解决工程项目中的技术难题，具备较高的工作效率和技术水平，同时具备一定的融资和资金垫付能力，能够承担各种市场风险，遵守法律法规，保证工程的质量、进度和安全，才能在激烈的市场竞争中获得一席之地。

（3）工程咨询服务中介机构。工程咨询服务中介机构是指具有一定注册资金及相应的专业服务能力，取得建设咨询证书和营业执照，在建筑市场中受发包人或承包人委托，对工程建设提供勘察设计、工程造价、工程管理、招标代理、工程建设监理等智力型服务并获取相应费用的中介服务组织。我国的工程咨询服务中介机构主要包括勘察设计机构、工程造价咨询单位、律师事务所、招标代理机构、资产和资信评估机构、工程监理公司、项目管理公司等。

4. 建筑市场的客体

建筑市场的客体，一般称作建筑产品，是建筑市场的交易对象，既包括有形建筑产品，也包括无形产品（咨询、监理、招标代理等智力型服务）。在不同的生产交易阶段，建筑产品有不同的表现形态，如承包人建造的建筑物和构筑物，或生产厂家提供的混凝土构件，或设计单位提供的设计图纸等。

在商品经济条件下，建筑产品有着与其他商品不同的特点。

（1）建筑产品的固定性。建筑产品是在选定的地点上建造和使用，从建造开始直至拆除均不能移动。所以，产品的建造和使用地点在空间上是固定的。

（2）建筑产品生产过程的流动性。建筑产品地点的固定性决定了产品生产的流动性。建筑产品的生产不是在固定的工厂、车间内进行生产，而是在不同的地区，或同一地区的不同现场，或同一现场的不同单位工程，或同一单位工程的不同部位组织工人、机械围绕着同一产品进行生产。这就要求施工人员和施工机械只能在地区与地区之间、现场之间和单位工程不同部位之间流动。

（3）建筑产品的单件性。建筑产品应在国家或地区的统一规划内，根据其使用功能，在选定的地点上单独设计和单独施工。即使是选用标准设计、通用构件或配件，由于产品所在地区的自然、技术、经济条件的不同，使产品的材料、施工组织和施工方法等也要因地制宜加以修改，从而使各建筑产品生产具有单件性。

（4）建筑产品的整体性和施工生产的专业性。随着经济的发展和建筑技术的进步，施工生产的专业性越来越强。在建筑生产中，由各种专业施工企业分别承担工程的土建、安装、劳务分包，有利于施工生产技术和效率的提高。这一特点决定了建筑市场中总包和分包相结合的特殊承包形式。

（5）建筑生产的不可逆性。建筑产品工程量巨大，生产周期长，一旦进入生产阶段，其产品不可能退还，也难以重新建造，否则发包人和承包人都将承受极大的损失。所以建筑最终产品质量是由各阶段成果的质量决定的，设计、施工必须按照规范和标准进行，才能保证生产出合格的建筑产品。

（6）建筑产品生产的复杂性。在专业知识方面，建筑产品的生产需要组织多专业、多工种的综合作业，涉及工程力学、建筑结构、建筑构造、建筑材料和施工技术等不同的学科知识。此外，建筑产品的生产还要涉及与社会各部门和各领域的协作配合，如城市规划、消防、环境保护、质量监督、科研试验、交通运输、银行财政等，从而体现了建筑产品生产复杂的组织协作关系。

1.1.3　建筑市场运行机制

建筑市场运行机制是指建筑市场运行的实现体制，它依靠市场中供求、价格、竞争三大构成要素之间的相互联系和相互作用，自动调节企业的生产经营活动，实现社会经济的协调发展。目前，我国已基本形成国家调控市场，市场引导企业实行国家—市场—企业双向调节的社会主义市场运行机制。

改革开放至今，我国的建筑市场发展经历了多个阶段，现在进入了大规模建设时期，要从根本上提高工程质量，繁荣建筑市场，就需要对建筑市场的主体责任机制、竞争机制、价格机制、监督管理机制进一步深化改革。建立建筑市场主体责任机制，使项目法人真正成为拥有资本金、具有融资能力、能够独立承担法律责任的投资开发企业，形成拥有资金实力和技术能力的施工企业；完善建筑市场竞争机制，使建筑企业自觉地加强管理，提高技术水平，强化人员素质，提高劳动效率，降低建设成本；健全建筑市场价格机制，减少国家对建筑产品价格的影响，使价格真正反映市场供求情况，真实显示建筑企业的实际消耗和工作效率，使实力强、素质高、效益好的企业具有更强的竞争力；强化建设市场的监督管理机制，完善法律法规，进一步发挥建设监理、保证担保、质量监管等作用。

1.1.4 有形化建筑市场（建设工程交易中心）

有形化建筑市场，是指自 20 世纪 90 年代以来，在我国各地陆续建立的建设工程交易中心。

建设工程项目从投资性质上可分为两大类：一类是国有投资项目；另一类是私人投资项目。随着改革开放的不断深入，我国经济快速发展，城市化进程日益加快，基础设施及市政公用事业的建设显著增多，国有资金投资在社会投资中占有主导地位。由于国有资产管理体制的不完善，很容易造成工程发包中的不正之风和腐败现象，建设领域的职务犯罪案件时有发生。这就需要将承发包活动从"无形"变为"有形"，建立一套适合我国国情的有形建筑市场规范管理形式。建设工程交易中心就是各地在实践中探索出来的一种有形建筑市场管理形式，它把管理和服务有效结合起来，公开发布工程信息，以招标投标为核心，相关职能部门相互协作，依法办理建设工程的相关手续，集中进行工程建设的程序管理并向各方主体提供服务，是我国解决国有投资项目交易透明度差的问题和加强建筑市场管理的一种独特方式。

1. 建设工程交易中心的性质

建设工程交易中心是服务性机构，不是政府管理部门，也不是政府授权的监督机构，本身并不具备监督管理职能。但建设工程交易中心又不是一般意义上的服务机构，它是建设行政主管部门批准设立，为建设项目发包与承包活动提供场所、信息和咨询服务，旨在为建立公开、公正、平等竞争的招标投标制度服务，不以营利为目的的法人服务机构。

2. 建设工程交易中心的职能

我国建设工程交易中心作为建筑市场管理和服务的一种新形式，按照信息服务、场所服务和集中办公三大功能进行构建，见表 1-1，具体来讲，其主要职能如下。

表 1-1　　　　　　　　　　　　　建设工程交易中心三大功能

功能	服务内容
信息服务功能	配备显示墙、计算机信息管理系统等设施，进行工程交易的信息发布、传递、收集、查询，中标公示，违规曝光，处罚公告等
场所服务功能	具备信息发布大厅、洽谈室、封闭评标室、开标室、会议室等，以满足交易双方招标、评标、中标、合同谈判等工作的需要。具备办公室、资料室等，提供政府有关部门的集中办公场所
集中办公功能	实行"一站式"窗口服务，受理项目报建、招标登记、资质审查、质量报建、安全报建、施工许可发放等申报

（1）贯彻执行相关法律、法规和规章，制定工程交易规则和运行程序，并协调执行。

（2）设置信息收集、存储和发布的平台，按照交易规则及时收集发布招标投标信息、政策法规信息、企业（包括勘察、设计、施工、监理、造价咨询、招标代理）信息、科技和人才信息、材料设备价格信息、分包信息等，为建设工程交易活动各方提供信息服务。

（3）为工程招标投标活动提供场所和咨询服务，见证招标投标过程，确认中标通知书。

（4）为其他政府有关部门在该中心办公（办理工程项目报建、设计审查、合同备案、质量安全监督、施工许可等有关手续）提供办公设施和场所。

（5）管理评标专家库，设置满足需要的评标专家抽取系统，实现评标专家的随机抽取，并对专家的出勤情况和评标行为进行记录。

（6）负责对进入建设工程交易中心的招标投标工程进行资料归档管理，以供有关部门备查。

（7）配合中心进驻的各个部门调解工程交易过程中发生的纠纷。设立举报信箱，公布举报电话，及时向政府有关部门报告交易活动中发现的违法违纪行为，并协助调查。

3. 建设工程交易中心运作的一般程序

（1）工程交易进场登记。建设单位或招标代理单位持《建设工程规划许可证》《招标代理委托合同》或《建设单位招标机构资格审批表》进行工程建设项目交易登记。报建工程由招标监督部门依据法律法规确认招标方式，核定工程类别。

（2）发布招标公告。招标人提供招标公告，在建设工程交易中心统一发布，招标公告应包括：招标人的名称和地址，招标项目的内容、规模、资金来源及落实情况，招标项目的实施地点和工期，获取招标文件或者资格预审文件的时间、地点及收取的费用，对投标人的资质等级的要求等。

（3）接受投标报名。接受投标人投标申请后，招标人向投标人分发招标文件、设计图纸、技术资料等。潜在投标人按招标文件规定缴纳投标保证金。

（4）开标室申请。由中心人员对工程开标、评标活动进行时间地点安排，或由招标人（或代理机构）先通过系统录入招标文件备案所需要的相关信息，然后通过系统选择开标时间及开标室并提交，办理确认及备案手续。

（5）抽取评标专家。在规定的时间内，在建设工程交易中心监控室由工作人员指导招标人在专家库中随机抽取评标专家。由交易中心工作人员通知专家评委，告知评标的时间和地点，但不得告知拟评标工程的有关情况。专家按通知的时间、地点报到，领取评委工作证，等候评标。

（6）开标、评标。建设工程交易中心工作人员负责维护开标会议秩序，进行记录并保存相关资料，无关人员不得进入开标室，招标人在监管部门监管下组织开标、唱标。评标活动由招标人依法组建的评标委员会负责，评标委员会根据评标办法进行评标，评标工作按照初步评审、详细评审、提出书面报告推荐中标候选人、完成评标报告的流程进行。

（7）中标结果公示。评标工作结束后，评标结果经招标人盖章确认，并报行政监管部门备案，建设工程交易中心将中标结果通过信息网络、电子屏幕，以及行政主管部门规定的其他信息媒介进行公示，公示时间不得少于 3 个工作日。

（8）招标项目资料归档。招标人或代理机构将完整的交易资料送建设工程交易中心保存归档。

请同学们课后到中国工程建设信息网（http：//www.cein.gov.cn）、中国招投标网（http：//www.cec.gov.cn）、中国招投标协会（http：//www.ctba.org.cn）查询相关知识，深刻了解建设工程交易中心的运行状况和功能。

1.1.5 建筑市场管理

1. 我国建筑市场管理的范围和内容

很多发达国家建设主管部门对建筑市场的管理主要是通过政府引导、法律规范、行业自律、市场调节、专业组织部门辅助管理等来实现的。我国的建筑市场管理，在计划经济时期主要是各级部门通过行政手段管理企业和企业行为，在国有资产投资项目中，政府部门以既是投资者，又是管理者的双重身份介入国有资产投资项目的投资建设管理中，不利于我国建筑市场的发展。随着我国社会主义市场经济体制的确立和国际接轨的需要，我国开始逐步对建筑市场的管理范围和内容加以调整和完善，调整政府部门机构设置，使政府部门逐步从赢利性领域退出来着重发挥自身的战略制定、决策、指导、监督和公共服务的作用，建筑市场的管理从部门管理逐步向行业管理转变。

建设行政主管部门履行的主要职责是：贯彻国家有关工程建设的法规和方针、政策，会同有关部门草拟或制定建筑市场管理法规；总结交流建筑市场管理经验，指导建筑市场的管理工作；根据工程建设任务与设计、施工力量，建立平等竞争的市场环境；审核工程发包条件与承包方的资质等，监督检查建筑市场管理法规和工程建设标准（规范、规程）的执行情况；依法查处违法行为，维护建筑市场秩序。

此外，我国建筑市场管理开始逐步加强行业性组织在建筑市场管理中的作用，行业性组织包括建筑业协会及其下属的设备安装、机械施工、装饰等专业分会，建设监理协会等。它们在政府和企业之间发挥纽带作用，协助政府进行行业管理，具有政府行政管理不可替代的作用，是市场体系成熟和市场经济发达的重要表现。其主要任务包括：调查收集行业发展中存在的问题和情况、企业的愿望和要求，并及时向政府反映，作为政府制定政策和法规的依据，保护行业的合法权益；贯彻传达国家政策和方针，加强对企业的引导，实现政府的管理意图；制定行业规范，规范约束企业行为，协调企业间的关系，调解处理企业的争议和纠纷，维护市场正常秩序；收集发布行业动态及市场信息，促进交流；积极开展教育培训，促进企业人员素质的提高和先进管理方法、高新技术的推广采用。

2. 我国建筑市场资质管理

建筑行业是关系民生的支柱产业，为了加强对建筑活动的监督管理，维护公共利益和建筑市场秩序，保证建设工程质量安全，必须对从事工程建设活动的企业和人员建立完善的资质管理制度。我国的建筑行业资质管理主要有两个方面：一方面是从业企业的资质管理；另一方面是从业专业人员的资质管理。

（1）建筑市场从业企业的资质管理。建筑市场从业企业资质管理是指对从事建筑活动的施工企业、勘察单位、设计单位和工程监理单位、工程建设项目招标代理机构、工程造价咨询企业，按照其拥有的注册资金、专业技术人员数量、类似工程业绩等划分不同的资质等级，并且约束这些企业只能在其资质等级许可的范围内从事建筑活动。

1）建筑业企业的资质管理。建筑业企业，是指从事土木工程、建筑工程、线路管道设备安装工程、装修工程的新建、扩建、改建等活动的企业。这些施工企业应当具备符合国家规定的注册资本金；具有与其从事建筑施工活动相适应的具有法定执业资格的专业技术人员；具备从事相关建筑施工活动所应有的技术装备，以及法律、法规规定的其他条件。建筑业企业资质分为施工总承包、专业承包和劳务分包 3 个序列。

a. 取得施工总承包资质的企业（简称施工总承包企业），可以承接施工总承包工程。施工总承包企业可以对所承接的施工总承包工程内各专业工程全部自行施工，也可以将专业工程或劳务作业依法分包给具有相应资质的专业承包企业或劳务分包企业。施工总承包企业资质等级标准包含房屋建筑工程、公路工程、铁路工程、市政公用工程、机电安装工程等 12 种类别的资质等级标准。以房屋建筑工程施工总承包企业资质等级标准为例，其企业资质分 4 种等级：特级、一级、二级、三级（见表 1-2），不同资质等级的业务范围见表 1-3。

表 1-2　　　　　　　　　　　房屋建筑工程施工总承包企业资质标准

资质等级	资质标准
特级	(1) 企业注册资本金为 3 亿元以上； (2) 企业净资产为 3.6 亿元以上； (3) 企业近 3 年年平均工程结算收入为 15 亿元以上； (4) 企业其他条件均达到一级资质标准
一级	(1) 企业近 5 年承担过下列 6 项中的 4 项以上工程的施工总承包或主体工程承包，工程质量合格： 1) 25 层以上的房屋建筑工程； 2) 高度在 100m 以上的构筑物或建筑物； 3) 单体建筑面积在 3 万 m^2 以上的房屋建筑工程； 4) 单跨跨度在 30m 以上的房屋建筑工程； 5) 建筑面积在 10 万 m^2 以上的住宅小区或建筑群体； 6) 单项建筑安装合同额在 1 亿元以上的房屋建筑工程。 (2) 企业经理具有 10 年以上从事工程管理工作经历或具有高级职称；总工程师具有 10 年以上从事建筑施工技术管理工作经历并具有本专业高级职称；总会计师具有高级会计师职称；总经济师具有高级职称。企业有职称的工程技术和经济管理人员不少于 300 人，其中工程技术人员不少于 200 人；工程技术人员中，具有高级职称的人员不少于 10 人，具有中级职称的人员不少于 60 人。企业具有的一级资质项目经理不少于 12 人。 (3) 企业注册资本金在 5000 万元以上，企业净资产在 6000 万元以上。 (4) 企业近 3 年最高年工程结算收入在 2 亿元以上。 (5) 企业具有与承包工程范围相适应的施工机械和质量检测设备
二级	(1) 企业近 5 年承担过下列 6 项中的 4 项以上工程的施工总承包或主体工程承包，工程质量合格： 1) 12 层以上的房屋建筑工程； 2) 高度在 50m 以上的构筑物或建筑物； 3) 单体建筑面积在 1 万 m^2 以上的房屋建筑工程； 4) 单跨跨度在 21m 以上的房屋建筑工程； 5) 建筑面积在 5 万 m^2 以上的住宅小区或建筑群体； 6) 单项建筑安装合同额在 3000 万元以上的房屋建筑工程。 (2) 企业经理具有 8 年以上从事工程管理工作经历或具有中级以上职称；技术负责人具有 8 年以上从事建筑施工技术管理工作经历并具有本专业高级职称；财务负责人具有中级以上会计职称。企业有职称的工程技术和经济管理人员不少于 150 人，其中工程技术人员不少于 100 人；工程技术人员中，具有高级职称的人员不少于 2 人，具有中级职称的人员不少于 20 人。企业具有的二级资质以上项目经理不少于 12 人。 (3) 企业注册资本金在 2000 万元以上，企业净资产在 2500 万元以上。 (4) 企业近 3 年最高年工程结算收入在 8000 万元以上。 (5) 企业具有与承包工程范围相适应的施工机械和质量检测设备

资质等级	资质标准
三级	(1) 企业近 5 年承担过下列 5 项中的 3 项以上工程的施工总承包或主体工程承包，工程质量合格： 1) 6 层以上的房屋建筑工程； 2) 高度在 25m 以上的构筑物或建筑物； 3) 单体建筑面积在 5000m² 以上的房屋建筑工程； 4) 单跨跨度在 15m 以上的房屋建筑工程； 5) 单项建筑安装合同额在 500 万元以上的房屋建筑工程。 (2) 企业经理具有 5 年以上从事工程管理工作经历；技术负责人具有 5 年以上从事建筑施工技术管理工作经历并具有本专业中级以上职称；财务负责人具有初级以上会计职称。企业有职称的工程技术和经济管理人员不少于 50 人，其中工程技术人员不少于 30 人；工程技术人员中，具有中级以上职称的人员不少于 10 人。企业具有的三级资质以上项目经理不少于 10 人。 (3) 企业注册资本金在 600 万元以上，企业净资产在 700 万元以上。 (4) 企业近 3 年最高年工程结算收入在 2400 万元以上。 (5) 企业具有与承包工程范围相适应的施工机械和质量检测设备

表 1 - 3   **房屋建筑工程施工总承包企业业务范围**

资质等级	业务范围
特级	可承担各类房屋建筑工程的施工
一级	可承担单项建筑安装合同额不超过企业注册资本金 5 倍的下列房屋建筑工程的施工： (1) 40 层及以下、各类跨度的房屋建筑工程； (2) 高度在 240m 及以下的构筑物； (3) 建筑面积在 20 万 m² 及以下的住宅小区或建筑群体
二级	可承担单项建筑安装合同额不超过企业注册资本金 5 倍的下列房屋建筑工程的施工： (1) 28 层及以下、单跨跨度 36m 及以下的房屋建筑工程； (2) 高度在 120m 及以下的构筑物； (3) 建筑面积在 12 万 m² 及以下的住宅小区或建筑群体
三级	可承担单项建筑安装合同额不超过企业注册资本金 5 倍的下列房屋建筑工程的施工： (1) 14 层及以下、单跨跨度 24m 及以下房屋建筑工程； (2) 高度在 70m 及以下的构筑物； (3) 建筑面积在 6 万 m² 及以下的住宅小区或建筑群体

b. 取得专业承包资质的企业（简称专业承包企业），可以承接施工总承包企业分包的专业工程和建设单位依法发包的专业工程。专业承包企业可以对所承接的专业工程全部自行施工，也可以将劳务作业依法分包给具有相应资质的劳务分包企业。专业承包企业资质等级标准包含地基与基础工程、土石方工程、建筑装修装饰工程、建筑幕墙工程、电梯安装工程、消防设施工程、建筑防水工程等 60 种类别的资质等级标准。以土石方工程专业承包企业资质等级标准为例，其企业资质分 3 种等级：一级、二级、三级，不同资质等级的业务范围见表 1 - 4。

表 1 - 4   **土石方工程专业承包企业业务范围**

资质等级	业务范围
一级	可承担各类土石方工程的施工
二级	可承担单项合同额不超过企业注册资本金 5 倍，且 60 万 m³ 及以下的土石方工程的施工
三级	可承担单项合同额不超过企业注册资本金 5 倍，且 15 万 m³ 及以下的土石方工程的施工

c. 取得劳务分包资质的企业（简称劳务分包企业），可以承接施工总承包企业或专业承包企业分包的劳务作业。劳务分包企业资质等级标准包含木工作业、砌筑作业、抹灰作业、钢筋作业、脚手架作业、焊接作业、水暖电安装作业等 13 种类别的资质等级标准。以砌筑作业企业资质等级标准为例，其企业资质分两种等级：一级、二级，不同资质等级的业务范围见表 1 - 5。

表 1 - 5   **砌筑作业分包企业业务范围**

资质等级	业务范围
一级	可承担各类工程砌筑作业（不含各类工业炉窑砌筑）分包业务，但单项业务合同额不超过企业注册资本金的 5 倍（企业注册资本金 30 万元以上）
二级	可承担各类工程砌筑作业（不含各类工业炉窑砌筑）分包业务，但单项业务合同额不超过企业注册资本金的 5 倍（企业注册资本金 10 万元以上）

2）勘察单位资质管理。工程勘察资质分级标准是核定工程勘察单位工程勘察资质等级的依据。工程勘察资质范围包括建设工程项目的岩土工程、水文地质勘察和工程测量等专业，工程勘察资质分综合类、专业类和劳务类 3 个序列。综合类包括工程勘察所有专业；专业类是指岩土工程、水文地质勘察、工程测量等专业中的某一项，其中岩土工程专业类可以是岩土工程勘察、设计、测试监测检测、咨询监理中的一项或全部；劳务类是指岩土工程治理、工程钻探、凿井等。工程勘察综合类资质只设甲级；工程勘察专业类资质原则上设甲、乙两个级别，确有必要设置丙级勘察资质的地区，经建设部批准后方可设置专业类丙级；工程勘察劳务资质不分级别。不同资质等级下承担任务范围如下：

a. 综合类工程勘察单位。承担工程勘察业务范围和地区不受限制。

b. 专业类工程勘察单位。专业类甲级工程勘察单位承担本专业工程勘察业务范围和地区不受限制。

专业类乙级工程勘察单位可承担本专业工程勘察中、小型工程项目，承担工程勘察业务的地区不受限制。

专业类丙级工程勘察单位可承担本专业工程勘察小型工程项目，承担工程勘察业务限定在省、自治区、直辖市所辖行政区范围内。

c. 劳务类工程勘察单位。只能承担岩土工程治理、工程钻探、凿井等工程勘察劳务工作，承担工程勘察劳务工作的地区不受限制。

3）设计单位的资质管理。工程设计资质标准分为工程设计综合资质、工程设计行业资质、工程设计专业资质、工程设计专项资质 4 个序列。

a. 工程设计综合资质。工程设计综合资质是指涵盖建筑、煤炭、石油天然气、军工、机械、公路、水运、民航等 21 个行业的设计资质。工程设计综合资质只设甲级，可承担各行业建设工程项目的设计业务，其规模不受限制。

　　b. 工程设计行业资质。工程设计行业资质是指涵盖某个行业资质标准中的全部设计类型的设计资质。工程设计行业资质一般设甲、乙两个级别，另根据行业需要，建筑、市政公用、水利、电力（限送变电）、农林和公路行业可设立工程设计丙级资质，具体见表1-6。

表1-6　　　　　　　　　　工程设计企业业务范围（行业资质）

资质等级	业务范围
甲级	承担本行业建设工程项目主体工程及其配套工程的设计业务，其规模不受限制
乙级	承担本行业中、小型建设工程项目的主体工程及其配套工程的设计业务
丙级	承担本行业小型建设项目的工程设计业务

　　c. 工程设计专业资质。工程设计专业资质是指某个行业资质标准中的某一个专业的设计资质。工程设计专业资质设甲、乙、丙级。建筑工程设计专业资质设丁级，具体见表1-7。

表1-7　　　　　　　　　　工程设计企业业务范围（专业资质）

资质等级	业务范围
甲级	承担本专业建设工程项目主体工程及其配套工程的设计业务，其规模不受限制
乙级	承担本专业中、小型建设工程项目的主体工程及其配套工程的设计业务
丙级	承担本专业小型建设项目的工程设计业务
丁级（限建筑工程设计）	(1) 一般公共建筑工程：①单体建筑面积在 $2000m^2$ 及以下；②建筑高度在 12m 及以下。 (2) 一般住宅工程：①单体建筑面积在 $2000m^2$ 及以下；②建筑层数在 4 层及以下的砖混结构。 (3) 厂房和仓库：①跨度不超过 12m，单梁式吊车吨位不超过 5t 的单层厂房和仓库；②跨度不超过 7.5m，楼盖无动荷载的二层厂房和仓库。 (4) 构筑物：①套用标准通用图高度不超过 20m 的烟囱；②容量小于 $50m^3$ 的水塔；③容量小于 $300m^3$ 的水池；④直径小于 6m 的料仓

　　d. 工程设计专项资质。工程设计专项资质是指为适应和满足行业发展的需求，对已形成产业的专项技术独立进行设计，以及设计、施工一体化而设立的资质。工程设计专项资质可根据行业需要设置等级。

　　4）监理单位资质管理。工程监理企业资质分为综合资质、专业资质和事务所资质。综合资质、事务所资质不分级别。专业资质分为甲、乙级；其中，房屋建筑、水利水电、公路和市政公用专业资质可设立丙级。工程监理企业资质相应许可的业务范围如下：

　　a. 综合资质。可以承担所有专业工程类别建设工程项目的工程监理业务。

　　b. 专业资质。专业甲级资质可承担相应专业工程类别建设工程项目的工程监理业务，专业乙级资质可承担相应专业工程类别二级以下（含二级）建设工程项目的工程监理业务，专业丙级资质可承担相应专业工程类别三级建设工程项目的工程监理业务。

　　c. 事务所资质。可承担三级建设工程项目的工程监理业务，但国家规定必须实行强制监理的工程除外。

　　5）工程建设项目招标代理机构。工程建设项目招标代理机构资格分为甲级、乙级和暂定级。甲级工程招标代理机构可以从事各类工程的招标代理业务。乙级工程招标代理机构可以从事工程总投资 1 亿元人民币以下的工程招标代理业务。暂定级工程招标代理机构，能从事工程总投资 6 000 万元人民币以下的工程招标代理业务。

6）工程造价咨询企业。工程造价咨询企业资质等级分为甲级、乙级两类。甲级工程造价咨询企业可以从事各类建设项目的工程造价咨询业务。乙级工程造价咨询企业可以从事工程造价 5000 万元人民币以下的各类建设项目的工程造价咨询业务。

（2）从业专业人员的资质管理。在建筑行业中，把具有从事工程咨询资格的专业工程师称为专业人员。从事建筑施工活动的专业技术人员，应当依法取得相应的执业资格证书，并在执业资格证书许可的范围内从事建筑施工活动。专业人员需要具备某种专业技术性工作的学识、技术和能力，在建筑行业中占有举足轻重的地位。

我国专业人员的资质管理近几年才从发达国家引入，目前确定的建筑行业专业人员种类有建筑师、结构工程师、监理工程师、造价工程师、建造师、估价师等，各专业资格取得的条件为：具有大专以上学历；参加全国统一考试，成绩合格及具有相应的专业实践经验。

1.2　建设工程项目承发包

1.2.1　建设工程项目承发包的概念

承发包是一种交易行为，是指交易的一方负责为交易的另一方完成某项工作或供应一批货物，并按一定的价格取得相应报酬的一种交易。委托任务并负责支付报酬的一方称为发包人，接受任务并负责按时完成而取得报酬的一方称为承包人。承发包双方通过签订合同或协议，予以明确发包人和承包人之间的经济上的权利与义务等关系，且具有法律效力。

建设工程项目承发包是指建设单位或总包单位作为发包人（称甲方），建筑企业、工程咨询单位、材料供应商等作为承包人（称乙方），由甲方把建设过程各阶段中的全部或部分工作委托给乙方，双方在平等互利的基础上签订合同，明确各自的经济责任、权利和义务，以保证工作任务在合同造价内按期按量地全面完成的一种经营方式。

1.2.2　承发包业务的形成与发展

1. 国际工程承发包业务的形成与发展

以英国为例，国际工程承发包模式的形成和发展经历了较长的时间。其早期的工程建设是业主直接雇用工人进行工程建设；14～15 世纪，出现营造师的职业，负责设计并代理业主管理工匠；15 ～17 世纪，建筑师作为一种职业独立出来，负责设计任务，营造师管理工匠，组织施工；17～18 世纪，工程承包企业出现，业主发包、签订工程承包合同，建筑师负责规划、设计、施工监督，并负责业主和承包商之间的纠纷调解；19～20 世纪，出现总承包企业，逐渐形成一套比较完整的"总承包分包"体系。20 世纪，承包方式出现多元化的发展。

2. 国内工程承发包业务的形成与发展

我国建筑工程承发包业务起步较晚，1958～1976 年期间，由于受"左"的思想影响，把工程承包方式当做资本主义经营方式进行批判，取消和废除了承包制、合同制、法定利润和甲乙方关系，建立了现场指挥部等管理体制。20 世纪 80 年代初，我国第一次利用世界银行贷款建设云南省境内的鲁布革水电站工程。根据与世界银行的协议，工程三大部分之一的引水隧洞工程必须进行国际招标，我国成立了鲁布革工程管理局，第一次引进了业主、承包商、工程师的概念，将竞争机制引入工程建设领域，最终日本大成公司以比中国与外国公司联营体投标价低 3600 万元中标，且比 14958 万元的标底低了 43％，竣工时比合同工期提前了 122 天，施工中以科学的管理，先进的技术达到了工程质量好、工程造价低、用工用料省的显著效果，形成了强大的"鲁布革冲击"，在中国工程界引起了强烈的反响，由此开启了我国学习国际先进经验，努力开拓，探索适合我国承发包体系和模式的大门。20 世纪 80 年代至今，建筑业在我国改革开放的方针政策指导下，认真总结经验教训，实行了体制改革，发展速度较快，在建立健全我国承发包体系和模式的基础上，开始进一步走出国门，对外开拓工程承包业务。

1.2.3　建设工程项目承发包的内容

建设工程项目承发包的内容包含建设项目决策阶段、设计阶段、施工阶段、竣工验收投产使用阶段的全部工作，对一个承包人来说，承包的内容可以是建设过程的全部工作，也可以是某一阶段的全部或部分工作。

1. 项目建议书

项目建议书是建设单位向国家有关主管部门提出要求建设某一项目的建设性文件，是建设单位根据国民经济的发展、国家和地方中长期规划、产业政策、生产力布局、国内外市场、所在地的内外部条件，提出的某一具体项目的建议文件，是对拟建项目提出的框架性的总体设想；主要内容为项目的性质、用途、基本内容、建设规模及项目的必要性和可行性分析等。

2. 可行性研究

项目建议书经批准后，应进行项目的可行性研究。可行性研究是在调查的基础上，通过市场分析、技术分析、财务分析和国民经济分析，研究和论证建设项目的技术先进性、经济合理性和建设可能性的科学方法。

3. 勘察设计

（1）工程勘察。通过对地形、地质及水文等要素的测绘、勘探、测试及综合评定，查明工程项目建设地点的地形地貌、地层土壤岩性、地质构造、水文条件等自然地质条件，提供可行性评价与建设所需的基础资料，为建设项目的选址、工程设计和施工提供科学的依据。

（2）工程设计。工程设计是根据建设工程和法律法规的要求，对建设工程所需的技术、经济、资源、环境等条件进行综合分析、论证，编制建设工程设计文件，提供相关服务的活动；包括总图、工艺设备，建筑、结构、动力、储运、自动控制、技术经济等工作。大中型项目一般采用两阶段设计，即初步设计和施工图设计；重大项目和特殊项目采用三阶段设计，即初步设计、技术设计和施工图设计。

4. 材料和设备的采购供应

建设项目必需的设备和材料，涉及面广、品种多、数量大。设备和材料采购供应是工程建设过程中的重要环节。建筑材料的采购供应方式有：公开招标、询价报价、直接采购等。设备供应方式有：主要是通过"招标、询价、比选、磋商、竞买、订单"的交易主体方式或通过"公开招标、邀请招标、竞争性谈判、询价采购、单一来源采购等"的政府采购方式。

5. 建筑安装工程施工

建筑安装工程施工是工程建设过程中的一个重要环节，是把设计图纸付诸实施的决定性阶段。其任务是把设计图纸变成物质产品，如工厂、矿井、电站、桥梁、住宅、学校等，使预期的生产能力中使用功能得以实现。建筑安装施工内容包括现场施工的准备工作，永久性工程的建筑施工、设备安装及工业管道安装等。此阶段采用招标投标的方式进行工程的承发包。

6. 生产职工培训

基本建设的最终目的，就是形成新的生产能力。为了使新建项目建成后投入生产、交付使用，在建设期间就要准备合格的生产技术工人和配套的管理人员。因此，需要组织生产职工培训。这项工作通常由建设单位委托设备生产厂家或同类企业进行；在实行总承包的情况下，则由总承包单位负责，委托适当的专业机构、学校、工厂去完成。

7. 建设工程监理

建设工程监理作为一项新兴的承包业务，是近年逐渐发展起来的。它是指具有相应资质的工程监理企业，接受建设单位的委托，承担其项目管理工作，并代表建设单位对施工单位的建设行为进行监控的专业化服务活动。

1.2.4　建设工程项目承发包模式

建设工程项目承发包模式，是指发包人与承包人双方之间的经济关系形式，从承包人所处的地位、承发包的范围、合同计价方式、发包途径等不同的角度，可以对建设工程项目承发包模式进行不同的分类。

1. 按承包人所处的地位划分

在工程承包中，不同承包单位之间、承包单位与建设单位之间的关系与地位不同，就形成了不同的承包方式。按承包人所处的地位，建设工程项目承发包模式可分为总承包、分承包、联合承包和平行承包。

（1）总承包。总承包简称总包，是指发包人将一个建设项目建设全过程（勘查、设计、施工、设备采购等）或其中某几个阶段的工作发包给一个承包人承包。根据承包范围的不同，总承包通常又分为工程总承包和施工总承包两大类。

工程总承包是指从事工程总承包的企业受建设单位的委托，按照工程总承包合同的约定对工程建设项目的勘察、设计、采购、施工、试运行（竣工验收）等实行全过程或若干阶段的承包。国际国内常用的工程总承包模式有：

1）EPC（设计—采购—建设）模式。这种承包方式又称为"交钥匙"或"项目总承包"，是指工程总承包企业按照合同约定，承担工程项目设计、采购、施工、试运行等工作，并对承包工程的质量、安全、工期、造价全面负责，最终向建设单位提交一个满足使用功能、具备使用条件的工程项目。其特点是对业主而言，有利于项目管理、投资控制、进度控制；但因为有此能力的承包商相对较少，业主的选择范围较小，合同管理难度大。对承包商来说，责任重风险较大，需要具备较高的管理水平，但利润也很可观。

2）DB（设计—施工）模式。设计—施工总承包是指工程总承包企业按照合同约定，承担工程项目设计和施工，并对承包工程的设计和施工的质量、安全、工期、造价全面负责。

3）EP（设计—采购）模式。设计—采购总承包是指工程总承包企业按照合同约定，承担工程项目设计和采购工作，并对工程项目的设计和采购的质量、进度等负责。

4）BOT（建设—经营—转让）模式。BOT 模式是一种主要适用于公共基础设施建设的项目投融资模式，是国家或地方政府部门的建设单位通过协议，授予承包方承担公共基础设施项目的融资、建造、经营和维护，在协议规定的特许期限内，承包方拥有设施所有权，允许向设施使用者收取适当的费用来收回成本并取得合理回报，特许期限满后将设施无偿移交给建设单位。

5) BT（建设—转让）模式。BT 模式是 BOT 模式的一种演变，逐渐成为政府投资项目投融资模式的一种用于非经营性基础设施项目建设的模式。它的做法是，取得 BT 合同的承包方组建项目公司，按与建设单位签订合同的约定进行融资、投资、设计和施工，竣工验收后交付使用，建设单位在合同规定期限内向承包方支付工程款并获得项目所有权。

施工总承包是指发包人将全部施工任务发包给具有施工总承包资质的施工企业，由施工总承包企业按照合同的约定向建设单位负责，完成施工任务。

（2）分承包。分承包简称分包，是相对于总承包而言的，指总承包人将所承包工程中的部分工程（如土石方工程、电梯安装工程、幕墙装饰工程等）或劳务分包给其他具有相应资质条件的工程承包单位完成的活动，即专业工程分包和劳务作业分包。指定分包人则不然，而只对总承包人负责，在现场由总承包人统筹安排其活动。分承包人承包的工程不是总承包范围内的主体结构工程或主要部分（关键性部分），主体结构工程施工必须由总承包人自行完成，防止总承包单位以分包为名发生转包行为，以确保工程质量和工程建设的顺利实施。同时，禁止分包单位将其承包的工程再分包，防止层层分包，以规范市场行为，保证工程质量。以下行为是法律明文禁止的：

1) 总承包单位将建设工程分包给不具备相应资质条件的单位；

2) 建设工程总承包合同中未有约定，又未经建设单位认可，承包单位将其承包的部分建设工程交由其他单位完成；

3) 施工总承包单位将建设工程主体结构的施工分包给其他单位；

4) 分包单位将其承包的建设工程再分包；

5) 承包单位将其承包的全部建设工程肢解后以分包的名义分别转包给他人。

（3）联合承包。联合承包是指两个以上具备承包资格的单位共同组成非法人的联合体，以共同的名义对工程进行承包的行为。《中华人民共和国建筑法》规定，大型或结构复杂的工程的建筑工程可以由两个以上的承包单位联合共同承包，两个以上不同资质等级的单位实行联合承包的，应当按照资质等级低的单位的业务许可范围承揽工程。

参加联合承包的各方仍都是各自独立经营的企业，只是就共同承包的工程项目事先达成联合协议，明确各个联合承包人的权利和义务，包括投入的资金数额、工人和管理人员的派遣、机械设备种类、临时设施的费用分摊、利润的分享及风险的分担等，统一与发包人签订合同，共同对发包人承担连带责任。

在市场竞争日趋激烈的形势下，采取联合承包的方式优越性体现在以下方面：

1) 利用各自优势，有效地减弱多家承包商之间的竞争；

2) 化解和防范承包风险，争取更大利润；

3) 促进承包商在信息、资金、人员、技术和管理上互相取长补短，相互学习，促进企业发展；

4) 增强共同承包大型或结构复杂的工程的能力，增加中标机会。

（4）平行承包。平行承包模式是指建设单位将项目的设计、施工、采购等任务分别发包给多个设计单位、施工单位和供应商，不同的承包人在同一工程项目上分别与发包人签订承包合同，各自直接对发包人负责。各承包商之间不存在总承包、分承包的关系，现场上的协调工作由发包人去做。这种模式有利于发包方择优选择承包商，但是相对于总承包模式而言，不利于发挥那些技术水平高、管理能力强的承包商的优势，组织管理和协调的工作量大，工程造价控制难度大。

2. 按承发包范围划分

建设工程项目承发包模式可分为建设全过程承发包、阶段承发包和专项（业）承发包。

（1）建设全过程承发包。建设全过程承发包又叫统包、一揽子承包、交钥匙合同，主要适用于大中型建设项目。它是指发包人一般只要提出使用要求，竣工期限或对其他重大决策性问题作出决定，承包人就可对项目建议书、可行性研究、勘察设计、材料设备采购、建筑安装工程施工、职工培训、竣工验收，直到投产使用和建设后评估等全过程全面总承包，并负责对各项分包任务进行统一组织、协调和管理。

（2）阶段承发包。它是指发包人、承包人就建设过程中某一阶段或某些阶段的工作（如可行性研究、勘察、设计、施工、材料设备供应等）进行发包承包。其中，施工阶段承发包还可依承发包的具体内容，再细分为以下 3 种方式：

1）包工包料。工程施工所用的全部人工和材料由承包人负责。其优点是：便于调剂余缺，合理组织供应，加快建设速度，促进施工企业管理，有利于合理使用材料，降低工程造价，减轻建设单位的负担。

2）包工部分包料。承包人只负责提供施工的全部人工和一部分材料，其余部分材料由发包人或总承包人负责供应。

3）包工不包料。又称包清工，实质上是劳务承包，即承包人（大多是分包人）仅提供劳务而不承担任何材料供应的义务。

（3）专项承发包。它针对专业性较强的项目，指发包人、承包人就某建设阶段中的一个或几个专门项目进行发包承包，主要适用于如勘察设计阶段的工程地质勘察、供水水源勘察、基础或结构工程设计、工艺设计，供电系统、空调系统及防灾系统的设计；施工阶段的深基础施工、金属结构制作和安装、通风设备和电梯安装；建设准备阶段的设备选购和生产技术人员培训等专门项目。

3. 按合同计价方法划分

建设工程项目承发包模式可分为固定总价合同承发包、单价合同承发包、成本加酬金合同承发包。

（1）固定总价合同。固定总价合同又称总价合同，指合同的价格计算是以图纸及规定、规范为基础，工程任务和内容明确，业主的要求和条件清楚，合同总价一次包死，不再因为环境的变化和工程量的增减而变化的一类合同。在这类合同中，承包商承担了全部的工作量和价格的风险。固定总价合同适用于工程规模较小、工期短，工程设计详细，技术简单，工程任务和范围明确，投标期相对宽裕，承包商可以有充足的时间详细考察现场、复核工程量的工程。

这种模式的特点是，因为有图纸和工程说明书为依据，发包人、承包人都能较准确地估算工程造价，发包人容易选择最优承包人，承包商索赔机会少，更能保护发包人利益，但量与价的风险主要由承包商承担，承包商确定报价时就必须考虑施工期间遇到材料突然涨价、地质条件变化和气候条件恶劣等情况造成的价格和工程量的变化，报价时会增大风险费用，不利于降低工程造价。

（2）单价合同。单价合同是指整个合同期内执行某个单价，工程量则按实际完成的数量进行计算。这类合同适用于施工图不完整，或准备发包的工程项目的内容、技术经济指标尚不明确，或未具体地予以规定的情况，其风险可以得到合理的分摊，并且能鼓励承包商通过提高工效等手段节约成本，提高利润；通常又可细分为固定单价合同和可调单价合同。

1）固定单价合同。固定单价合同指单价不变，工程量调整时按合同约定的单价追加合同价款，工程全部完工时按竣工图工程量结算。这是经常采用的合同形式，特别是在设计或其他建设条件（如地质条件）还不太落实的情况下（计算条件应明确），而以后又需增加工程内容或工程量时，可以按合同单价结算。

2）可调单价合同。有的工程在招标或签约时，因某些不确定因素存在而在合同中暂定某些分部分项工程的单价，在工程结算时，再根据实际情况和合同约定对合同单价进行调整，确定实际结算单价。

（3）成本加酬金合同。成本加酬金合同又称成本补偿合同，是指除按工程实际发生的成本结算外，发包人另加上商定好的一笔酬金（管理费和利润）支付给承包人的一种承发包方式；适用于开工前对工程内容尚不十分清楚的情况，如边设计边施工的紧急工程，遭受灾害破坏后需修复的工程。这种模式又分为成本加固定酬金、成本加固定百分比酬金、成本加浮动酬金、目标成本加奖罚等方式。

1）成本加固定酬金。这种承包方式发包方向承包人支付的人工、材料、设备台班费等直接成本全部予以补偿，酬金按照事先商量好的一个固定数目支付。这种承包方式酬金不会因为成本的变化而改变。

2）成本加固定百分比酬金。这种承包方式工程成本实报实销，酬金按事先商量好的以工程成本为计算基础乘以一个百分比计算。这种承包模式与成本加固定酬金相比，酬金随工程成本的增大而增大，不能鼓励承包人降低成本，也不能鼓励承包人为尽快获得酬金而缩短工期，所以这种方式很少采用。

3）成本加浮动酬金。这种承包方式的做法，通常是由双方事先商定工程成本和酬金的预期水平，工程造价就是成本加酬金。如果实际成本恰好等于预期成本，工程造价就是成本加预期酬金；如果实际成本低于预期成本，则增加酬金；如果实际成本高于预期成本，则减少酬金。采用这种承包方式，优点是对发包人、承包人双方都没有太大风险，同时也能促使承包商降低和缩短工期；缺点是在实践中估算预期成本比较困难，要求承发包双方具有丰富的经验。

4）目标成本加奖罚。这种承包方式是在初步设计结束后，工程迫切开工的情况下，根据粗略估算的工程量和适当的概算单价表编制概算，作为目标成本，随着设计逐步具体化，目标成本可以调整。另外，以目标成本为基础规定一个百分比作为酬金，最后结算时，如果实际成本高于目标成本并超过事先商定的界限（如 5%），则减少酬金；如果实际成本低于目标成本则增加酬金，还可另加工期奖罚。这种承发包方式的优点是可促使承包商关心降低成本和缩短工期，而且，由于目标成本是随设计的进展而加以调整才确定下来的，因此，发包人、承包人双方都不会承担过大风险；缺点是目标成本的确定较困难，也要求发包人、承包人都须具有比较丰富的经验。

4. 按发包途径划分

建设工程项目承发包模式可分为招标发包和直接发包。

（1）招标发包。指发包人通过公告或者其他方式，发布拟建工程的有关信息，表明其将招请合格的承包人承包工程项目的意向，由各承包人按照发包人的要求提出各自的工程报价和其他承包条件，参加承揽工程任务的竞争，最后由发包人从中择优选定中标者作为该项工程的承包人，与其签订工程承包合同的发包方式。

（2）直接发包。指由发包人直接选定特定的承包人，与其进行一对一的协商谈判，就双方的权利义务达成协议后，与其签订建筑工程承包合同的发包方式。这种方式简便易行，节省发包费用，但缺乏竞争带来的优越性。在实行市场经济的条件下，这种发包方式应当只适用于少数不适于采用招标方式发包的特殊建筑工程。

建筑工程依法实行招标发包，对不适于招标发包的可以直接发包。在法律法规没有特殊要求的前提下，发包人可以选择使用这两种方式中的一种。法律法规有特殊要求的，须遵守规定。

1.3　建设工程项目招标投标

1.3.1　建设工程项目招标投标概念

1. 建设工程项目招标投标的概念

招标投标是在市场经济条件下进行工程建设、货物买卖、中介服务等经济活动时所采用的一种竞争方式和交易方式，其特征是招标人事先公布有关工程、货物或服务等交易业务的采购条件和要求，引入竞争机制，择优选定中标人，以求达成交易协议或订立合同。整个招标投标过程，包含招标、投标和定标 3 个主要阶段。招标是招标人为签订合同而进行的准备，在性质上属要约邀请。投标是投标人响应招标人的要求参加投标竞争，在性质上属要约。定标是招标人完全接受众多投标人中提出最优条件的投标人，在性质上属承诺。

建设工程项目招标投标是指建设单位通过招标的方式，将工程建设项目的勘察、设计、施工、材料设备供应、监理等工作，全部或部分发包，由具有相应资质的承包单位通过投标竞争的方式承接。其最突出的优点是将竞争机制引入工程建设领域，给市场主体的交易行为赋予极大的透明度，鼓励竞争，优胜劣汰，以保证缩短工期、提高工程质量和节约建设资金；通过严格、规范、科学合理的程序和监管机制，保证竞争过程的公正和交易安全。

2. 建设工程项目招标投标的特点

（1）以公平、公正、公开为原则。

（2）广泛地征求投标者。

（3）采购程序规范化。

（4）交易双方一次性成交。

3. 建设工程项目招标投标的原则

（1）合法原则。合法原则是指建设工程项目招标投标主体的一切活动必须符合法律、法规、规章和有关政策的规定，即主体资格要合法，活动依据要合法，活动程序要合法，对招标投标活动的管理和监督要合法。

（2）公开原则。公开原则是指建设工程项目招标投标活动应具有较高的透明度。具体体现在招标投标的信息、条件、程序、结果要公开，使每个投标人获得同等的充分的信息。

（3）公平、公正原则。公平原则，是指所有投标人在建设工程招标投标活动中享有均等的机会，具有同等的权利，履行相应的义务，任何一方都不受歧视。公正原则，是指在建设工程招标投标活动中，按照同一标准实事求是地对待所有的投标人，不偏袒任何一方。招标投标双方在招标投标活动中地位平等，任何一方不能向另一方提出不合理的要求。

（4）诚实信用原则。诚实信用原则，是指在建设工程项目招标投标活动中，招标投标双方均应实事求是，诚实守信，不能弄虚作假，隐瞒欺诈，例如，招标人不得以任何形式搞虚假招标，投标人递交的资格证明材料和投标书的各项内容都要真实有效。违反诚实原则的行为是无效的，违反者应承担因此带来的损失。

（5）求效、择优原则。讲求效益和择优定标，是建设工程项目招标投标活动的主要目标。在建设工程招标投标活动中，除了要坚持合法、公开、公正等前提性、基础性原则外，还必须贯彻求效、择优的目的原则。贯彻求效、择优原则，最重要的是要有一套科学合理的招标投标程序和评标办法。

4. 建设工程项目招标投标的作用

（1）优化社会资源配置、促进企业转变经营机制，建立现代化市场经济体系。

（2）提高经济效益，保证工程项目质量。

（3）保护国家利益、社会公共利益和招标投标活动当事人的合法权益。

1.3.2　建设工程招标的范围

1. 强制招标的范围

《招标投标法》第三条规定：在中华人民共和国境内进行下列工程建设项目包括项目的勘察、设计、施工、监理，以及与工程建设有关的重要设备、材料等采购，必须进行招标：

（1）大型基础设施、公用事业等关系社会公共利益、公众安全的项目。

（2）全部或者部分使用国有资金投资或者国家融资的项目。

（3）使用国际组织或者外国政府贷款、援助资金的项目。

上述项目具体范围和规模标准，在国家发展改革委员会发布的《工程建设项目招标范围和规模标准规定》中做了详细的分类规定：

（1）工程建设项目招标具体范围。

1）关系社会公共利益、公众安全的基础设施项目的范围包括：

a. 煤炭、石油、天然气、电力、新能源等能源项目；

b. 铁路、公路、管道、水运、航空及其他交通运输业等交通运输项目；

c. 邮政、电信枢纽、通信、信息网络等邮电通信项目；

d. 防洪、灌溉、排涝、引（供）水、滩涂治理、水土保持、水利枢纽等水利项目；

e. 道路、桥梁、地铁和轻轨交通、污水排放及处理、垃圾处理、地下管道、公共停车场等城市设施项目；

f. 生态环境保护项目；

g. 其他基础设施项目。

2）关系社会公共利益、公众安全的公用事业项目的范围包括：

a. 供水、供电、供气、供热等市政工程项目；

b. 科技、教育、文化等项目；

c. 体育、旅游等项目；

　d. 卫生、社会福利等项目；

　e. 商品住宅，包括经济适用住房；

　f. 其他公用事业项目。

3）使用国有资金投资项目的范围包括：

　a. 使用各级财政预算资金的项目；

　b. 使用纳入财政管理的各种政府性专项建设基金的项目；

　c. 使用国有企业事业单位自有资金，并且国有资产投资者实际拥有控制权的项目。

4）国家融资项目的范围包括：

　a. 使用国家发行债券所筹资金的项目；

　b. 使用国家对外借款或者担保所筹资金的项目；

　c. 使用国家政策性贷款的项目；

　d. 国家授权投资主体融资的项目；

　e. 国家特许的融资项目。

5）使用国际组织或者外国政府资金的项目的范围包括：

　a. 使用世界银行、亚洲开发银行等国际组织贷款资金的项目；

　b. 使用外国政府及其机构贷款资金的项目；

　c. 使用国际组织或者外国政府援助资金的项目。

（2）规模标准。包括项目的勘察、设计、施工、监理，以及与工程建设有关的重要设备、材料等的采购，达到下列标准之一的，必须进行招标：

1）施工单项合同估算价在 200 万元人民币以上的；

2）重要设备、材料等货物的采购，单项合同估算价在 100 万元人民币以上的；

3）勘察、设计、监理等服务的采购，单项合同估算价在 50 万元人民币以上的；

4）单项合同估算价低于第 1）、2）、3）项规定的标准，但项目总投资额在 3000 万元人民币以上的。

2. 可以不进行招标的项目范围

《招标投标法》规定了可以不进行招标的项目，主要有以下几类：

（1）涉及国家安全、国家秘密、抢险救灾或者属于利用扶贫资金实行以工代赈、需要使用农民工等特殊情况，不适宜进行招标的项目，按照国家规定可以不进行招标；

（2）需要采用不可替代的专利或者专有技术；

（3）采购人依法能够自行建设、生产或者提供；

（4）已通过招标方式选定的特许经营项目投资人依法能够自行建设、生产或者提供；

（5）需要向原中标人采购工程、货物或者服务，否则将影响施工或者功能配套要求；

（6）国家法律法规规定的其他情形。

1.3.3　建设工程项目招标的种类

根据招标范围和内容的不同，建设工程招标种类分为建设工程项目总承包招标、建设工程勘察招标、建设工程设计招标、建设工程施工招标、建设工程咨询与服务招标、建设工程材料设备采购招标。

1. 建设工程项目总承包招标

建设工程项目总承包招标又叫建设项目全过程招标，是从项目建议书开始，包括可行性研究报告、勘察设计、设备材料询价与采购、工程施工、生产准备、投料试车，直到竣工投产、交付使用全面实行招标。工程总承包企业根据建设单位提出的工程使用要求，对项目建议书、可行性研究、勘察设计、设备询价与选购、材料订货、工程施工、职工培训、试生产、竣工投产等实行全面投标报价。工程项目总承包招标的主要特点是：它是一种带有综合性的全过程的一次性招标投标；投标人在中标后应当自行完成中标工程的主要部分（主体结构），对中标工程范围内的其他部分，经发包人同意，有权作为招标人组织分包招标投标。分承包招标投标的运作一般按照总承包招标投标的规定执行。

2. 建设工程勘察招标

建设工程勘察招标是指招标人就拟建工程的勘察任务发布通告，以法定方式吸引勘察单位参加竞争，经招标人审查获得投标资格的勘察单位按照招标文件的要求，在规定的时间内向招标人填报标书，招标人从中选择条件优越者完成勘察任务。工程勘察招标的主要特点是：有批准的项目建议书可行性研究报告、规划部门同意的用地范围许可文件和要求的地形图；采用公开招标或邀请招标方式；在评标、定标上，着重考虑勘察方案的优劣，同时也考虑勘察进度的快慢，勘察收费依据与取费的合理性、正确性，以及勘察资历和社会信誉等因素。

3. 建设工程设计招标

建设工程设计招标是指招标人就拟建工程的设计任务发布通告，以吸引设计单位参加竞争，经招标人审查获得投标资格的设计单位按照招标文件的要求，在规定的时间内向招标人填报标书，招标人从中择优确定中标单位来完成工程设计任务。设计招标主要是设计方案招标，工业项目可进行可行性研究方案招标。

工程设计招标的主要特点是：设计招标在招标的条件、程序、方式上，与勘察招标相同；在招标的范围和形式上，主要实行设计方案招标，可以是一次性总招标，也可以分单项、分专业招标；在评标、定标上，强调把设计方案的优劣作为确定中标的主要依据，同时也考虑设计经济效益的好坏、设计进度的快慢、设计费报价的高低及设计资历和社会信誉等因素。

4. 建设工程施工招标

建设工程施工招标，是指招标人就拟建的工程发布公告或者邀请，以法定方式吸引建筑施工企业参加竞争，招标人从中选择条件优越者完成工程建设任务的法律行为。施工招标是目前我国建设工程招标中开展得比较早、比较多、比较好的一类，其程序和相关制度具有代表性、典型性。施工招标的主要特点是：在招标重要条件上，比较强调建设资金的充分到位；在招标方式上，强调公开招标、邀请招标，议标方式受到严格限制甚至被禁止；在投票和评标定标中，要综合考虑价格、工期、技术、质量安全、信誉等因素，价格因素所占分量比较突出，常常起决定性作用。

5. 建设工程咨询与服务招标

建设工程咨询与服务招标，是指招标人为了委托监理任务、工程造价咨询任务、工程项目管理任务等完成，以法定方式吸引咨询服务单位参加竞争，招标人从中选择条件优越者的法律行为。以监理招标为例，其主要特点是：在性质上，属工程咨询招标投标的范畴；在招标的范围上，可以包括工程建设过程中的全部工作，如项目建设前期限的可行研究、项目评估等，项目实施阶段的勘察、设计、施工等，也可以只包括工程建设过程中的部分工作，通常主要是施工监理工作；在评标、定标上，综合考虑监理规划（或监理大纲）人员素质、监理业绩、监理取费、检测手段等因素，但其中最主要的考虑因素是人员素质，分值所占比重较大。

6. 建设工程材料设备采购招标

建设工程材料设备采购招标，是指招标人就拟购买的材料设备发布公告或者邀请，以法定方式吸引建设工程材料设备供应商参加竞争，招标人从中选择条件优越者购买其材料设备的法律行为。材料设备采购招标的主要特点是：在招标形式上，一般应优先考虑在国内招标；在招标范围上，一般为大宗的而不是零星的建设工程材料设备采购，如锅炉、电梯、空调等采购；在招标内容上，可以就整个工程建设项目所需的全部材料设备进行总招标，也可以就单项工程所需材料设备进行分项招标或者就单件（台）材料设备进行招标，还可以进行从项目的设计，材料设备生产、制造、供应和安装调试到投产的工程技术材料设备的成套招标；标底在评标、定标中具有重要意义。

1.3.4　建设工程招标的形式

1. 按竞争程度分类

按照竞争程度，建设工程招标可以分为公开招标和邀请招标。只有不属于法规规定必须招标的项目才可以采用直接委托的方式。

（1）公开招标。公开招标是指招标人通过报刊、广播、电视或网络等公共传播媒介介绍、发布招标公告或信息而进行招标。这是一种无限竞争性方式。公开招标的优点是可以给一切符合条件的承包人以平等的竞争机会参加投标，招标人可以在广泛的范围内选出理想的承包人，获取合理低价；缺点是评标工作量大，且可能因为竞争激烈出现少数承包人故意压低报价，但是只要对投标文件严格审查，这种可能性仍是可以避免的。

（2）邀请招标。邀请招标是指招标人以投标邀请书的方式邀请特定的法人或者其他组织投标。招标人采用邀请招标方式的，应当向 3 个以上具备承担招标项目的能力、资信良好的特定法人或者其他组织发出投标邀请书。邀请招标虽然也能够邀请到有经验和资信可靠的投标者投标，保证履行合同，但限制了竞争范围，可能会失去技术上和报价上有竞争力的投标者，因此这是一种有限竞争性招标。邀请招标的优点是，节约时间和招标费用，由于对投标人过往业绩和履约能力有所了解，减少了合同履行过程中承包人违约的风险，选定的投标人在施工经验、施工技术和信誉上都比较可靠；缺点是选择范围窄，投标竞争的激烈性较差。按照《工程建设项目施工招标投标办法》的规定，国务院发展计划部门确定的国家重点建设项目和各省、市、自治区、直辖市人民政府确定的地方重点项目，以及全部使用国有资金投资或者国有资金投资占控股或者主导地位的工程建设项目，应当公开招标。有下列情况之一的，经批准可以进行邀请招标：

1）项目技术复杂或有特殊要求，只有少量几家潜在投标人可供选择的；

2）受自然地域环境限制的；

3）涉及国家安全、国家秘密或者抢险救灾，适宜招标但不宜公开招标的；

4）采用公开招标方式的费用占项目合同金额的比例过大；

5）法律、法规规定不宜公开招标的。

（3）公开招标和邀请招标的区别。

1）发布信息方式不同。公开招标是在特定的媒介上公开发布招标信息，邀请招标则是向3家以上具备实施能力的投标人发出投标邀请书来发布招标信息。

2）选择范围不同。公开招标针对的是一切潜在的对招标项目感兴趣的法人或者其他组织，招标人事先不知道投标人的数量；邀请招标针对的是已经了解的法人或者其他组织，而且事先已经知道投标人的数量。

3）竞争强弱不同。由于公开招标使所有符合条件的法人或者其他组织都有机会参加投标，竞争的范围较广，竞争性体现得也比较充分，招标人选择余地大，容易获得最佳招标效果；邀请招标中投标人的数量有限，竞争的范围有限，招标人拥有的选择余地相对较小，有可能提高中标的合同价，也有可能将某些技术上或报价上更有竞争力的供应商或承包商遗漏。

4）时间和费用不同。公开招标的程序比较复杂，从发布公告，投标人作出反应、评标，到签订合同，工作量大，耗时较长，费用也比较高。邀请招标都是经过招标人预先筛选，而且被邀请的投标人的数量有限，使整个招标投标的时间大大缩短，招标费用也相应减少。

5）公开程度不同。公开招标中，所有的活动都必须严格按照预先指定并为大家所知的程序和标准公开进行，大大减少了作弊的可能；相比而言，邀请招标的公开程度逊色一些，产生不法行为的机会也就多一些。

6）适用范围不同。公开招标比邀请招标适用范围更广。

2. 按招标的组织形式分类

按照招标的组织形式，建设工程招标可以分为招标人自行招标和招标人委托招标代理机构招标。

（1）自行招标。自行招标，指招标人自身具有编制招标文件和组织评标能力，依法可以自行办理和完成招标项目的招标任务。

《招标投标法》规定，招标人具有编制招标文件和组织评标的能力，可以自行办理招标事宜，并向有关行政监督部门备案。

（2）委托招标。不具备自行招标条件的，招标人应委托具有相应资格的工程招标代理机构代理工程招标。

《招标投标法》规定，招标人有权自行选择招标代理机构，委托其办理事宜。任何单位和个人不得以任何方式为招标人指定代理机构。

1.3.5　招投标活动的主要参与者

1. 招标人

招标人是指依法提出招标项目、进行招标的法人或者其他组织，通常为该建设工程的投资人，即项目业主或建设单位。

（1）工程项目招标人的招标资格条件。工程项目招标人的招标资格条件，是指招标人能够自己组织招标活动所必须具备的重要条件和素质。其资格能力要求如下：

1）招标人是依法成立，有必要的财产或者经费，有自己的名称、组织机构和场所，具有民事权利能力和民事行为能力，依法独立享有民事权利和承担民事义务的经济和社会组织，包括法人组织和其他非法人组织。

2）招标人的民事权利能力范围受其组织性质、成立目的、任务和法律、法规的约束，由此构成招标人享有民事权利的资格和承担民事义务的责任。

3）招标人应满足《招标投标法》第 12 条的规定，具有编制招标文件和组织评标能力，通过向行政监督部门备案，可以自行办理招标事宜，否则应当委托满足相应资格条件的招标代理机构组织招标。

招标人提交的书面材料应当至少包括：

1）项目法人营业执照、法人证书或者项目法人组建文件；

2）具有与招标项目相适应的专业技术力量情况；

3）取得招标职业资格的专职招标业务人员的基本情况；

4）拟使用的专家库情况；

5）有编制类似工程建设项目招标文件和评标报告，以及招标业绩的证明材料；

6）其他材料。

（2）招标人的权利和义务。

1）招标人的权利。

a. 招标人有权自行选择招标代理机构，委托其办理招标事宜。招标人具有编制招标文件和组织评标能力的，可以自行办理招标事宜。

b. 招标人可以根据招标项目本身的要求，在招标公告或者投标邀请书中，要求潜在投标人推广有关资质证明文件和业绩情况，并对潜在投标人进行资格预审；国家对投标人资格条件有规定的，按照其规定执行。

c. 在招标文件要求提交投标文件截止时间至少 15 天前，招标人可以以书面形式对已发出的招标文件进行必要的澄清或者修改。该澄清或者修改内容是招标文件的组成部分。

d. 招标人有权也应当对在招标文件要求提交的截止时间后送达的投标文件拒收。

2）招标人的义务。

a. 招标人委托招标代理机构时，应当向其提供招标所需要的有关资料并支付委托费。招标人不得以不合理条件限制或者排斥潜在投标人，不得对潜在投标人实行歧视待遇。

b. 招标文件不得要求或者标明特定的生产供应者，以及含有倾向或者排斥潜在投标人的其他内容。

c. 招标人不得向他人透露已获取招标文件的潜在投标人的名称、数量，以及可能影响公平竞争的有关招标投标的其他情况。招标人设有标底的，标底必须保密。

d. 招标人应当确定投标人编制投标文件所需要的合理时间；但是，依法必须进行招标的项目，自招标文件开始发出之日起至提交投标文件截止之日止，最短不得少于 20 天。

e. 招标人在招标文件要求提交投标文件的截止时间前收到的所有投标文件，开标时都应当众予以拆封、宣读。

f. 招标人应当采取必要的措施，保证评标在严格保密的情况下进行。

g. 中标人确定后，招标人应当向中标人发出中标通知书，并同时将中标结果通知所有未中标的中标人。

h. 招标人和中标人应当自中标通知书发出之日起 30 天内，按照招标文件和中标人的投标文件订立书面合同。

2. 投标人

工程项目投标人是招标投标活动中的另一主体，它是指响应招标并购买招标文件参加投标的法人或其他组织。投标人应当具备承担招标项目的能力。参加投标活动必须具备一定的条件，不是所有感兴趣的法人或其他组织都可以参加投标。投标人通常应具备的基本条件是：必须有与招标文件要求相适应的人力、物力和财力；必须有符合招标文件要求的资质证书和相应的工作经验与业绩证明；符合法律、法规规定的其他条件。

工程项目投标人主要是指勘察设计单位、施工企业、建筑装饰装修企业、工程材料设备供应（采购）单位、工程总承包单位及咨询、监理单位等。

（1）投标人的投标资格条件。

1）投标人应当具备承担招标项目的能力。对于建设工程投标来讲，其实质就是投标人应当具备法律法规规定的资质等级。对于建设工程施工企业，这种能力体现在不同资质等级的认定上，其法律依据为《建筑业企业资质管理规定》和《建设工程勘察设计企业资质管理规定》，各企业应当在其资质等级范围内承担工程。需要注意的是，根据《建筑业企业资质管理规定》和《建筑工程勘察设计企业资质管理规定》的有关规定，新设立的建筑业企业或建设工程勘察设计企业，到工商行政管理部门办理登记注册手续并取得企业法人营业执照后，方可到建设行政主管部门办理资质申请手续。这些规定，实际上就把建设工程施工和勘察、设计投标人的资格限定在企业法人上。

2）投标人应符合的其他条件。招标文件对投标人的资格条件有其他规定的，投标人应当符合该规定的条件。

（2）投标人的权利和义务。

1）投标人的权利。

a. 有权平等地获得和利用招标信息。

b. 有权按招标文件的要求自主投标或组成联合体投标。

c. 有权要求招标人或招标代理机构对招标文件中的有关问题进行答疑。

d. 有权确定自己的投标报价。

e. 有权参与投标竞争或放弃参与竞争。

f. 有权要求优质优价。

g. 有权控告、检举招标过程中的违法、违规行为。

2）投标人的义务。

a. 遵守法律、法规、规章和方针、政策。

b. 接受招标投标管理机构的监督管理。

c. 保证所提供的投标文件的真实性，提供投标保证金或其他形式的担保。

d. 按招标代理人的要求对投标文件的有关问题进行答疑。

e. 中标后与招标人签订合同并履行合同。

f. 履行依法规定的其他各项义务。

3. 工程项目招标代理机构

我国是从 20 世纪 80 年代初开始在招标投标活动中引入招标代理机构的，最初主要是利用世界贷款进行的项目招标。由于一些项目单位对招标投标知之甚少，缺乏专门人才和技能，一批专门从事招标业务的机构产生了。

工程项目招标代理机构，是指受招标人的委托，代为从事建设工程招标组织活动的中介组织。它必须是依法成立，从事招标代理业务并提供相关服务，实行独立核算、自负盈亏，具有法人资格的社会中介组织，如工程招标公司、工程招标（代理）中心、工程咨询公司等。

（1）工程项目招标代理概述。是指对工程项目的勘查、设计、施工、监理，以及工程建设有关的重要设备（进口机电设备除外）、材料采购招标的代理。

（2）工程项目招标代理的业务范围。

1）代理招标人编制招标文件；

2）编制工程量清单或工程预（概）算；

3）解释招标文件内容及解答工程招标投标事宜；

4）组织开标、评标、定标工作等。

（3）工程项目招标代理的业务范围。

1）协助甲方择优考查选定参加投标的施工队伍。

2）协助甲方审查投标单位的资格并报招标机构审查。

3）组织工程施工图纸的技术答疑，协助解决有关技术问题。

4）组织投标队伍现场技术考察。

5）编制招标文件（包括标底的编制）。

6）发布招标公告和投标邀请函。

7）负责邀请技术专家，成立评标组织机构。

8）组织并主持开标、评标、定标工作。

9）负责解释招标文件中的有关条款和内容。

（4）工程项目招标代理的前提。招标代理机构进行代理活动，要具备以下两个前提：

1）代理机构要有合法的代理资格。这一前提要求首先要有合法的主体资格。因为代理机构作为具有民事主体资格的社会组织，其产生和存在必须经过依法的程序。如果是法人，必须具备法人应当具备的条件和成立必须经过的程序。这种合法的主体资格一般是以工商行政管理部门的核准登记为标准。这一前提还要求代理机构从事有关的代理活动，要经过相应的行政主管部门审查和认定。该行政主管部门可以对代理机构的条件、代理范围、代理等级等作出明确的规定。代理机构的代理行为必须符合行政主管部门认定的范围。从事工程招标代理业务的，必须依法取得国务院建设行政主管部门或者省、自治区、直辖市人民政府建设行政主管部门认定的工程招标代理机构资格。

2）代理机构必须有被代理人的授权。被代理人的授权，是代理机构进行代理行为的前提，也是代理行为的依据。如果没有被代理人的授权，或者被代理人的授权期限已经终止，则进行的"代理行为"无效，其法律后果应当由行为人承担。代理机构的代理行为必须在被代理人的授权范围内进行，如果代理机构超越被代理人的授权进行"代理行为"，则该行为的法律后果也由行为人承担。这种授权应当通过招标代理机构与招标人订立委托代理合同予以明确。委托代理合同应当具有招标人与招标代理机构的名称、代理事项、代理权限、代理期限、酬金、地点、方式、违约责任、争议解决方式等。

4. 工程项目招标投标行政监督管理

工程项目招标投标涉及国家利益、社会公共利益和公众安全，因而必须对其实行强有力的政府监管。工程项目招标投标涉及各行各业的很多部门，如果都各自为政，必然会导致建设市场混乱无序，无从管理。为了维护建筑市场的统一性、竞争的有序性和开放性，国家明确指定了一个统一归口的建设行政主管部门，即住房和城乡建设部。它是全国最高招标投标管理机构，在住房和城乡建设部的统一监管下，实行省、市、县三级建设行政主管部门对所辖行政区内的建设工程招标投标分级管理。

（1）招标投标活动行政监督体系。《招标投标法》第7条规定："招标投标活动及其当事人应当接受依法实施的监督"。在招标投标法规体系中，对于行政监督、司法监督、当事人监督、社会监督都有具体规定，构成了招标投标活动的监督体系。

1）当事人监督。指招标投标活动当事人的监督。招标投标活动当事人包括招标人、投标人、招标代理机构、评标专家等。由于当事人直接参与，并且与招标投标活动有着直接的利害关系，因此，当事人监督往往最积极，也最有效，是行政监督和司法监督的重要基础。国家发展改革委等七部委联合制定的《工程建设项目招标投标活动投诉处理办法》具体规定了投标人和其他利害关系人投诉，以及有关行政监督部门处理投诉的要求，这种投诉就是当事人监督的重要方式。

2）行政监督。行政机关对招标投标活动的监督，是招标投标活动监督体系的重要组成部分，依法规范和监督市场行为，维护国家利益、社会公共利益和当事人的合法权益，是市场经济条件下政府的一项重要职能。《招标投标法》对有关行政监督部门依法对招标投标活动、查处招标投标活动中的违法行为作出了具体规定。如第7条规定："有关行政监督部门依法对招标投标活动实施监督，依法查处招标投标活动中的违法行为。"

3）司法监督。指国家司法机关对招标投标活动的监督。《招标投标法》具体规定了招标投标活动当事人的权利和义务，同时也规定了有关违法行为的法律责任。如招标投标活动当事人认为招标投标活动存在违反法律、法规、规章规定的行为，可以起诉，由法院依法追究有关责任人相应的法律责任。

4）社会监督。指除招标投标活动当事人以外的社会公众的监督。公开原则就是要求招标投标活动必须向社会透明，以方便社会公众的监督。任何单位和个人认为招标投标活动违反招标投标法律、法规、规章时，都可以向有关行政监督部门举报，由有关行政监督部门依法调查处理。因此，社会公众、社会舆论及新闻媒体对招标投标活动的监督是一种第三方监督，在现代信息公开的社会发挥着越来越重要的作用。

（2）行政监督的基本原则。

1）职权法定原则。政府对招标投标活动实施行政监督，应当在法定职责范围内依法实行。任何政府部门、机构和个人都不能超越法定权限，直接参与或干预具体招标投标活动。

2）合理行政原则。政府对招标投标活动实施行政监督，应当遵循公平、公正的原则。要平等对待招标投标活动当事人，不偏私、不歧视；所采取的措施和手段应当是必要、适当的。

3）程序正当原则。政府对招标投标活动实施行政监督，应当严格遵循法定程序，依法保障当事人的知情权、参与权和救济权。

4）高效便民原则。政府对招标投标活动实施行政监督，无论是核准招标事项，还是受理投诉举报案件，都应当遵守法定时限，积极履行法定职责，提高办事效率，切实维护当事人的合法权益。

（3）行政监督的职责分工。

1）指导协调部门。由于招标投标行政监督部门很多，为了加强部门之间的协调配合，保障政令统一，提高行政监督合力，国务院指定国家发展改革委负责指导和协调全国招标投标工作，具体职责包括：会同有关行政主管部门拟定《招标投标法》的配套法规、综合性政策和必须进行招标的项目的具体范围、规模标准及不适宜进行招标的项目，报国务院批准；指定发布招标公告的报刊、信息网络或其他媒介等。同时，国家发展改革委也是重要的招标投标行政监督部门。国家发展改革委作为项目审批部门，负责依法核准应报国家发展改革委审批和由其核报国务院审批项目的招标方案（包括招标范围、招标组织形式、招标方式）；组织国家重大建设项目稽查特派员，对国家重大建设项目建设过程中的工程招投标进行监督检查。

2）行业监督部门。按照国务院确定的职责分工，对于招标投标过程中泄露保密资料、泄露标底、串通招标、串通投标、歧视排斥投标等违法活动的监督执法，分别由有关行业行政主管部门负责并受理投标人和其他利害关系人的投诉。按照这一原则，工业和信息、水利、交通、铁道、民航等行业和产业项目的招标投标活动的监督执法，分别由有关行业行政主管部门负责。各类房屋建筑及其附属设施的建造和与其配套的线路、管道、设备的安装项目及市政工程项目的招标投标活动的监督执法，由建设行政主管部门负责。进口机电设备采购项目的招标投标活动的监督执法，由商务行政主管部门负责。

（4）行政监督的内容。

1）依法必须招标的项目的招标方案（含招标范围、招标组织形式和招标方式）是否经过项目审批部门核准。

2）依法必须招标的项目是否存在以化整为零或其他任何方式规避招标等违法行为。

3）公开招标项目的招标公告是否在国家指定媒体上发布。

4）招标人是否存在以不合理的条件限制或者排斥潜在投标人，或者对潜在投标人实行歧视待遇，强制要求投标人组成联合体共同投标等违法行为。

5）招标代理机构是否存在泄露应当保密的与招标投标活动有关的情况和资料，或者与招标人、投标人串通损害国家利益、社会公共利益或者他人合法权益等违法行为。

6）招标人是否存在向他人透露已获取招标文件的潜在投标人的名称、数量或可能影响公平竞争的有关招标投标的其他情况的行为，或泄露标底，或与投标人就投标价格、投标方案等实质性内容进行谈判等违法行为。

7）投标人是否存在相互串通投标或与招标人串通投标，或以向招标人或评标委员会成员行贿的手段谋取中标，或者以他人名义投标或以其他方式弄虚作假骗取中标等违法行为。

8）评标委员会的组成、产生程序是否符合法律规定。

9）评标活动是否按照招标文件预先确定的评标方法和标准在保密的条件下进行。

10）招标人是否存在在评标委员会依法推荐的中标候选人以外确定中标人的违法行为。

11）招标投标的程序、时限是否符合法律规定。

12）中标合同签订是否及时、规范，合同内容是否与招标文件和投标文件相符，是否存在违法分包、转包。

13）实际执行的合同是否与中标合同内容一致等。

（5）行政监督的方式。

1）核准招标方案。

2）自行招标备案。

3）现场监督。

4）招标投标情况书面报告。

5）受理投诉举报。

6）招标代理机构资格管理。

7）监督检查。

8）项目稽查。

9）实施行政处罚。

 知 识 链 接 - →

　　某大型综合体育馆工程，发包方通过邀请招标的方式确定该工程由承包商乙中标，双方签订了工程总承包合同。在征得发包方书面同意的情况下，承包商乙将桩基础工程分包给具有相应资质的专业分包商丙，并签订了专业分包合同。在桩基础施工期间，由于分包商丙的自身管理不善，造成了发包方现场周围的建筑物受损，给发包方造成了一定的经济损失，发包方就此事件向承包商乙提出了赔偿要求。另外，考虑体育馆主体工程施工难度高，自身技术力量和经验不足等情况，在甲方不知情的情况下，承包商乙又与另一家具有施工总承包一级资质的某知名承包商丁签订了主体工程分包合同，合同约定承包商丁以承包商乙的名义施工，双方按约定的方式进行结算。

问题与分析

　　1. 什么是工程分包，什么是转包？

　　答：工程分包是相对总承包而言，是施工总承包企业将所承包的建设工程中的专业工程或劳务作业依法发包给其他建筑企业完成的活动。工程转包是指承包单位不履行合同约定的责任和义务，将其承包的全部建设工程转给他人或者将其承包的全部建设工程肢解后，以分包的名义分别转给其他单位承包的行为。

　　2. 承包商乙与分包商丙签订的桩基础工程分包合同是否有效？

　　答：合同有效。根据规定，在征得建设单位书面同意的情况下，施工总承包企业可以将非主体工程或劳务作业依法分包给具有相应资质的其他建筑企业。

　　3. 承包商乙将主体工程分包给承包商丁，在法律上属于什么行为？

　　答：属于违法分包的行为。下列均属违法分包行为：总承包单位将建设工程分包给不具备相应资质条件的单位；建设工程总承包合同中未有约定，又未经建设单位认可，承包单位将其承包的部分建设工程交给其他单位完成；施工总承包企业将建设工程主体结构的施工分包给其他单位；分包单位将其承包的建设工程再分包。

- -

 本 章 回 顾

　　（1）承发包双方之间存在着经济上的权利与义务关系，这种关系双方要通过签订书面合同或协议书的方式予以明确，且具有法律效力。

（2）《建筑法》提供对建筑工程实行总承包，禁止将建筑工程肢解发包。

（3）工程承发包的内容非常广泛，可以对工程项目建设的全过程进行总承包，也可以分别对工程项目的项目建议书、可行性研究、勘察设计、材料及设备采购供应、建筑安装工程施工、生产准备和竣工验收等阶段进行阶段性承发包。

（4）工程承发包的方式：按承发包的模式可以分为全过程承包、阶段承包和专项承包；按承发包人所处的地位划分，可以分为总承包、分承包、联合承包和平行承包等；按合同计价方法划分，可以分为固定总价合同承包、单价合同承包和成本加酬金合同承包等。

（5）建筑市场有狭义和广义之分。狭义的建筑市场一般是指有形的建筑市场，有固定的交易场所和内容。广义的工程建设市场包括有形建筑市场和无形建筑市场，是工程建设生产和交易关系的总和。

（6）建筑市场的主体是指参与建筑市场交易活动的主要各方，即发包人、承包人和工程咨询服务机构等。建筑市场的客体则为建筑市场的交易对象，即建筑产品，包括有形的建筑产品和无形的建筑产品。

（7）建设工程交易中心的性质：建设工程交易中心是服务性机构，不是政府管理部门，也不是政府授权的监督机构，本身并不具备监督管理职能。

（8）我国的建设工程交易中心的基本功能：信息服务功能、场所服务功能、集中办公功能。

（9）建设工程项目招标投标的原则：合法原则、公开原则、公平及公正原则、诚实信用原则和求效择优原则。

（10）建设工程招标形式，按竞争程度分为公开招标和邀请招标；按招标的组织形式分为招标人自行招标和招标人委托代理机构招标。

思考与讨论

1. 工程承发包的模式有哪些？
2. 建筑市场的主体和客体是什么？
3. 什么是工程项目招标？
4. 某个利用国有资金建设的办公大楼工程，施工图设计范围内的平基土石方工程合同估算金额为 300 万元，工程量约为 2 万 m^3，建设工期为 60 日历天，主体工程建筑面积约为 4 万 m^2，18 层，合同估算金额为 10 300 万元。

试问：（1）建筑业企业资质分为几个序列？各有多少个类别？为什么承包人必须取得相应资质才能承揽相应业务？

（2）依据所给条件，选择案例项目的平基土石方工程和主体工程施工投标人的资质名称和相应等级。

练一练

1. 建筑市场的客体即建筑产品，包括_____和_____。
2. 建筑业企业资质分为_____、_____和_____三个序列。

3. 项目法人责任制主要是指由_____对其项目建设全过程负责。

4. 工程招标代理机构的资质等级分为_____和_____。

5. 从事建筑活动的执业资格制度是指建设行政主管部门对从事建筑活动的专业技术人员，依法进行考试、注册，并颁发_____的一种管理制度。

6. 承发包是一种_____，是指交易的一方负责为交易另一方完成某项工作或供应一批货物，并按一定的价格取得相报酬的一种交易。

7. 建设工程项目承发包包含_____、_____、_____、_____、_____、_____和_____七项内容。

8. 根据承包范围的不同，总承包通常又分为_____和_____。

9. 建设工程项目按承发包范围可以分为_____、_____和_____。

10. 建设工程项目按合同计价方法可以分为_____、_____和_____。

11. 下列关于建设工程分包的说法中正确的有（　　　）。

A. 总承包单位可以将承包工程的所有内容发给具有相应资质条件的分包单位

B. 施工总承包单位可以将建设工程主体结构的施工委托给分包单位完成

C. 总承包单位和分包单位就分包工程对建设单位承担连带责任

D. 分包单位可以将其承包的工程再分包

12. 下列关于建设工程交易中心的说法中不正确的是（　　　）。

A. 建设工程交易中心是政府管理部门，具备监督管理职能

B. 建设工程交易中心是服务性机构，经批准可收取一定的服务费

C. 建设工程交易中心并非任何单位和个人可随意成立，不以营利为目的

D. 工程交易行为可以在建设工程交易中心场外发生

13. 公开招标也称无限竞争性招标，是指招标人以（　　　）的方式邀请不特定的法人或者其他组织投标。

A. 投标邀请书　　　　　　　　　　　B. 合同谈判

C. 行政命令　　　　　　　　　　　　D. 招标公告

14. 按照《工程建设项目招标范围和规模标准规定》，施工单项合同估算价在（　　　）万元人民币以上的工程项目，必须进行招标。

A. 50　　　　　　　　　　　　　　　B. 100

C. 200　　　　　　　　　　　　　　D. 3000

15. 符合下列（　　　）情形之一的，经批准可以进行邀请招标。

A. 国际金融组织提供贷款的

B. 受自然地域环境限制的

C. 涉及国家安全、国家秘密，适宜招标但不适宜公开招标的

D. 项目技术复杂或有特殊要求，并且只有几家潜在投标人可供选择的

E. 紧急抢险救灾项目，适宜招标但不适宜公开招标的

16. 建设工程施工招标的必要条件有（　　　）。

A. 招标所需的设计图纸和技术资料具备

B. 招标范围和招标方式已确定

C. 招标人已经依法成立

D. 资金来源已经落实

E. 已选好监理单位

17. 按照竞争程度，建设工程招标可以分为（　　）。

A. 公开招标 　　　　　　　　　　B. 议标

C. 国际招标 　　　　　　　　　　D. 行业内招标

E. 邀请招标

第 2 章　工程项目施工招标

 技能目标

本章介绍工程项目施工招标的具体业务，内容包括工程项目施工招标的概念、工程项目施工招标的流程，标准施工招标文件的格式和内容，资格预审文件的格式和编制方法，施工招标文件的编制方法和重点。要求学生通过学习，掌握工程项目施工招标的程序，能够运用相关知识编写招标公告、资格预审文件和招标文件，掌握工程项目施工招标管理的相关要求，了解评标、定标方法的编制。

 任务项目引入

教师选择某拟建工程项目，给定相应的工程概况条件和招标人要求等条件，以某项目招标文件编制为案例引入。

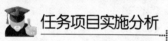 任务项目实施分析

通过对下列内容的重点学习，完成学习任务：工程项目施工招标文件的组成内容、工程项目施工招标文件的编制原则和方法、施工招标文件编制的注意事项。

 教学内容

2.1　工程项目施工招标流程

2.1.1　工程项目施工招标的概念

工程项目施工招标是指招标人在发包施工项目之前，公开通告或邀请投标人，根据招标人的意图和要求提出报价，择日当场开标，以便从中择优选定中标人的一种经济活动。

2.1.2　工程项目施工招标的条件

招标人在进行施工招标前，应从招标人和招标项目两方面满足相应的条件。招标人招标应具备的条件已在前面进行介绍，而招标项目应当具备下列条件才能开展施工招标：

(1) 招标人已经依法成立；

(2) 初步设计及概算应当履行审批手续的，已经批准；

(3) 招标范围、招标方式和招标组织形式等应当履行核准手续的，已经核准；

(4) 相应资金或资金来源已经落实；

(5) 有招标所需的设计图纸及技术资料。

2.1.3　工程项目施工招标的影响因素

1. 招标范围和数量的影响因素

（1）施工内容的专业要求。专业要求不强、常规通用项目可以采用总包的形式；专业要求比较复杂的项目，可以进行专业分包。在招标方式上，也可以根据情况进行区分，如将土建施工和设备安装分别招标：土建施工可采用公开招标方式，在较广泛的范围内选择技术水平高、管理能力强而又报价合理的承建单位实施；而设备安装工作由于专业技术要求比较高，可采用邀请招标方式选择技术能力强的单位完成。

（2）施工现场条件。划分合同标段时应充分考虑施工过程中几个独立承建单位同时施工的交叉干扰，以利于监理单位对各合同标段的协调管理。基本原则是现场施工过程中应尽可能避免平面或不同高程的作业干扰；同时，还需要考虑各合同标段实施过程中在时间、空间上的衔接，避免因交叉工作带来的推诿和扯皮，保证施工总进度计划目标的实现。

（3）承建单位的技术特长。施工企业往往在某一方面有其专长，如果按专业划分合同包，可以增加对某一专项施工有特长的承包单位的吸引力，甚至还可能招请到有专利施工技术的企业来完成特定工程部位的施工任务。

2. 合同类型选取的影响因素

每一发包工作内容选用哪种合同类型，应根据工程项目特点、技术经济指标，以及确保工程成本、工期和质量的要求等因素综合考虑后决定。

（1）项目规模和复杂程度。中小型工程一般可选用总价合同方式承包。规模大、工期长且技术复杂的大中型工程项目，由于施工过程中可能遇到的不确定因素较多，通常采用单价合同承包。

（2）工程设计的深度。施工图设计完成后进行招标的中小型工程，图纸、工作内容和工程量在施工过程中不会有较大变化，可以采用总价合同。建设周期长的大型复杂工程，往往初步设计完成后就开始施工招标，在不影响施工顺利进行的前提下陆续发放施工图纸。由于招标文件中的工作内容详细程度不够，为了合理地分担合同履行过程中的风险及取得有竞争性的报价，一般应采用单价合同。

（3）施工技术的难易程度。如果发包的工作内容属于采用没有可遵循规范、标准和定额的新技术或新工艺施工，为了避免投标人盲目地提高承包价格，或由于对施工难度估计不足而导致亏损，较为保险的做法是采用成本加酬金合同。

（4）施工期要求的紧迫程度。某些紧急工程，特别是灾后修复工程，要求尽快开工且工期较紧。此时可能仅有实施方案，还没有设计图纸，不可能让承建单位合理地报出承包价格，只能采用成本加酬金合同，以议标方式确定施工单位。

2.1.4　招标项目标段的划分

一般情况下，一个项目应当作为一个整体进行招标，但是对于大型项目，作为一个整体进行招标会因为符合招标条件的潜在投标人数量太少而大大降低招标的竞争性，这样就应该将招标项目划分成若干个标段分别进行招标；但是也不能将标段化分得过细、过多，这样将失去对实力雄厚的潜在投标人的吸引力。标段的划分应考虑：

（1）招标项目的专业要求。如果招标项目的各部分内容专业要求接近，则该项目可以考虑作为一个整体进行招标。如果专业要求相距甚远可以划分为不同的标段分别招标，如可以将一个项目分为土建工程、设备安装工程、土石方工程分别招标，但不允许将单位工程肢解为分部、分项工程进行招标。

（2）招标项目的管理要求。若项目各部分内容相互干扰比较大，各个独立的承包商之间协调管理比较困难，可以考虑将整个项目发包给一个承包商，由该承包商进行分包后统一协调管理。

（3）工程各项工作的衔接。标段的划分要避免在平面或立面交接工作责任不清的情况下进行。如果项目各项工作的衔接、交叉、配合少，责任清楚，可以划分为几个标段分包发包。

2.1.5　工程项目施工招标的程序

工程项目施工招标程序是指主要从招标人的角度划分招标活动的内容逻辑关系，其主要程序分为招标准备阶段、招标阶段、定标成交阶段工作，具体流程见图 2-1。

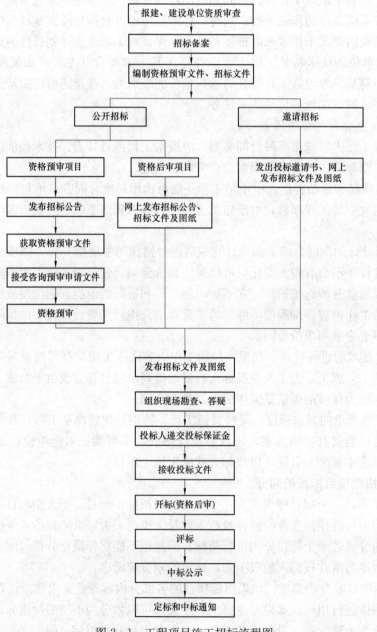

图 2-1　工程项目施工招标流程图

1. 招标准备阶段工作

招标前的准备工作由招标人完成，主要包括以下内容：

（1）建设工程项目报建。建设工程项目报建是工程项目招标活动的前提。建设工程项目的立项批准文件或年度投资计划下达后，须向建设行政主管部门报建备案。报建范围包括各类房屋建筑、路桥、道路、设备管道安装、管道线路敷设、装饰装修等建设工程。报建内容主要包括工程名称、建设地点、投资规模、资金来源、当年投资额、工程规模、结构类型、发包方式、计划竣工日期、工程筹建情况等。

（2）招标备案。招标人发布招标公告或投标邀请书前，应向建设行政主管部门办理招标备案，建设行政主管部门自收到备案资料之日起 5 个工作日内没有异议的，招标人可以发布招标公告或投标邀请书。

（3）资格预审文件与招标文件的编制与送审。招标人利用资格预审程序可以较全面地了解潜在投标人的情况，将不合格的投标人淘汰，因此资格预审文件的编制应该结合工程特点对投标人能力要求进行详细说明，资格预审文件编制水平直接影响后期的招标工作。《标准施工招标资格预审文件》包括资格预审公告、申请人须知、资格预审办法、资格预审格式和项目建设概况五章，审查内容一般包括：投标单位组织与机构和企业概况、企业资质等级、企业质量安全环境保护认证；近年完成工程的情况；目前正在履行的合同情况；财务状况、管理人员情况、劳动力和施工机械设备等方面的情况；其他情况（各种奖励和处罚）等。

招标文件可以分为以下几大部分内容：第一部分是对投标人的要求，包括招标公告或招标邀请函、投标人须知、标准、规格或者工程技术规范、合同条件等；第二部分是对投标文件格式的要求，包括投标人应当填写的报价单、投标书、授权书和投标保证金等格式；第三部分是对中标人要求，包括履约保证金、合同或者协议书等内容。招标文件的编制详见本章2.2 节内容。

2. 招标阶段工作

（1）发布招标公告或发出投标邀请书。实行公开招标的工程项目，招标人应公开发布招标公告，招标公告须在国家或省（直辖市、自治区）指定的报刊和信息网络上发布。采用邀请招标方式的，招标人应当向三家以上具备承担施工招标项目能力、资信良好的特定法人或其他组织发出投标邀请书。招标公告或投标邀请书应当至少载明下列内容：

1）招标人的名称和地址；

2）招标项目的内容、规模和资金来源；

3）招标项目的实施地点和工期；

4）获取招标文件或资格预审文件的地点和时间；

5）对招标文件或者资格预审文件收取的费用；

6）对投标人的资质等级要求。

招标公告的发布应当充分公开，任何单位和个人不得非法限制招标公告的发布地点和发布范围。拟发布的招标公告文本有下列情形之一时，有关媒介可以要求招标人或其委托的招标代理机构及时予以改正、补充和调整：字迹潦草模糊，无法辨认的；载明的事项不符合规定的；没有招标人或其委托的招标代理机构主要负责人签名并加盖公章的；有两家以上媒介发布的同一招标公告的内容不一致的。

知 识 链 接 --

杭州市××学校 A 栋教学楼室内装饰改造工程招标公告(未进行资格预审)

1. 招标条件

本招标项目杭州市××学校 A 栋教学楼室内装饰改造工程已经批准备案,招标人为杭州市××学校。建设资金来源为国有资金。项目已具备招标条件,现对该项目的施工进行公开招标。

2. 项目概况与招标范围

2.1 项目概况。

2.1.1 建设地点: 杭州市××区××路××号;

2.1.2 建筑面积: 约 9600m² 维修改造工程;

2.1.3 计划工期: 80 日历天;

2.1.4 工程概算: 600 万元。

2.2 招标范围。 杭州市××学校 A 栋教学楼室内装饰改造工程,具体内容详见施工图及工程量清单。

3. 投标人资格要求

3.1 本次招标要求投标人须具备建筑装修装饰工程专业承包二级及以上资质,具备类似工程业绩,并在人员、设备、资金等方面具有相应的施工能力。

3.2 根据《杭州市市外建筑施工企业入杭登记备案管理办法》的规定,市外建筑施工企业在参与投标前,需取得由浙江省城乡建设委员会颁发的"分支机构入杭登记备案证"。市外建筑施工企业在杭参加招投标活动时,其在杭负责人必须到场。

3.3 本次招标不接受联合体投标。

4. 招标文件的获取

4.1 本工程招标不需报名,开标时直接投标。凡有意参加投标者,请于××年××月××日起,在浙江省公共资源交易信息网下载招标文件、图纸、工程量清单、答疑、补遗、限价等开标前的有关资料,不管下载与否都视为投标人全部知晓有关招标过程和事宜。

4.2 自公告发出之日起,各投标单位应随时关注招标文件及相关修改内容。

4.3 招标文件每套售价 600 元,招标文件费用在各投标人递交投标文件时收取,售后不退,无图纸押金。

5. 投标文件的递交

5.1 投标文件递交的截止时间为××年××月××日××时××分,地点为浙江省公共建设交易中心。

5.2 逾期送达的、未送达指定地点或未按规定密封的投标文件,招标人不予受理。

5.3 本招标项目采用电子化招投标,投标人可在浙江省公共资源交易信息网下载招标文件、工程量清单、电子图纸、电子标书生成器软件及软件锁办理申请表等资料。

通过以上途径下载的招标文件为 GEF 格式,参与投标的投标人需使用电子标书生成器制作投标文件,办理地址:浙江省公共资源交易信息中心×开标室,咨询电话:××××××。

6. 发布公告的媒介

本次招标公告同时在杭州市建设项目及招标网上发布。

7. 联系方式

招标人:　　　　　　　　招标代理机构:

地址:　　　　　　　　　地址:

邮编：　　　　　　　　　邮编：
联系人：　　　　　　　　联系人：
传真：　　　　　　　　　传真：
电子邮件：　　　　　　　电子邮件：
网址：　　　　　　　　　网址：
开户银行：　　　　　　　开户银行：
账号：　　　　　　　　　账号：

　　　　　　　　　　　　　　　　　　　　　　×× 年 ×× 月 ×× 日

（2）对投标人的资格审查。招标人根据工程规模、结构复杂程度或技术难度等具体情况，可以采取资格预审或资格后审。资格预审指在投标前对潜在投标人进行的资格审查。资格后审是指在开标后对投标人进行的资格审查。进行资格预审的，一般不再进行资格后审，但招标文件另有规定的除外。资格审查主要是对潜在投标人进行基本资格审查和专业资格审查。基本资格审查是指对申请人合法地位和信誉等进行的审查。专业资格审查是看投标申请人是否符合下列条件：

　　1）具有独立订立合同的权利；

　　2）具有履行合同的能力，包括专业、技术资格和能力，资金、设备和其他物质设施情况，管理能力，经验、信誉和相应的从业人员；

　　3）没有处于被责令停业，投标资格被取消，财产被接管、冻结、破产状态；

　　4）在最近 3 年内没有骗取中标和严重违约及重大工程质量问题；

　　5）法律、行政法规规定的其他资格条件。

招标人向经资格审查合格后的投标人发出资格预审合格通知书，投标人在收到资格预审合格通知书后，应以书面形式予以确定是否参加投标，并在规定的时间、地点领取或购买招标文件和有关技术资料。

　知 识 链 接

资格预审合格通知书

致：

　　鉴于你方参加了我方组织的招标编号为 ×× 的(招标工程项目)工程施工投标资格预审，并经我方审定，资格预审合格，现通知你方作为资格预审合格的投标人就上述工程施工进行密封投标，并将其他事宜告知如下：

　　1. 凭本通知书于 ×× 年 ×× 月 ×× 日至 ×× 年 ×× 月 ×× 日，每天上午 ×× 时 ×× 分至 ×× 时 ×× 分，下午 ×× 时 ×× 分至 ×× 时 ×× 分（公休日、节假日除外）到 ××（地址）购买招标文件，每份招标文件的购买费用为____元，无论是否中标，该费用不予退还。另需交纳图纸押金____元，当投标人退回图纸时，该押金将同时退还给投标人(不计利息)。上述资料如需邮寄，可以书面形式通知招标人，并另加邮费，每份____元，招标人将立即以航空挂号方式向投标人寄送上述资料，但在任何情况下，如寄送的文件迟到或丢失，招标人均不对此负责。

　　2. 投标人在递交投标文件时，应按照招标文件中投标须知的规定提交投标担保。

　　3. 投标文件与投标担保递交的截止时间为 ×× 年 ×× 月 ×× 日 ×× 时 ×× 分，逾期送达的或不符合规定的投标恕不接受。

　　4. 有关本项目投标的其他事宜，请与招标人或招标代理机构联系。

招标人或招标代理机构(盖章)：

办公地址：

邮政编码：　　　　　　　联系电话：

传真：　　　　　　　　　联系人：

　　　　　　　　　　　　　　　　　　　　　　　××年××月××日

（3）招标文件发售、澄清。招标人应向按照招标公告、投标邀请书或者资格预审合格通知书规定的时间地点出售招标文件，自招标文件出售之日起至停止出售之日止，最短不得少于5个工作日。投标人购买招标文件的费用，不论中标与否都不予退还，图纸招标人可以酌收押金，开标后将图纸退还的招标人应该退还其押金。

投标人收到招标文件、图纸和有关资料后，应仔细阅读和检查。若有疑问或不清楚的问题，应在收到招标文件后在规定的时间前以书面形式（包括信函、电报、传真等）向招标人提出，要求招标人对招标文件予以澄清。招标文件的澄清将在规定的投标截止时间15天前以书面的形式发给所有获得招标文件的投标单位。如果澄清文件发出的时间距投标截止时间不足15天，相应推后投标截止时间。投标人在收到澄清文件后，应在规定的时间内以书面形式通知招标人，确认已收到该澄清文件。

（4）组织勘察现场和投标预备会。勘察现场的目的在于让投标人了解工程场地和周围环境情况，以获取投标单位认为有必要的信息。例如，了解施工现场可提供的场地面积，施工用水用电位置，拟建项目与周围建筑物、构筑物的关系，施工现场的地质、水文情况等。招标人不得单独或者分别组织任何一个投标人进行现场踏勘。

投标预备会由招标人组织召开，目的在于澄清招标文件中的疑问，解答投标单位对招标文件和勘察现场中所提出的疑问。投标预备会结束后，由招标人整理会议记录和解答内容，以书面形式向投标人发放，会议记录作为招标文件的组成部分，内容若与已发放的招标文件有不一致之处，以会议记录的解答为准。为便于投标人在编制投标文件时，将招标人对疑问的解答和修改内容考虑进去，招标人可以根据情况酌情延长投标截止时间。

（5）投标文件的接收。投标人应当按招标文件要求编制投标文件并进行密封，在招标文件要求的递交投标文件的截止时间前，将投标文件送达招标文件规定的地点。招标人收到投标文件后，应当签收保存，不得开启。在招标文件要求提交投标文件的截止时间后送达的投标文件，招标人应当拒收。

3. 定标成交阶段工作

（1）开标。开标应当在招标文件确定的提交投标文件截止时间的同一时间公开进行开标；开标地点应当为招标文件中确定的地点。开标由招标人主持，邀请所有投标人、评标委员会委员和其他有关单位代表参加。开标会议可以邀请公证部门对开标过程进行公证。《招标投标法》第36条规定："开标时，由投标人或者其推选的代表检查投标文件的密封情况，也可以由招标人委托的公证机构检查并公证；经确认无误后，由工作人员当众拆封，宣读投标人名称、投标价格和投标文件的其他主要内容。招标人在招标文件要求提交投标文件的截止时间前收到的所有投标文件，开标时都应当众予以拆封、宣读。开标过程应当记录，并存档备查。"通常，开标的程序和内容包括密封情况检查、拆封、唱标及记录并存档等。

1）密封情况检查。当众检查投标文件密封情况。检查由投标人或者其推选的代表进行。如果招标人委托公证机构对开标情况进行公证，也可以由公证机构检查并公证。如果投标文件未密封，或者存在拆开过的痕迹，则不能进入后续的程序。

2）拆封。当众拆封所有的投标文件。招标人或者其委托的招标代理机构的工作人员，应当对所有在投标文件截止时间之前收到的合格的投标文件，在开标现场当众拆封。

3）唱标。招标人或者其委托的招标代理机构的工作人员应当根据法律规定和招标文件要求进行唱标，即宣读投标人名称、投标价格和投标文件的其他主要内容。

4）记录并存档。招标人或者其委托的招标代理机构应当场制作开标记录，记载开标时间、地点、参与人、唱标内容等情况，并由参加开标的投标人代表签字确认，开标记录应作为评标报告的组成部分存档备查。

 **知识链接** --

某市医院门诊楼弱电工程工程开标记录表

评价方法：经评审低价中标法　　开标时间：×××年××月××日××时
招标单位：某市第一附属医院　　备案单位：某市某区公共资源交易办公室
招标控制价：150 万元　　开标地点：某市某区公共资源交易中心开标×室

序号	投标单位	总报价(万元)	投标工期(天)	质量标准	投标人签字确认	备注
1	单位 A	88.8155	150	合格		
2	单位 B	116.8404	150	合格		
3	单位 C	87.3471	150	合格		
4	单位 D	107.1011	150	合格		
5	单位 E	118.6632	150	合格		
6	单位 F	114.4335	150	合格		
7	单位 G	88.9481	150	合格		
8	单位 H	116.6407	150	合格		

唱标：　　　　　　　　　　　　录标：　　　　　　　　　　　　见证：

（2）评标。评标是按照规定的评标标准和方法，对各投标人的投标文件进行评价比较和分析，从中选出最佳投标人的过程。它是招标投标活动中十分重要的阶段，评标是否真正做到公平、公正，决定整个招标投标活动是否公平和公正；评标的质量决定能否从众多投标竞争者中选出最能满足招标项目各项要求的中标者。评标的工作内容包括：

1）投标文件符合性的鉴定。这里主要是核查投标文件是否按照招标文件的规定和要求进行编制，投标文件是否实质上响应招标文件的要求。所谓实质上响应招标文件的要求就是指投标文件应该与招标文件的所有条款、条件和规定相符，无显著差异或保留。

2）商务标的评审。评标委员会将确定为实质上相应招标文件要求的投标进行投标报价评审，审查其投标报价是否按照招标文件要求的计价依据进行报价，是否有计算或累计上的算术错误。

3）技术标的评审。主要对招标人的施工方案、施工进度计划安排、施工技术管理人员和施工机械设备配备、材料计划、以往履约情况等进行评估。

4）投标文件的澄清、答疑。为有助于投标文件的审查，评标委员会会要求投标人澄清其投标文件或进行答疑，澄清或答辩问题的答复由投标人以书面形式予以确认，作为投标文件的组成部分，但澄清的问题不应更改投标价格或投标的实质性内容。

5）编制评标报告。评标委员会完成评标后，编写评标报告，向招标人推荐中标候选人或确定中标人。评标报告内容包括：基本情况和数据表；评标委员会成员名单；开标记录；符合要求的投标一览表；评标标准、评标方法或者评标因素一览表；经评审的价格或者评分比较一览表；经评审的投标人排名；推荐的中标候选人名单与签订合同前要处理的事宜；澄清、说明、补正事项纪要。

（3）定标。招标人根据评标委员会提出的书面评标报告和推荐的中标候选人确定中标人。建设行政主管部门自接到招标投标情况书面报告和备案资料之日起 5 个工作日内未提出异议的，招标人应当向中标人发出中标通知书，并同时将中标结果通知所有未中标的投标人。中标通知书对招标人和中标人具有法律效力。中标通知书实质上就是招标人对其选中的投标人的承诺，是招标人同意某投标人的要约的意思表示。中标通知书发出后，招标人改变中标结果的，或者中标人放弃中标项目的，应当依法承担法律责任。

🎹 知 识 链 接 ┄┄┄┄┄┄┄┄┄┄┄┄┄┄┄┄┄┄┄┄┄┄┄┄┄┄┄┄┄┄┄┄┄┄┄┄┄

建设工程中标通知书

中标人：_____

招标人：_____的工程名称：_____，结构类型_____，建筑面积为____，经____年____月____日公开开标后，经评标委员会评定并报建设工程招标投标监督机构备案，确定你单位为中标人，中标价为人民币____万元，中标范围____，中标工期自____年____月____日至____年____月____日止，工期____日历天，工程质量达到国家施工验收规范标准。 项目经理____。

你单位收到中标通知书后，在____年____月____日时前到____与招标人签订承发包合同。

备案意见书编号：浙（ ）招备〔 ）第 号。

招标人：_____（盖章）

法定代表人或其委托代理人：_____（签字或盖章）

联系人：_____

联系电话：_____

招标代理机构：_____

法定代表人或其委托代理人：_____

联系人：_____

联系电话：_____

签发日期：_____ 年_____ 月_____ 日

备注：本通知书一式六份，监督管理机构一份、招标人四份、中标人一份。

┄┄┄

（4）合同签订。招标人和中标人应当自中标通知书发出之日起 30 天内，按照招标文件和中标人的投标文件订立书面合同。招标人和中标人不得再行订立背离合同实质性内容的其他协议。招标文件要求中标人提交履约保证金的，中标人应当提交。凡未在规定时间内签订合同，经建设主管部门裁决，其责任属于投标人的，取消其该工程的承包权；责任属于招标人的，由招标人赔偿投标人的延期开工损失，额度由建设主管部门裁定。

2.2　工程项目施工招标文件的内容与编制方法

2.2.1　工程项目施工招标文件的组成内容

为了规范招标活动，提高招标文件的编制质量，促进招投标活动的公开、公平和公正，由国家发展改革委等九部委联合编制了《标准施工招标文件（2007 年版）》，招标人应根据招标项目的特点，参照《标准施工招标文件（2007 年版）》编制工程项目施工招标文件。施工招标文件主要由 8 个部分组成。

（1）招标公告。招标公告相关内容详见本章 2.1 节。

（2）投标人须知。投标人须知是对投标人投标时注意事项的书面阐述和告知。投标人须知包括两个部分：第一部分是投标须知前附表；第二部分是投标须知正文，主要内容包括对总则、招标文件、投标文件、开标、评标、授予合同等方面的说明和要求。

（3）评标办法。评标办法相关内容参见本章 2.3 节。

（4）合同条款及格式。合同条款分为通用合同条款和专用合同条款两部分。合同条款是招标人与中标人签订合同的基础。一方面要求投标人充分了解合同义务和应该承担的风险，以便在编制投标文件时加以考虑；另一方面允许投标人在投标文件中及合同谈判时提出不同意见。合同格式包括合同协议书格式、履约担保格式、预付款担保格式。

（5）工程量清单。工程量清单根据招标文件中包括的、有合同约束力的图纸及有关工程量清单的国家标准、行业标准、合同条款中约定的工程量计算规则编制，是投标人投标报价的共同基础。它由封面、总说明、分部分项工程工程量清单、措施项目清单、其他项目清单、规费及税金项目清单组成。

（6）图纸。图纸是招标文件的重要组成部分，是投标人在拟定施工方案、确定施工方法、提出替代方案、确定工程量清单和计算投标报价不可缺少的资料。施工图纸由招标人委托建筑设计院进行设计，并负责设计文件的交底。

（7）技术标准和要求。技术标准和要求是制定施工技术措施的依据，也是检验工程质量的标准和进行工程管理的依据，招标人应根据建设工程的特点，自行决定具体的编写内容和格式。

（8）投标文件格式。投标文件包括投标函部分、已标价工程量清单、技术部分、资格审查资料。

2.2.2　工程项目施工招标文件的编制原则

招标文件既是投标人编制投标文件的依据，也是评标的重要依据，直接关系招标活动的成败。招标文件的编制应做到系统、完整、准确、明了。编制招标文件应该遵循几个基本原则：

（1）遵守法律法规。招标文件是一份具有法律效力的文件，招标文件的内容应符合国内法律法规、行业规范等要求。这就要求招标文件编制人不仅要具有精湛的专业知识、良好的职业素养，还要有一定的法律法规知识，如合同条款不得与《合同法》相抵触。

（2）公正合理。应公正、公平等地处理招标人和投标人的关系，招标人提出的技术要求、商务条件必须依据充分并切合实际，条款不应过于苛刻，更不应将风险全部转嫁给投标人。

（3）如实充分反映工程项目需求。招标文件应该正确、详尽地反映项目的客观真实情况，这样才能使投标人在客观可靠的基础上投标，减少争议。

（4）公平竞争。公平竞争是指招标文件不能存有歧视性条款。只有公平才能吸引真正感兴趣、有竞争力的投标人。当然技术规格要求也不能制定得过低，否则会看似扩大了竞争面，实则给评标带来了很大困难，评标的正确性很难体现，最后选择的结果可能还是带有倾向性。

（5）科学规范。内容编制上应做到文字规范、准确明了，各部分文件的内容应该统一，表达上的含混不清会造成理解上的差异，内容的矛盾也会给招标工作和履行合同带来争议，甚至影响工程的施工。

2.2.3　编制工程项目施工招标文件的注意事项

编制一份规范、完整的招标文件，能为一个良好的合同文件的编制奠定基础，招标文件编制的好坏与将来的合同管理有着密切关系，因此在编制工程项目施工招标文件时，应注意：

（1）有明确的实质性偏离和保留的具体规定，以便投标人参照执行，防止其投标被定为废标；

（2）有明确的评标原则、评标细则，尽量细化各评价项目，细化程度越高，投标人越易有针对性地投标，招标人也越能准确地判断各投标人的水平；

（3）在合同条款中有明确的当事人之间的权利、义务、责任和风险；

（4）在合同条款中有明确的项目管理程序、质量检查程序、工程价款结算程序、进度控制程序、变更程序、索赔程序、完工验收程序；

（5）合理分摊合同双方的风险，一般原则是，有经验的承包人无法预见和无手段进行合理防范的风险，由发包人承担；

（6）提供的图纸能够让投标人清楚地了解工程内容，准确地计算工程量；

（7）认真反复核对工程量清单，防止投标人利用工程量不准确采用"不平衡报价"技巧；

（8）材料或设备采购、运输、保管的责任应在招标文件中明确，如果招标人提供材料或设备，应列明材料或设备名称、型号、数量，以及提供日期和交货地点等，还应在招标文件中明确招标单位提供的材料或设备计价和结算退款的方式、方法。

2.2.4　工程项目施工招标文件编制实例

（一）工程项目施工招标文件封面

杭州市某综合大楼工程

招 标 文 件

招标人：杭州市某投资集团有限公司（盖章）
招标代理机构：杭州某建设工程咨询有限公司（盖章）

××××年××月

（二）工程项目施工招标文件目录

略。

（三）工程项目施工招标文件正文

第一章　招　标　公　告

杭州市某综合大楼工程招标公告

1. 招标条件

本招标项目杭州市某综合大楼建设工程已由杭州市发展改革委员会以浙发改经×××号文批准建设，项目业主为杭州市某投资集团有限公司；建设资金来自国有。招标人为杭州市某投资集团有限公司；项目已具备招标条件，现对该项目进行公开招标。

2. 项目概况与招标范围

2.1　建设地点：杭州市×××路×××号。

2.2　工程规模：总建筑面积约为 50 000m²。

2.3　招标范围：本项目新建大楼主体工程，水电、消防、机电设备安装工程、室内装饰工程，室外管网、环境、绿化、道路、生化池、配电房土建工程等，具体详见施工图及招标人提供的工程量清单。

3. 投标人资格和业绩要求

3.1　本次招标实行资格后审，投标人应满足下列资格条件和业绩要求：本次招标要求投标人必须同时具备房屋建筑工程施工总承包一级及以上资质和机电设备安装工程专业承包一级及以上资质；具有较好的工程业绩，在人员、设备、资金等方面具有相应的施工能力。

3.2　本次招标不接受联合体投标。

3.3　本工程不允许转包。

4. 招标文件的获取

4.1　本工程实行网上报名的招标方式，招标人不接受投标人的现场报名。凡有意参加投标者，请于××××年××月××日起，在浙江省公共资源交易网（www. zmctc. com. cn）下载本招标项目的招标文件、图纸及其答疑文件等所有招标相关资料。不论投标人下载与否，招标人和招标代理机构都视为投标人收到以上资料并全部知晓有关招标过程和事宜，由此产生的一切后果由投标人自负。

4.2　本招标公告开始发布至投标截止时间止，各投标人应随时关注浙江省公共资源交易网（www. zmctc. com. cn）上关于本招标项目相关修改或补充内容。

4.3　招标文件每套售价 1000 元，售后不退。递交投标文件时支付招标文件的费用，否则招标人和招标代理机构拒绝接收其投标文件。

4.4　投标人如对招标文件有质疑，必须在浙江省公共资源交易网（www. zmctc. com. cn）上指定位置在规定质疑期内匿名质疑，提出质疑时间应在××××年××月××日××时前（北京时间），过期不再受理质疑。

5. 投标文件的递交

5.1　投标递交时间为××××年××月××日××时至××时（北京时间），逾期递交的投标文件不予接收。

5.2　投标文件递交的地点：浙江省公共资源交易中心接标处。

6. 发布公告的媒介

本次招标公告同时在浙江省公共资源交易网（www.zmctc.com.cn）、中国招标与采购网（www.gc-zb.com）上发布。

7. 联系方式

招标人：

招标组织机构：

联系人：

联系电话：

第二章 招标人须知

投标人须知前附表

条款号	条款名称	编列内容
1.1.2	招标人	杭州市某投资集团有限公司
1.1.3	招标代理机构	杭州市某建设工程咨询有限公司
1.1.4	项目名称	杭州市某综合大楼工程
1.1.5	建设地点	杭州市×××路×××号
1.2.1	资金来源	国有投资
1.2.2	出资比例	100%
1.2.3	资金落实情况	资金已落实
1.3.1	招标范围	本项目图示范围内的全部工作内容，具体详见施工图及招标人提供的工程量清单。 电梯、供配电、市政直供水、二次供水、宽带、有线电视、发电机设备采购及安装等工程不纳入本次招标范围，具体如下。 一、土建工程 （1）施工图示新建大楼主体工程。新建大楼散水范围以内（含散水）的全部工程内容全部纳入招标范围。 （2）基础工程挖孔桩深度及土石质成分参考本工程地勘报告。 二、安装工程 1. 电气部分 （1）强电部分。新建大楼主体按施工图示从公用变压器配电房至务分支箱范围内的所有工作内容；车库按施工图示从公用变压器配电房至灯具范围内的所有工作内容。 （2）弱电部分。由发包人另行发包。 2. 给排水部分 （1）给水部分。由水表（不含水）至各用水点位，不含洁具。 （2）排水部分。施工图示范围内所有工作内容，室外部分按施工图示算至散水外1m处。 3. 消防部分 （1）消防弱电。线路敷设按施工图示从消防控制中心到施工图示所有使用点（含通道、末端设备），消防主机按照暂定价进入。 （2）消防给水系统。室外管网按暂定价计入，室内管网按施工图示，并接出建筑物散水外1m。 （3）喷淋系统。室外管网按暂定价计入，室内管网按施工图示，并接出建筑物散水外1m。 （4）防排烟系统。按施工图示所有工作内容。 4. 防雷工程 按施工图示所有工作内容。 5. 机电设备安装工程 施工图示范围内所有设备安装工作内容（电梯、发电机设备采购及安装工程除外）。 三、本项目的幕墙工程、消防主机、生化池工程等均以暂定金额进入本次招标

续表

条款号	条款名称	编列内容
1.3.2	计划工期	<u>700</u> 日历天
1.3.3	质量要求	达到国家现行有关施工质量验收规范要求，并达到一次性验收合格标准
1.4.1	投标人资质条件、能力和信誉	本工程施工招标实行资格后审，投标人应具备以下资格条件： 1. 资质条件 本次招标要求投标人必须同时具备房屋建筑工程施工总承包一级及以上资质和机电设备安装工程专业承包一级及以上资质（在递交资格审查资料时携带企业资质证书副本备查）。 2. 财务要求 (1) 注册资本金不低于 10 000 万元人民币。 (2) 银行信用等级不低于 AAA 级。 3. 业绩要求 近三年以来实施过单项合同总价在 8000 万元以上的房屋建筑项目业绩两个（含）及以上。提交中标通知书、施工合同、竣工验收意见书表复印件，加盖投标人章（携原件供查验）。 4. 信誉要求（写具体时间） (1) 最近三年没有出现违法违规或失信行为。 (2) 最近三年没有拖欠劳务费的败诉记录。 (3) 最近三年没有无故弃标的不良记录。 (4) 受到行政处罚的不在其行政处罚期内。 ［投标人须投供书面承诺书（如投标人无上诉行为则由投标人书面承诺）。投标人提供虚假材料或不良记录，将被取消投标或中标资格，其资格审查不合格］ 5. 项目经理资格要求 (1) 项目经理应具有建筑工程一级建造师注册证。 (2) 项目经理近三年以来具有单个合同金额不低于 8000 万元且质量合格的类似工程施工业绩至少 1 个。 (3) 提供本单位社保缴费证明（携带项目经理建造师注册证书原件，业绩须附合同协议书和竣工验收意见书原件备查，提供加盖社保局公章的养老保险证明原件备查）。 6. 其他要求 (1) 技术负责人。 1) 应具有建筑工程类高级工程师及其以上职称； 2) 提供本单位社保缴费证明。 （携带技术负责人职称原件和加盖社保局公章的养老保险证明原件备查） (2) 主要管理人员。 1) 持有有效证件的质检员不少于 1 人，安全员不少于 1 人，材料员不少于 1 人，造价员或造价工程师不少于 1 人，施工员不少于 1 人。 2) 安全员具备安全生产考核合格证 C 证（携带各专业人员上岗证原件备查，造价员提交资格证原件备查，造价工程师提交注册证原件备查。安全员提供安全生产考核合格证 C 证原件备查）。 (3) 有效的营业执照（提供营业执照副本原件备查）。 (4) 具备有效的安全生产管理人员（即"三类人员"），具备相应的 A、B、C 安全生产考核合格证书。 注：(1) 在提交资格审查资料时须携带所有证明材料和证书原件备查，投标人必须全部满足以上所有资格条件时才被视为资格审查合格。 (2) 投标人拟派项目经理和技术负责人如果在本次招标活动中中标，未经甲方同意，不许更换，否则将取消其中标资格并没收投标保证金
1.4.2	是否接受联合体投标	不接收
1.9.1	勘察现场	投标人自行踏勘现场
1.10.1	投标预备会	不召开

续表

条款号	条款名称	编列内容
1.10.2	招标文件澄清	投标人如对招标文件有质疑，必须在浙江省公共资源交易网（www.zmctc.com.cn）上指定位置在规定质疑期内匿名质疑，提出质疑时间应在××××年××月××日××时前，逾期不再受理质疑。 招标人针对本工程所发布的答疑或补遗书的电子文档均于××××年××月××日××时前公布于浙江省公共资源交易网（www.zmctc.com.cn），各投标单位自行下载，答疑或补充通知的电子文档公布上述网站后，不管投标人是否下载，均视为已知晓答疑或补充通知内容
1.10.3	招标文件修改	招标人针对本工程所发布的答疑或补遗书的电子文档均于××××年××月××日××时前公布于浙江省公共资源交易网（www.zmctc.com.cn），各投标单位自行下载，答疑或补充通知的电子文档公布上述网站后，不管投标人是否下载，均视为已知晓答疑或补充通知内容
1.11	分包	不允许
2.1	构成招标文件的其他材料	招标人发出的答疑及补遗书，请随时关注，避免遗漏相关补遗、答疑信息
2.2.2	投标截止时间	××××年××月××日××时（北京时间）
3.1.1	构成投标文件的其他材料	投标人的书面澄清、说明和补正（但不得改变投标文件的实质性内容）
3.2	投标文件	（1）投标人应按本须知第五章工程量清单的要求填写相应清单表格。投标人的投标报价应是本章投标人须知前表1.3.1项中所述的本工程合同段招标范围内的全部工程的投标报价，并以投标人在工程量清单中提出的单价或总价为依据。 （2）投标人应认真填写工程量清单中所列的本合同各工程子目的单价或总价。投标人没有填入单价或总价的工程子目，招标人将认为该子目的价款已包括在工程量清单其他子目的单价和总价中。投标人在工程量清单中多报的子目和单价或总价，发包人将予以接受，并将被视为重大偏差，按废标处理。 （3）如发现工程量清单中的数量与图纸中数量不一致，应于本须知2.2.1项中规定的时间前在浙江省公共资源交易网（www.zmctc.com.cn）提出，招标人核查后，除非招标人以补遗书的形式予以更正并在浙江省公共资源交易网（www.zmctc.com.cn）公布，否则，应以工程量清单中列出的数量为准。 （4）室外工程暂定价（人民币）：600万元（含幕墙工程、消防主机、生化池工程）。 （5）招标人在工程量清单中所列出的价格（包括暂列金额、暂定价等），投标人不得修改，否则，将被认定为废标。 （6）本工程招标将设置最高限价，并在投标截止日期3天前公布。投标人的投标报价不得超过最高限价，否则，将被认定为废标。 （7）招标人提供的工程量清单由投标人根据施工图纸自行复核，如对招标人所提供的工程量清单有疑义（包括工程量不符、漏项、错项等），应在××××年××月××日××时前自行登录浙江省公共资源交易网（www.zmctc.com.cn）提出疑义，招标人将对有疑义的内容进行复核，并将结果上传至浙江省公共资源交易网（www.zmctc.com.cn）。各投标人自行下载，招标人下载后另行通知，投标人在开标前因未随时关注浙江省公共资源交易网（www.zmctc.com.cn）发布的补遗通知而产生的一切后果由投标人自负。 （8）投标价是指由投标人计算的完成招标文件规定的全部工作内容所需一切费用，投标价根据《关于印发＜建设工程工程量清单计价规范＞（GB 50500—2013）附录浙江省补充内容的通知》（浙建发〔2009〕125号）及有关规定由投标人自主确定。投标价应满足招标文件的实质性要求，投标人不得以自有机械设备闲置、自有材料等为由不计入成本，且不得低于成本报价。 （9）投标价应当与分部分项工程费、措施项目费、其他项目费、安全文明施工专项费及规费、税金的合计金额一致。投标人在进行投标报价时，不能进行投标总价优惠（或降价、让利），投标人对投标价的任何优惠（或降价、让利）均应反映在相应清单项目的综合单价中

续表

条款号	条款名称	编列内容
3.3	工程量清单 计价原则	（1）投标报价范围：本工程采用工程量清单计价。各投标人对 1.3.1 中招标范围内的所有工程内容进行报价。 （2）报价原则：本招标工程由投标人以招标文件、合同条款、工程量清单、本次招标范围的施工设计图纸、地质勘察报告、国家技术和经济规范及标准、《建设工程工程量清单计价规范》（GB 50500—2013）、浙江省《关于印发＜建设工程工程量清单计价规范＞（GB 50500—2013）附录浙江省补充内容的通知》（浙建发〔2009〕125 号）、《浙江省建筑工程预算定额》（2010 版）、《浙江省安装工程预算定额》（2010 版）、《浙江省市政工程预算定额》（2010 版）、《浙江省建设工程施工费用定额》（2010 版）、《浙江省施工机械台班费用定额》（2010 版）为依据，由投标人结合自身实力、市场行情自主合理报价。投标报价应包括完成招标范围内工程项目的人工费、材料费、机械费、管理费、利润、风险费用、措施费（含易撒漏物资密闭运输的费用）、规费、安全文明施工专项费、税金、政策性文件规定的所有费用。招标人除此以外不支付其他费用。 （3）工程类别按定额规定的工程类别执行。 （4）措施项目费清单包括施工组织措施项目清单和施工技术措施项目清单两部分。 1）施工组织措施项目清单：招标人给出的施工组织措施项目清单仅供投标人参考，投标人在投标报价时可参照招标人给出的施工组织措施项目清单并结合本工程的实际情况和国家及浙江省相关管理规定自行增减项目，并进行报价。如果漏项或不报价，视为已包含在其他项目清单综合单价内。中标后施工组织措施项目费用一概不作调整。 2）施工技术措施项目清单：技术措施清单中的项目，由投标人根据现场踏勘情况及本工程的实际情况结合自身施工组织设计，自行设计，自行报价，包干使用，结算时不再调整。 （5）工程量清单中的项、量、清单单价： 1）除招标人对清单工程量主动补遗或对投标人质疑作修改外，投标人在编制投标报价时不得擅自改变招标人提供的分部分项工程工程量清单中的序号、项目编码、项目名称、项目特征、工程内容、工程量及计量单位，否则，视为对招标文件不作实质性响应，其投标文件按废标处理。 2）本工程各分部分项工程工程量清单子项不论其对应的项目特征和工作内容是否描述完整，都将被认为已包括《建设工程工程量清单计价规范》（GB 50500—2013）、浙江省《关于印发＜建设工程工程量清单计价规范＞（GB 50500—2013）附录浙江省补充内容的通知》（浙建发〔2009〕125 号）中相应项目编码和项目名称及施工图纸、相关规范、标准、政策性文件、规定、限制和禁止使用通告等所有工程内容及完成此工作内容而必需的各种主要、辅助工作；其综合单价应包括完成该子项所需的人工费、材料费、机械费、管理费用、利润、风险费用等除规费、安全文明施工专项费、税金、措施费外的所有费用。中标后招标人无论任何因素不再对综合单价进行调整。 3）基础工程项目的工程量清单综合单价（已综合考虑深度及土石类别），中标后，无论实际施工的基础深度及土石成分如何，均按投标的相应分部分项工程工程量清单的综合单价结算，基础工程量按《建设工程工程量清单计价规范》（GB 50500—2013）规定的计量规则计量。 4）招标文件及相关补遗文件规定了暂定材料单价或暂定综合单价或专业工程暂定价的，投标人必须按规定的暂定价格进行报价，否则，视为招标文件不作实质性响应，其投标文件按废标处理。 5）投标人只有严格按招标人提供的《工程量清单》和本招标文件中提供的《工程量清单报价表》格式内所有项目进行报价，并且必须列出每项分部分项工程工程量清单项目综合单价分析表，才能视为总体报价完整，不得出现漏项或增项，否则，视为对招标文件不作实质性响应，其投标文件按废标处理。报价空白或报价为零，则视为该子项的价款已包括在工程量清单其他子目的单价和合价中，中标后必须完成该子项工作内容，招标人不对该子项进行结算与支付。施工过程中，因招标人原因需要对报价空白或报价为零的项目减少实施工程量或不予实施，招标人将按投标报价时计价原则计算出该项的综合单价，以及相应的规费、措施费和税金，并据此从结算价中扣除。 （6）安全文明施工专项费用： 1）安全文明施工专项费用由"安全施工""文明施工"两项组成，列入安全文明施工专项费及规费、税金项目清单计价表中，汇总时列入"单位工程费汇总表"的"规

条款号	条款名称	编列内容
3.3	工程量清单计价原则	费"项前计入投标报价。本工程安全文明施工专项费用，由投标人根据"浙建发〔2009〕91号"按合格标准计算，暂定金额为100万元（与最高限价同时发布）。《投标函》中的安全文明施工专项费用必须按暂定金额填报，不得浮动，否则视为对招标文件不作实质性响应，其投标文件按废标处理。结算时按照"浙建发〔2009〕91号"的规定标准计取，安全文明施工综合评定结果为不合格，则不计取。 2）安全文明措施费的要求与内容、提取支付方法及违反约定造成损失的赔偿等条款，按照现行规范性要求执行，做到专款专用。 （7）材料采购及报价。 1）本工程所需材料、设备由中标人自行采购，但所采购的材料必须符合国家规范标准及设计文件、招标文件要求，并提供相应合格证明资料、质量保证书等。 2）本工程所需全部材料、设备由各投标人参照《杭州市工程造价信息》2013年第10期公布的信息价并结合市场行情及投标人自身实力自主报价，除钢材、商品混凝土外，其余材料价格结算时均不作调整，钢材、商品混凝土价格结算时按合同约定的结算办法进行价差调整。投标人所报综合单价分析表中的材料价格应与"人工、材料、机械数量及价格汇总表"中的相应材料价格一致，否则视为投标人对招标文件不作实质性响应，其投标文件按废标处理。 3）材料运输距离由投标人根据自身情况及踏勘现场情况自行确定，中标后不调整。 4）本工程所需的主要材料（设备）须采用规定品牌（厂家）的产品或采用与规定的相当品牌（厂家）的产品。若中标人选用与规定的相当品牌（厂家）的产品，应在采购前14日内将所采购材料设备的厂家、技术参数、品牌、质量等级等指标以书面形式通知招标人，招标人在收到中标人的书面报告后14日内予以确认，经招标人认质、封样（如有必要）后中标人方可采购进场。招标人认为中标人所使用的材料品质存在缺陷，或者偏离图纸及规范要求（以设计和监理书面意见为准），不能适用于本工程，招标人有权对该材料品牌中指定一种供中标人使用，招标人不因更换材料品牌而调整材料价格及相关费用；中标人拒绝按招标人要求更换，该种材料改为第三方供货，招标收取中标人该类材料费的20%作为违约金。 （8）其他说明。 1）本工程除挖孔桩护壁采用自拌混凝土外，其余均采用商品混凝土。 2）按政策和合同约定的应由中标人交纳的各种保险费由投标人自行投保，保险费由中标人承担并支付，并根据企业自身和本工程情况，测算包含在相应的报价中。 3）投标人的工程量清单总报价与《投标函》中填写的投标报价必须一致。否则，视为对招标文件不响应，按废标处理。 4）投标人应先到工地踏勘以充分了解现场位置、地质情况、进退场道路、拆迁干扰、储存空间、装卸限制、行车干扰及任何其他足以影响承包价格的情况，任何因忽视或误解工地情况而导致的索赔或工期延长申请将不获申请
3.3.1	投标有效期	<u>90</u>日历天（从提交投标文件截止日起计算）
3.4.1	投标保证金	（1）投标保证金的递交。 1）投标保证金交款形式及要求：投标人从企业的基本账户（开户行）通过转账支票直接划付或以电汇方式直接划付。在投标文件递交截止时间3h之前投标保证金专用账户收到的投标保证金为有效投标保证金。投标人自行考虑汇入时间风险，如同城汇入、异地汇入、跨行汇入的时间要求。 2）投标保证金的金额：人民币100万元（大写壹佰万元整）。 3）投标保证金专用账户如下： a. 上述账号由投标人自行选择将投标保证金打入其中1个账户中。 b. 投标人必须在付款凭证备注栏中注明投标保证金所递交的工程项目名称。 c. 第一次交保证金的投标企业，请持"投标单位银行基本账户登记表"到浙江省公共资源交易中心进行企业基本账户登记。"投标单位银行基本账户登记表"在浙江省公共资源交易网（www.zmctc.com.cn）下载。 （2）投标保证金的退还。中标通知书发出5个工作日内，浙江省公共资源交易中心向中标候选人以外的其他投标人退还投标保证金；收到经项目监督部门备案的合同副本（复印件）和招标人的书面意见后5个工作日内，浙江省公共资源交易中心向其他中标候选人退还投标保证金

续表

条款号	条款名称	编列内容
3.5	资格审查资料	本须知第 3.5.1 项至 3.5.2 项规定提供的资料均需提供原件备查
3.5.2	近年财务状况的年份要求	投标截止前 3 年（2010～2012 年）
3.5.4	近年完成的类似项目年份要求	投标截止前 3 年（2011～2013 年）
3.6	是否允许递交备选投标方案	不允许
3.7.3	签字盖章要求	按本章投标人须知 3.7.3 款执行
3.7.4	投标文件的份数	商务部分：工程量清单报价表一式伍份（正本一份，副本肆份）应包括 PTB 格式的 U 盘一张，报价必须提供软件版，并导成 EXCEL 电子表格，否则视为废标。 　技术部分：施工组织设计一式伍份。 　资格部分：资格后审申请文件一式伍份。 （以上资料投标时均需提供电子版且中标单位在合同签订前必须再提交商务部分两份，商务部分必须提供软件版。）
3.7.5	装订要求	（1）本工程技术部分《施工组织设计》采用暗标评审，应将技术部分、投标函部分、商务部分、资格审查资料等各自分别装订成册。 　（2）装订。 　1）技术部分的装订要求。《施工组织设计》文字部分纸张采用 A4 白纸，四号仿宋字体；图表采用 A3 号图幅；图表内的字号大小不限；文字、图表不得使用彩色和不得编制页码；违反上述任何一项，其投标文件为废标，按照规定格式装订成册。 　2）投标函部分的装订要求。应按照第八章规定格式装订成册，应编制目录。 　3）商务部分的装订要求。按照第八章规定格式装订成册，应编制目录并编页码。 　4）资格审查资料的装订要求。应按照第八章规定格式装订成册，应编制目录
4.1.1	投标文件的密封	（1）投标文件袋按招标文件规定，使用"投标函部分"袋、"商务部分"袋、"技术部分"袋及"投标文件"大袋。 　（2）投标函部分装入"投标函部分"袋中，密封并在袋上加盖投标人单位公章。 　（3）商务部分装入"商务部分"袋中，密封并在袋上加盖投标人单位公章。 　（4）技术部分装入"技术部分"袋中，密封并在袋上加盖投标人单位公章。 　（5）"投标函部分""技术部分""商务部分"等小袋装入"投标文件"大袋中，密封并在大袋上加盖投标人单位公章。同时"投标文件"大袋应按本表第 4.1.2 项的规定写明相应内容。如投标文件在装袋时，太多无法装入一个投标文件大袋，可自行增加投标文件大袋，并在大袋上加盖投标人单位公章。 　（6）"资格审查资料"单独封袋，密封并加盖投标人单位公章。同时应按本表第 4.1.2 项的规定写明相应内容。 　（7）如投标文件没有按上述规定密封，该投标文件将被拒绝接收
4.1.2	封套上写明	"投标文件"大袋、"资格后审申请材料"封套上写明： 　（1）招标人的地址； 　（2）招标人名称； 　（3）杭州市某综合大楼工程投标文件； 　（4）在××××年××月××日××时前不得开启
4.2.2	递交投标文件地点	浙江省公共资源交易中心

条款号	条款名称	编列内容
4.2.3	是否退还投标文件	否
5.1	开标时间和地点	××××年××月××日××时（北京时间），浙江省公共资源交易中心开标室（具体请登录浙江省公共资源交易网查询或开标当日见交易中心大厅电子显示屏）
5.2	开标程序	（1）宣布开标纪律。 （2）公布在投标截止时间前递交投标文件的投标人名称，并点名确认投标人是否派人到场。 （3）核实参加开标会议的投标人的法定代表人或委托代理人本人身份证（原件），核验被授权代理人的授权委托书（原件），同时出示投标保证金银行进账单原件和基本账户开户许可证原件，以确认其身份合法有效。 （4）宣布开标人、唱标人、记录人、监标人等有关人员姓名。 （5）密封情况检查：招标人检查投标文件是否按本须知4.1.1的规定密封，如发现投标文件没按4.1.1的规定密封，则当众原封退还给投标人。 （6）开标顺序：随机开启。 （7）设有标底的，公布标底。 （8）开启资格审查资料袋、投标文件大袋及投标函部分袋、商务部分袋、技术部分袋，并执行（7）的内容，投标保证金未按规定递交的，当众退还其投标文件； （9）投标人代表、招标人代表、监标人、记录人等有关人员在开标记录上签字确认； （10）开标结束
6.1.1	评标委员会的组建	（1）评标委员会构成：5人。 （2）评标专家确定方式：在浙江省公共资源交易专家库中随机抽取
7.1	是否授权评标委员会确定中标人	否，推荐经评审得分由高到低排名，前3名为中标候选人
7.3.1	履约担保	（1）担保形式：现金、转账支票。 （2）担保金额：履约担保金额为签约合同价格的10%。 （3）退还时间：在工程验收合格后，5个工作日内无息退还履约保证金
7.4.1	签订合同	招标人和中标人应当自中标通知书发出之日起5天内，根据招标文件和中标人的投标文件订立书面合同
8.1	重新招标	（1）投标截止时间止，投标人少于3个的； （2）经评标委员会评审后否决所有投标的； （3）经评审后，如合格的投标人少于3个的，且明显缺乏竞争的，评标委员会可以否决全部投标，招标人将重新组织招标
10		需要补充的其他内容
10.1	评标人参加开标会人员	所有投标人的代表应准时参加本招标项目开标会。参加开标会议的投标人的法定代表人或授权的委托代理人应当随身携带本人身份证明（原件），授权的委托代理人还应当随身携带法定代表人授权书（原件），同时出示投标保证金银行进账单原件，以备核验其身份合法有效
10.2	投标文件电子文档	本工程量清单评标采用专家评审同评标软件评审相结合的方式。 （1）招标文件要求的有标价的工程量清单报价表书面形式应使用招标人指定的清单填报软件（××软件）打印报表。如果部分采用其他预算软件而无法打印的报表（工程量清单综合单价分析表、人材机数量及价格表等）可导为EXCEL表格打印。 （2）投标人报送的清单填报U盘采用××软件制作成专用格式文档（如为多个单位工程，必须予以"合并"）并将清单套价刻入U盘（××软件），否则招标人不保证其数据的可评性。电子文档刻录在U盘上，并对电子文档设置修改权限密码（但是不能对电子文档设置打开权限密码），否则，发生报价数据有变化，由此引起的后果由投标人自行承担。U盘应粘贴标签注名投标人名称并加盖公章。

续表

条款号	条款名称	编列内容
10.2	投标文件电子文档	(3) 投标报价 U 盘需可读，若投标报价 U 盘数据无法读出，则以纸质文件为准。 (4) 关于工程量清单填报软件使用的培训。 软件供应商：××软件公司 培训时间：投标人自行与软件商联系 培训地点： 联系电话： 联系人：
10.3	工程结算	结算总价＝分部分项工程量清单结算价＋钢材、商品混凝土材料价款调整金额＋暂估价部分按实计算费用＋措施费＋安装文明施工专项费用＋规费＋税金＋分部分项工程量清单新增或更变等引起的增（减）子项综合单价×增（减）子项结算工程量＋合同约定其他费用。各部分的结算原则如下： (1) 基础工程项目的工程量清单综合单价（已综合考虑深度及土石类别），中标后，无论实际施工的基础深度及土石成分如何，均按投标的相应分部分项工程量清单综合单价结算，基础工程量按《建设工程工程量清单计价规范》（GB 50500—2013）规定的计量规则计量。 (2) 分部分项工程量清单结算价。以中标人投标报价时的分部分项工程工程量清单中子项综合单价×子项工程量。 1) 子项工程量。按《建设工程工程量清单计价规范》（GB 50500—2013）规定的计量规则计算的实际合格工程量。 2) 子项综合单价以中标人投标报价时的分部分项工程工程量清单中子项综合单价为结算依据。无论实际工程量与招标工程量差多少，均以投标报价中的综合单价乘以实际工程量作为该子项的结算总价。但投标报价时，如某一子项的合价报价小于所报综合单价与工程量清单量相乘所得的合价，则结算时以该子项合价报价除以相应子项工程量清单量所得的单价为相应子项的结算单价。如中标总价小于各工程量清单报价之和，则结算总价按中标总价与工程量清单报价之和相比的同比例进行下浮。如两种情况均存在，则先按中标总价与工程量清单报价之和相比的同比例下浮该子项总价，再用下浮后的合价报价除以相应子项工程量清单所得的单价为相应子项的结合单价。 (3) 钢材、商品混凝土材料价差调整。在施工期间各期《杭州工程造价信息》公布的钢材（构成工程实体的钢材）、商品混凝土（构成工程实体的商品混凝土）指导价的算术平均值与 2013 年第 10 期《杭州市工程造价信息》公布的钢材（构成工程实体的钢材）、商品混凝土（构成工程实体的商品混凝土）指导价相比有涨跌，若涨跌幅度在±5%以内（不含±5%）不作调整，该风险由中标人自行承担；若涨跌幅度超过±5%（含±5%），则以施工期间各期《杭州工程造价信息》公布的钢材（构成工程实体的钢材）、商品混凝土（构成工程实体的商品混凝土）指导价的算术平均值与 2013 年第 10 期《杭州市工程造价信息》公布的钢材（构成工程实体的钢材）、商品混凝土（构成工程实体的商品混凝土）指导价之差作为钢材（构成工程实体的钢材）、商品混凝土（构成工程实体的商品混凝土）单价的调增（减）金额，调增（减）金额只计取税金，不再计取其他税、费。 (4) 措施费。无论因设计变更、施工工艺变化或工作内容增加等任何因素而引起实际措施费的变化，均按投标时的报价作为包干结算费。 (5) 规费。按投标费率结算，若中标人的投标报价中规费费率高于规定费率，则以规定费率结算。 (6) 安全文明施工专项费。按浙建发〔2009〕91 号文规定进行结算。 (7) 税金。按规定费率结算。 (8) 设计变更及调整、施工过程中出现新增项目（含暂定价款项目及招标范围以外的项目）价款结算办法时，调整方法如下： 1) 工程内容与投标报价的工程量清单中有相同的子项或类似子项，则按投标时相同子项或类似子项的综合单价执行（类似子项的综合单价由招标人按相关规定审定）；工程内容与投标报价的工程量清单中的类似子项相比只有材料规格或等级等发生变更（如混凝土强度变化、水泥强度等级变化、钢材规格或等级变化等以此类推），则按投标时类似子项的综合单价报价加变更材料与原投标时招标人约定的造价信息公布的材料之间价差作为结算单价执行。

条款号	条款名称	编列内容
10.3	工程结算	2）工程内容如有与工程量清单不同的子项，则按《建设工程工程量清单计价规范》（GB 50500—2013）、浙江省《关于印发＜建设工程工程量清单计价规范＞（GB 50500—2013）附录浙江省补充内容的通知》（浙建发〔2009〕125号）、《浙江省建筑工程预算定额》（2010版）、《浙江省安装工程预算定额》（2010版）、《浙江省市政工程预算定额》（2010版）、《浙江省建设工程施工费用定额》（2010版）、《浙江省施工机械台班费用定额》（2010版）为依据，由中标人按浙江省财政厅评审中心的最高限价编制原则编制施工图预算，经招标人审核后，再按中标价格（暂定价格扣除）与招标最高限价（暂定价格扣除）的下浮比例下浮后的价款为结算的初定价款，最终以国家审计机关按上述原则审定的金额办理结算。 3）所有项目不再计取措施费。 （9）投标人计算的各子项消耗量应准确，中标后涉及需调整材料价差等采用的工程量办理结算时按下述原则执行： 1）当投标预算子项消耗量大于实际施工图定额消耗量时，材料结算用量以实际施工图定额消耗量为准；涉及材料价差调增部分以实施施工图定额消耗量为计算基础，涉及调减部分以投标预算材料消耗量为计算基础。 2）当投标预算子项材料消耗量小于实际施工图定额消耗量时，材料结算用量以投标预算消耗量为准；涉及材料价差调增部分以投标预算消耗量为计算基础，涉及调减部分以实际施工图定额消耗量为计算基础。 （10）本合同价款采用固定单价合同方式确定。本合同采用固定单价合同。合同单价包括承包人在合同中承担的全部义务（即为按设计施工图、技术规范完成工程并修补任何缺陷及强制性材料、结构试验检验所必需的全部费用）。承包人被认为已完全理解并确认综合单价的正确性和充分性，其工程量清单中的综合单价不作任何调整。 综合单价中包括的风险范围：承包人应被认为已取得了对工程可能产生影响和作用的有关风险、意外事件和其他情况的全部必要资料。为此，综合单价中的风险包括（但不限于）： 1）劳务、材料和其他事件或事务性费用的变化； 2）承包人在合同中履行义务引起的有关税费变化； 3）承包人未能预见的困难和费用； 4）承包人进场路线改变或进场道路维护产生的费用。 风险费用的计算方法：已包含在投标报价中。 风险范围以外合同价款调整方法：按合同约定执行。 （11）以国家审计机关审定的金额为本工程的最终结算总价
10.4	最高限价	本工程设置最高限价，最高限价在投标截止日前3天公布。最高限价编制原则如下： 1. 土建工程 （1）执行定额。《建设工程工程量清单计价规范》（GB 50500—2013）、浙江省《关于印发＜建设工程工程量清单计价规范＞（GB 50500—2013）附录浙江省补充内容的通知》（浙建发〔2009〕125号）、《浙江省建筑工程预算定额》（2010版）、《浙江省市政工程预算定额》（2010版）、《浙江省建设工程施工费用定额》（2010版）、《浙江省施工机械台班费用定额》（2010版）。 （2）工程类别按定额规定的工程类别执行。 （3）人工费按2013年第10期《杭州工程造价信息》调整。 （4）材料价格按2013年第10期《杭州工程造价信息》公布的信息价执行；造价信息没有的材料按市场价格执行。 （5）税前总造价下浮比例分别为：一类工程下浮7％，二类工程下浮6.5％，三类工程下浮6％，四类工程下浮5.5％。其中以下费用不下浮： 1）规费； 2）安全文明施工专项费；

条款号	条款名称	编列内容
10.4	最高限价	3) 允许按实计算的费用及价差。 2. 安装工程 (1) 执行定额。《建设工程工程量清单计价规范》(GB 50500—2013)、浙江省《关于印发〈建设工程工程量清单计价规范〉(GB 50500—2013) 附录浙江省补充内容的通知》(浙建发〔2009〕125 号)、《浙江省安装工程预算定额》(2010 版)、《浙江省市政工程预算定额》(2010 版)、《浙江省建设工程施工费用定额》(2010 版)、《浙江省施工机械台班费用定额》(2010 版) (2) 工程类别按定额规定的工程类别执行。 (3) 人工费按 2013 年第 10 期《杭州工程造价信息》调整。 (4) 安装材料价格按市场价格执行。 (5) 税前总造价下浮比例分别为：一类工程下浮 7%，二类工程下浮 6.5%，三类工程下浮 6%，四类工程下浮 5.5%。其中以下费用不下浮： 1) 规费； 2) 安全文明施工专项费； 3) 允许按实计算的费用及价差
10.5	工程款支付	(1) 本工程招标人不付备料款。 (2) 工程款分阶段支付，中标人完成当月形象进度后 (如因中标人原因造成施工进度滞后，则付款时间顺延至完成当月形象进度后)，按监理和招标人审核完成合格工程量的 65% 支付当月进度款 (累计支付工程进度款不超过合同金额的 65%)；工程竣工验收合格，支付至累计完成工程量的 80%；结算经国家审计机关审计后支付至工程审定价款的 95%，余 5% 作为质量保修金，等质量保证期满无质量问题后无息支付

1　总则

1.1　项目概况

1.1.1　根据《中华人民共和国招标投标法》等有关法律、法规和规章的规定，本招标项目已具备招标条件，现对本标段施工进行招标。

1.1.2　本招标项目招标人：见投标人须知前附表。

1.1.3　本标段招标代理机构：见投标人须知前附表。

1.1.4　本招标项目名称：见投标人须知前附表。

1.1.5　本标段建设地点：见投标人须知前附表。

1.2　资金来源和落实情况

1.2.1　本招标项目的资金来源：见投标人须知前附表。

1.2.2　本招标项目的出资比例：见投标人须知前附表。

1.2.3　本招标项目的资金落实情况：见投标人须知前附表。

1.3　招标范围、计划工期和质量要求

1.3.1　本次招标范围：见投标人须知前附表。

1.3.2　本标段的计划工期：见投标人须知前附表。

1.3.3　本标段的质量要求：见投标人须知前附表。

1.4　投标人资格要求

1.4.1　投标人应具备承担本标段施工的资质条件、能力和信誉。

(1) 资质条件：见投标人须知前附表；

(2) 财务要求：见投标人须知前附表；

（3）业绩要求：见投标人须知前附表；

（4）信誉要求：见投标人须知前附表；

（5）项目经理资格：见投标人须知前附表；

（6）其他要求：见投标人须知前附表。

1.4.2　本工程不接收联合体投标。

1.4.3　本工程不接收联合体投标。投标人不得存在下列情形之一：

（1）为招标人不具有独立法人资格的附属机构（单位）；

（2）为本标段前期准备提供设计或咨询服务的，但设计施工总承包的除外；

（3）为本标段的监理人；

（4）为本标段的代建人；

（5）为本标段提供招标代理服务的；

（6）与本标段的监理人或代建人或招标代理机构同为一个法定代表人的；

（7）与本标段的监理人或代建人或招标代理机构相互控股或参股的；

（8）与本标段的监理人或代建人或招标代理机构相互任职或工作的；

（9）被责令停业的；

（10）被暂停或取消投标资格的；

（11）财产被接管或冻结的；

（12）在最近三年内有骗取中标或严重违约或重大工程安全质量问题的；

（13）两个以上投标人的法定代表人为同一人，母公司、全资子公司及其控股公司不得在同一标段中同时投标。

1.5　费用承担

投标人准备和参加投标活动发生的费用自理。

1.6　保密

参与招标投标活动的各方应对招标文件和投标文件中的商业和技术等秘密保密，违者应对由此造成的后果承担法律责任。

1.7　语言文字

除专用术语外，与招标投标有关的语言均使用中文。必要时，专用术语应附有中文注释。

1.8　计量单位

所有计量均采用中华人民共和国法定计量单位。

1.9　踏勘现场

1.9.1　详见投标人须知前附表。

1.9.2　投标人踏勘现场发生的费用自理。

1.9.3　除招标人的原因外，投标人自行负责在踏勘现场中所发生的人员伤亡和财产损失。

1.9.4　招标人在踏勘现场中介绍的工程场地和相关的周边环境情况，供投标人在编制投标文件时参考，招标人不对投标人据此做出的判断和决策负责。

1.10　投标预备会

投标人须知前附表规定不召开投标预备会。

1.11　分包

详见投标人须知前附表。

1.12　偏离

投标人须知前附表允许投标文件偏离招标文件某些要求时，应当符合招标文件规定的偏离范围和幅度。

2　招标文件

2.1　招标文件的组成

本招标文件包括：

(1) 招标公告；

(2) 投标人须知；

(3) 评标办法；

(4) 合同条款及格式；

(5) 工程量清单；

(6) 图纸；

(7) 技术标准和要求；

(8) 投标文件格式；

(9) 投标人须知前附表规定的其他材料。

根据本章总则第 1.10 款、第 2.2 款和第 2.3 款对招标文件所作的澄清、修改，构成招标文件的组成部分。

2.2　招标文件的澄清

2.2.1　招标文件的澄清见投标人须知前附表。

2.2.2　招标文件的澄清将在投标人须知前附表规定的投标截止时间前 15 天发布，如果澄清发出的时间距投标截止时间不足 15 天，相应延长投标截止时间。

2.3　招标文件的修改

2.3.1　招标文件的修改意见投标人须知前附表。

2.3.2　在投标截止时间前 15 天，招标人可以修改招标文件，如果修改招标文件的时间距投标截止时间不足 15 天，相应延长投标截止时间。

3　投标文件

3.1 投标文件的组成

3.1.1　投标文件应包括下列内容：

(1) 投标函及投标函附录；

(2) 法定代表人身份证明或附有法定代表人身份证明的授权委托书；

(3) 投标保证金；

(4) 已标价工程量清单（含 U 盘）；

(5) 施工组织设计；

(6) 项目管理机构；

(7) 拟分包项目情况表（如果合同中有约定）；

(8) 资格审查资料；

(9) 投标人须知前附表规定的其他材料。

3.1.2　投标人须知前附表规定不接受联合体投标。

3.2　投标报价

3.2.1　投标人应按第五章"工程量清单"的要求填写相应表格。

3.2.2　投标人在投标截止时间前修改投标函中的投标总报价,应同时修改第五章"工程量清单"中的相应报价。此修改须符合本章第4.3款的有关要求。

3.2.3　报价范围:投标人应对招标范围内的所有工程内容进行报价。投标报价不能超过业主提供的最高限价。

3.3　投标有效期

3.3.1　在投标人须知前附表规定的投标有效期内,投标人不得要求撤销或修改其投标文件。

3.3.2　出现特殊情况需要延长投标有效期的,招标人以书面形式通知所有投标人延长投标有效期。投标人同意延长的,应相应延长其投标保证金的有效期,但不得要求或被允许修改或撤销其投标文件;投标人拒绝延长的,其投标失效,但投标人有权收回其投标保证金。

3.4　投标保证金

3.4.1　投标人在递交投标文件的同时,应按投标人须知前附表规定的金额、担保形式和"投标文件格式"规定的投标保证金格式递交投标保证金,并作为其投标文件的组成部分。

3.4.2　投标人不按本章第3.4.1项要求提交投标保证金的,其投标文件作废标处理。

3.4.3　投标保证金的退还详见投标人须知前附表。

3.4.4　有下列情形之一的,投标保证金将不予退还:

(1) 投标人在规定的投标有效期内撤销或修改其投标文件。

(2) 中标人在收到中标通知书后,无正当理由拒签合同协议书或未按招标文件规定提交履约保证金。

(3) 有伪造、虚假资料的不予退还。

3.5　资格审查资料

3.5.1　投标人基本情况表。应附投标人营业执照副本及其年检合格的证明材料、资质证书副本和安全生产许可证、"三类人员"相应的安全生产考核合格证书等材料的复印件。

3.5.2　近年财务状况表。应附经会计师事务所或审计机构审计的财务会计报表,包括资产负债表、现金流量表、利润表和财务情况说明书的复印件,具体年份要求见投标人须知前附表。

3.5.3　主要管理人员情况。应附项目经理建造师执业资格注册证复印件,业绩须附合同协议书和竣工验收意见书复印件及养老保险证明复印件;技术负责人应附职称证、养老保险证明复印件;其他主要人员应附执业证或上岗证书的复印件,具体要求见投标人须知前附表。

3.5.4　近年完成的类似项目情况表。应附合同协议书和工程竣工验收意见书的复印件,具体年份要求见投标人须知前附表。每张表格只填写一个项目,并标明序号。

3.5.5 正在施工和新承接的项目情况表。应附中标通知书和合同协议书复印件。每张表格只填写一个项目，并标明序号。

3.5.6 近年发生的诉讼及仲裁情况。应说明相关情况，并附法院或仲裁机构做出的判决、裁决等有关法律文书复印件，具体年份要求见投标人须知前附表。

3.5.7 所有的复印件必须加盖投标单位章。

3.6 备选投标方案

本工程不接受备选投标方案。

3.7 投标文件的编制

3.7.1 投标文件应按"投标文件格式"进行编写，如有必要，可以增加附页，作为投标文件的组成部分。其中，投标函附录在满足招标文件实质性要求的基础上，可以提出比招标文件要求更有利于招标人的承诺。

3.7.2 投标文件应当对招标文件有关工期、投标有效期、质量要求、技术标准和要求、招标范围等实质性内容做出响应。

3.7.3 投标文件应用不褪色的材料书写或打印，并由投标人的法定代表人或其委托代理人签字、盖单位公章。委托代理人签字的，投标文件应附法定代表人签署的授权委托书。投标文件应尽量避免涂改、行间插字或删除。如果出现上述情况，改动之处应加盖单位公章或由投标人的法定代表人或其授权的代理人签字确认。签字或盖章的具体要求见投标人须知前附表。

3.7.4 投标文件正本一份，副本份数见投标人须知前附表。正本和副本的封面上应清楚地标记"正本"或"副本"的字样。当副本和正本不一致时，以正本为准。若未标注"正本"或"副本"的字样，则投标文件无效。

3.7.5 投标文件的正本与副本应分别装订成册，并编制目录，具体装订要求见投标人须知前附表规定。

4 投标

4.1 投标文件的密封和标记

4.1.1 投标文件的正本与副本密封见投标人须知前附表。

4.1.2 投标文件的封套上应写明的内容见投标人须知前附表。

4.1.3 未按本章第 4.1.1 项或第 4.1.2 项要求密封和加写标记的投标文件，招标人不予受理。

4.2 投标文件的递交

4.2.1 投标人应在本章第 2.2.2 项规定的投标截止时间前递交投标文件。

4.2.2 投标人递交投标文件的地点：见投标人须知前附表。

4.2.3 除投标人须知前附表另有规定外，投标人所递交的投标文件不予退还。

4.2.4 招标人收到投标文件后，向投标人出具签收凭证。

4.2.5 逾期送达的或者未送达指定地点的投标文件，招标人不予受理。

4.3 投标文件的修改与撤回

4.3.1 在本章第 2.2.2 项规定的投标截止时间前，投标人可以修改或撤回已递交的投标文件，但应以书面形式通知招标人。

4.3.2 投标人修改或撤回已递交投标文件的书面通知应按照本章第 3.7.3 项的要求签

字或盖章。招标人收到书面通知后，向投标人出具签收凭证。

4.3.3 修改的内容为投标文件的组成部分。修改的投标文件应按照本章第3条、第4条规定进行编制、密封、标记和递交，并标明"修改"字样。

5　开标

5.1 开标时间和地点

招标人在本章第2.2.2项规定的投标截止时间（开标时间）和投标人须知前附表规定的地点公开开标，并邀请所有投标人的法定代表人或其委托代理人准时参加。

5.2 开标程序

主持人按下列程序进行开标：

（1）宣布开标纪律。

（2）公布在投标截止时间前递交投标文件的投标人名称，并点名确认投标人是否派人到场。

（3）核验参加开标会议的投标人的法定代表人或委托代理人本人身份证（原件），核验被授权代理人的授权委托书（原件），同时出示投标保证金银行进账单原件和基本账户开户许可证原件，以确认其身份合法有效。

（4）宣布开标人、唱标人、记录人、监标人等有关人员姓名。

（5）按照投标人须知前附表规定检查投标文件的密封情况，如发现投标文件未按照投标人须知前附表规定密封，则当众原封退还给投标人。

（6）按照投标人须知前附表的规定确定并宣布投标文件开标顺序。

（7）设有标底的，公布标底。

（8）按照宣布的开标顺序当众开标，公布投标人名称、标段名称、投标保证金的递交情况、投标报价、质量目标、工期及其他内容，并记录在案，投标保证金未按规定递交的，当众退还其投标文件。

（9）投标人代表、招标人代表、监标人、记录人等有关人员在开标记录上签字确认。

（10）开标结束。

6　评标

6.1 评标委员会

6.1.1 评标由招标人依法组建的评标委员会负责。评标委员会由招标人或其委托的招标代理机构熟悉相关业务的代表，以及有关技术、经济等方面的专家组成。评标委员会成员人数以及技术、经济等方面专家的确定方式见投标人须知前附表。

6.1.2 评标委员会成员有下列情形之一的，应当回避：

（1）招标人或投标人的主要负责人的近亲属；

（2）项目主管部门或者行政监督部门的人员；

（3）与投标人有经济利益关系，可能影响对投标公正评审的；

（4）曾因在招标、评标及其他与招标投标有关活动中从事违法行为而受过行政处罚或刑事处罚的。

6.1.3 评标委员会成员的名单在中标结果确定前应当保密。

6.1.4 评标委员会成员到达现场时应在签到表（附表）上签到以证明其出席。

6.1.5 评标委员会首先应推选一名评标委员会组长，招标人也可以直接指定评标委员会组长。评标委员会组长负责评标活动的组织领导工作。组长和成员在表决时享有同等的权利。

6.1.6　评标委员会应严格按照招标文件规定的评标办法和本程序规定进行评标,不得改变招标文件中规定的评标标准、方法和中标条件。

6.2　评标原则

(1) 公平、公正、科学和择优;

(2) 依法评标、严格保密;

(3) 反对不正当竞争;

(4) 定性的结论由评标委员会全体成员按少数服从多数的原则,以记名投票方式决定。

6.3　评标

评标委员会按照"评标办法"规定的方法、评审因素、标准和程序对投标文件进行评审。"评标办法"没有规定的方法、评审因素和标准,不作为评标依据。

7　合同授予

7.1　定标方式

7.1.1　定标原则。能够最大限度地满足招标文件中规定的各项综合评价标准的投标,应当确定为中标人。

7.1.2　定标方法。按照以上定标原则,除投标人须知前附表规定评标委员会直接确定中标人外,招标人依据评标委员会推荐的中标候选人确定中标人,评标委员会推荐中标候选人的人数见投标人须知前附表。

(1) 招标人应当确定评标委员会在评标报告中推荐排名第一的中标候选人为中标人。

(2) 如果排名第一的中标候选人放弃中标、因不可抗力提出不能履行合同,或者招标文件规定应当提交履约保证担保而在规定的期限内未能提交的,招标人可以确定排名第二的中标候选人为中标人。排名第二的中标候选人因上述同样的原因不能签订合同的,招标人可以确定排名第三的中标候选人为中标人。

(3) 若招标人最终确定第二或第三中标候选人为中标人,其中标价不得高于第一中标候选人的投标总报价。

7.2　中标通知

招标人在评标结束后 3 天内将评标委员会推荐的中标候选人在发布招标公告指定的媒介上公示(不少于 3 天)。公示期间无异议或投诉、异议不成立,招标人在公示期结束后 5 天内按照招标文件规定的定标办法确定中标人。在确定中标人后 5 天内发出中标通知书。

7.3　履约担保

7.3.1　在签订合同前,中标人应按投标人须知前附表规定的金额、担保形式和招标文件"合同条款及格式"规定的履约担保格式向招标人提交履约保证金。

7.3.2　中标人不能按本章第 7.3.1 项要求提交履约担保的,视为放弃中标,其投标保证金不予退还,给招标人造成的损失超过投标保证金数额的,中标人还应当对超过部分予以赔偿。

7.4　签订合同

7.4.1　招标人和中标人应当自中标通知书发出之日起 5 天内,根据招标文件和中标人的投标文件订立书面合同。中标人无正当理由拒签合同的，招标人取消其中标资格，其投标保证金不予退还；给招标人造成的损失超过投标保证金数额的，中标人还应当对超过部分予以赔偿。

7.4.2　发出中标通知书后，招标人无正当理由拒签合同的，招标人向中标人退还投标保证金；给中标人造成损失的，还应当赔偿损失。

8　重新招标和不再招标

8.1　重新招标

有下列情形之一的，招标人应重新招标：

(1) 投标截止时间止，投标人少于 3 个的；

(2) 经评标委员会评审后否决所有投标的。

8.2　不再招标

重新招标后投标人仍少于 3 个或者所有投标被否决的，属于必须审批或核准的工程建设项目，经原审批或核准部门批准后不再进行招标。

9　纪律和监督

9.1　对招标人的纪律要求

招标人不得泄露招标投标活动中应当保密的情况和资料，不得与投标人串通损害国家利益、社会公共利益或者他人合法权益。

9.2　对投标人的纪律要求

投标人不得相互串通投标或者与招标人串通投标，不得向招标人或者评标委员会成员行贿谋取中标，不得以他人名义投标或者以其他方式弄虚作假骗取中标；投标人不得以任何方式干扰、影响评标工作。

9.3　对评标委员会成员的纪律要求

评标委员会成员不得收受他人的财物或者其他好处，不得向他人透漏对投标文件的评审和比较、中标候选人的推荐情况及评标有关的其他情况。在评标活动中，评标委员会成员不得擅离职守，不得影响评标程序正常进行，使用第三章"评标办法"没有规定的评审因素和标准进行评标。

9.4　对与评标活动有关的工作人员的纪律要求

与评标活动有关的工作人员不得收受他人的财物或者其他好处，不得向他人透漏对投标文件的评审和比较、中标候选人的推荐情况及评标有关的其他情况。在评标活动中，与评标活动有关的工作人员不得擅离职守，影响评标程序正常进行。

9.5　投诉

投标人或其他利害关系人认为招标文件内容违法或不当的，应当在投标文件截止时间前提出异议或投诉；认为开标活动违法或不当的，应当在开标现场向招标人提出异议，招标人应立即答复；认为评标结果不公正的，应当在中标候选人公示期间先向招标人提出异议，招标人应在公示期结束后 2 天内答复。投标人或其他利害关系人对招标人的答复不满意，或招标人未答复的，可向有关行政部门投诉。

10　需要补充的其他内容

需要补充的其他内容，见投标人须知前附表。

第三章　评 标 办 法

评 标 办 法 前 附 表

条款号	评审因素		评审标准
2.1.1	形式评审标准	投标人名称	与营业执照、资质证书、安全生产许可证一致
		投标函签字盖章	由法定代表人或其委托代理人签字、加盖单位公章
		投标文件格式	符合"投标文件格式"的要求，字迹清晰可辨 (1) 投标函附录的所有数据均符合招标文件的规定； (2) 投标文件附表齐全完整，内容均按规定填写； (3) 按规定提供拟投入的主要人员的证件复印件，证件清晰可辨、有效； (4) 投标文件的装订符合第二章"投标人须知"第3.7.5项的规定
		报价唯一	只能有一个有效报价，在招标文件没有规定的情况下，不得提交选择性报价
		投标文件的签署	投标文件上法定代表人或其委托代理人的签字齐全，符合招标文件规定
		委托代理人	投标人法定代表人的委托代理人有法定代表人签署的授权委托书，且其授权委托书符合招标文件规定的格式
2.1.2	资格评审标准	必要合格条件 营业执照	具备有效的营业执照
		安全生产条件	具备有效的安全生产许可证，企业主要负责人、拟担任该项目负责人和专职安全生产管理人员（即"三类人员"）具备相应的安全生产考核合格证书
		资质等级	符合第二章"投标人须知"第1.4.1项规定
		附加合格条件 财务状况	符合第二章"投标人须知"第1.4.1项规定
		类似项目业绩	符合第二章"投标人须知"第1.4.1项规定
		信誉	符合第二章"投标人须知"第1.4.1项规定
		项目经理资格	符合第二章"投标人须知"第1.4.1项规定
		其他要求	符合第二章"投标人须知"第1.4.1项规定
2.1.3	响应性评审标准	投标内容	符合第二章"投标人须知"第1.3.1项规定
		工期	符合第二章"投标人须知"第1.3.2项规定
		工程质量	符合第二章"投标人须知"第1.3.3项规定
		投标有效期	符合第二章"投标人须知"第3.3.1项规定
		投标保证金	符合"投标人须知"前附表第3.4.1项的规定，并符合下列要求： (1) 投标保证金为无条件担保； (2) 投标保证金的受益人名称与招标人规定的受益人一致； (3) 投标保证金的金额符合招标文件规定的金额； (4) 投标保证金有效期为投标有效期加30天

续表

条款号		评审因素	评审标准
2.1.3	响应性评审标准	权利义务	符合"合同条款及格式"的规定，投标文件不应附有招标人不能接受的条件
		已标价工程量清单	符合"工程量清单"给出的范围及数量，且投标报价不得高于招标人公布的最高限价，但也不得低于投标人的企业成本
		技术标准和要求	符合"技术标准和要求"的规定，且投标文件中载明的主要施工技术和方法及质量检验标准符合国家规范、规程和强制性标准
		实质性要求	符合招标文件中规定的其他实质性要求
	评标基准计算方法	分值构成 （总分100分）	（1）施工组织设计：30分。 （2）项目管理机构：不评分。 （3）投标报价：70分： 1）投标总报价：40分； 2）主要清单项目30项，总分30分，每项主要清单项目综合单价1分（主要清单项目的确定方式，招标人在发出的最高限价中明确）。 （4）其他评分因素：不评分
		投标总报价	投标总报价评标基准价：在所有不高于最高限价的投标报价中去掉1/6（不能除的按小数前整数取整，不足6家报价则不去掉）的最低价和相同家数的最高价后的算术平均值即为投标总报价的评标基准价
		主要清单 项目综合单价	所有投标人（招标人设有最高限价的，则投标总报价高于最高限价的除外）的同一主要清单项目综合单价报价中，去掉1/6（不能整除的按小数前整数取整，不足6家报价则不去掉）的最低价和相同家数的最高价后的算术平均值即为该项综合单价的评标基准价
		投标报价的偏差率计算公式	偏差率=100%×(投标人报价−评标基准价)/评标基准价（偏差率计算保留小数点后两位，小数点后第三位四舍五入）
		允许偏差范围	投标报价的偏差率在−10%～+3%范围内为有效投标报价
2.2.4 （1）	施工组织设计评分标准	内容完整性和编制水平	5分
		施工方案与技术措施	5分
		质量管理体系与措施	4分
		安全管理体系与措施	4分
		环境保护管理体系与措施	4分
		工程进度计划与措施	4分
		资源配备计划与先进性	4分
2.2.4 （2）	项目管理机构	项目经理任职资格与业绩	不评分
		技术负责人任职资格与业绩	
		其他主要人员	

续表

条款号	评审因素		评审标准
2.2.4 (3)	投标报价评分标准	允许偏差率	−10%～+3%（含−10%和+3%）
		投标总报价	40 分
		主要清单项目综合单价	30 分
3	评标程序		（1）初步评审前，按本章第 3.1.3 项的规定对投标报价有算术性错误的进行算术性错误修正，并对修正后的投标总报价在允许偏差范围内的，按附表 3.2.1（3）规定的评分方法对投标总报价评分，再按总报价得分由高到低的顺序排序，取前 7 名进行评审。 （2）对排在前 7 名的投标人的投标文件，按本章评标办法第 3.1～3.4 款规定的程序进行评审，并按本章第 2.2.4 款规定的评分标准，确定得分最高的前 3 名投标人（按得分高低排序）为中标候选人。排在第 7 名之后的所有投标文件将不再评审。 （3）如果未能评出 3 名合格的中标候选人，则应从排名第 8 的投标人开始依次、逐一递补并按本章评标办法第 3.1～3.4 款规定的程序进行评审，直至评出 3 家合格的中标候选人为止。 （4）如经过对所有投标人的投标文件进行评审，有效投标不足 3 个使得投标明显缺乏竞争的，评标委员会可以否决全部投标
3.2.1 (1)	施工组织设计（A）	内容完整性和编制水平	5 分
		施工方案与技术措施	5 分
		质量管理体系与措施	4 分
		安全管理体系与措施	4 分
		环境保护管理体系与措施	4 分
		工程进度计划与措施	4 分
		资源配备计划与先进性	4 分
	投标报价（C）	投标总报价	（1）投标总报价偏差在允许范围内的，得基本分 40 分。在此基础上，投标总报价与评标基准价相比，每增加 1% 扣 2 分，每减少 1% 扣 1 分，扣完为止。 （2）按插入法计算得分。 （3）在偏差范围内，未参与评标基准价计算的有效投标报价，仍应参加计算相应分值
		主要清单项目综合单价	（1）主要清单项目综合单价超出规定偏差范围的，得零分。在允许偏差范围内的，每项得基本分 1 分，在此基础上，投标报价与评标基准价相比，每增加 1% 扣 0.2 分，每减少 1% 扣 0.1 分，扣完为止。 （2）同理计算出各投标人所报主要清单项目综合单价报价的得分。 （3）按插入法计算得分

1　评标方法

本次评标采用综合评估法。评标委员会对满足招标文件实质性要求的投标文件，按照本章第 2.2 款规定的评分标准进行打分，并按得分由高到低的顺序推荐中标候选人，或根据招标人授权直接确定中标人，但投标报价低于其成本的除外。综合评分相等时，以投标报价低的优先；投标报价也相等的，由招标人自行确定。

2　评审标准

2.1　初步评审标准

2.1.1　形式评审标准：见评标办法前附表。

2.1.2　资格评审标准：见评标办法前附表。

2.1.3　响应性评审标准：见评标办法前附表。

2.2　分值构成与评分标准

2.2.1　分值构成

（1）施工组织设计：见评标办法前附表。

（2）项目管理机构：见评标办法前附表。

（3）投标报价：见评标办法前附表。

（4）其他评分因素：见评标办法前附表。

2.2.2　评标基准价计算

评标基准价计算方法：见评标办法前附表。

2.2.3　投标报价的偏差率计算

投标报价的偏差率计算公式：见评标办法前附表。

2.2.4　评分标准

（1）施工组织设计评分标准：见评标办法前附表。

（2）项目管理机构评分标准：见评标办法前附表。

（3）投标报价评分标准：见评标办法前附表。

（4）其他因素评分标准：见评标办法前附表。

3　**评标程序**

3.1　初步评审

3.1.1　评标委员会可以要求投标人提交第二章"投标人须知"第3.5.1～3.5.5项规定的有关证明和证件的原件，以便核验。评标委员会依据本章第2.1款规定的标准对投标文件进行初步评审。有一项不符合评审标准的，作废标处理。

3.1.2　评标委员会依据本章第2.1.1、2.1.3项规定的评审标准对投标文件进行初步评审。有一项不符合评审标准的，作废标处理。当投标人资格预审申请文件的内容发生重大变化时，评标委员会依据本章第2.1.2项规定的标准对其更新资料进行评审。

3.1.3　投标人有以下情形之一的，其投标作废标处理：

（1）有第二章"投标人须知"第1.4.3项规定的任何一种情形的。

（2）串通投标或弄虚作假或有其他违法行为的。

（3）不按评标委员会要求澄清、说明或补正的。

（4）投标文件没有投标人法定代表人或委托代理人签字并加盖公章。

（5）没有按照招标文件要求提供投标担保或者提供的投标担保有瑕疵的。

（6）投标文件未按规定的格式和要求填写，内容不全或者关键内容字迹模糊、无法辨认的。

（7）除按照招标文件规定提交备选标的以外，投标人同时提交两份或者多份内容不同的投标文件，或者在同一份投标文件中对同一招标内容报有两个或者多个报价，并未声明以哪个报价为准的。

（8）投标人在资格条件上发生重大变化，导致其不再具备原先规定的资格条件的。

（9）以联合体方式投标，但未附联合体各方共同投标协议的。

（10）投标报价高于招标人设定的招标控制价的。

（11）投标工期超过招标文件规定的工期的。

（12）投标文件中载明的主要施工技术和方法违反国家规定的规范、规程和强制性标准的。

（13）招标文件中要求的投标文件的几个组成部分的任一部分被认定为无效的。

（14）存在招标文件规定的重大偏差的情形的。

（15）投标文件附有招标人不能接受的条件。

3.1.4　投标报价有算术错误的，评标委员会按以下原则对投标报价进行修正，修正的价格经投标人书面确认后具有约束力。投标人不接受修正价格的，其投标作废标处理。

（1）投标文件中的大写金额与小写金额不一致的，以大写金额为准。

（2）总价金额与依据单价计算出的结果不一致的，以单价金额为准修正总价，但单价金额小数点有明显错误的除外。

3.2　详细评审

3.2.1　评标委员会按本章第 2.2 款规定的量化因素和分值进行打分，并计算出综合评估得分。

（1）按本章第 2.2.4（1）规定的评审因素和分值对施工组织设计计算出得分 A；

（2）按本章第 2.2.4（2）规定的评审因素和分值对项目管理机构计算出得分 B；

（3）按本章第 2.2.4（3）规定的评审因素和分值对投标报价计算出得分 C；

（4）按本章第 2.2.4（4）规定的评审因素和分值对其他部分计算出得分 D。

3.2.2　评分分值计算保留小数点后两位，小数点后第三位四舍五入。

3.2.3　投标人得分＝$A＋B＋C＋D$。

3.2.4　评标委员会发现投标人的报价明显低于其他投标报价，或者在设有标底时明显低于标底，使得其投标报价可能低于其个别成本的，应当要求该投标人做出书面说明并提供相应的证明材料。投标人不能合理说明或者不能提供相应证明材料的，由评标委员会认定该投标人以低于成本报价竞标，其投标作废标处理。其投标报价不参与基准价的计算。

3.3　投标文件的澄清和补正

3.3.1　在评标过程中，评标委员会可以书面形式要求投标人对所提交投标文件中不明确的内容进行书面澄清或说明，或者对细微偏差进行补正。评标委员会不接受投标人主动提出的澄清、说明或补正。

3.3.2　澄清、说明和补正不得改变投标文件的实质性内容（算术性错误修正的除外）。投标人的书面澄清、说明和补正属于投标文件的组成部分。

3.3.3　评标委员会对投标人提交的澄清、说明或补正有疑问的，可以要求投标人进一步澄清、说明或补正，直至满足评标委员会的要求。

3.4　评标结果

3.4.1　除投标人须知前附表授权直接确定中标人外，评标委员会按照得分由高到低的顺序推荐中标候选人。

3.4.2　评标委员会完成评标后，应当向招标人提交书面评标报告，由评标委员会全体成员签字，评标委员会成员拒绝在评标报告上签字且不陈述意见和理由的，视为同意评标结果。

第四章　合同条款及格式

合 同 协 议 书

____（发包人名称，简称"发包人"）为实施____（项目名称），已接受____（承包人名称，简称"承包人"）对该项目____标段施工的投标。发包人和承包人共同达成如下协议。

（1）本协议书与下列文件一起构成合同文件：

1）合同协议书；

2）中标通知书；

3）投标函及投标函附录；

4）专用合同条款；

5）通用合同条款；

6）技术标准和要求；

7）图纸；

8）已标价工程量清单；

9）其他合同文件。

（2）上述文件互相补充和解释，如有不明确或不一致之处，以合同约定次序在先者为准。

（3）签约合同价：人民币（大写）____元（¥____）。其中安全文明施工专项费用：人民币（大写）____元（¥____）。

（4）承包人项目经理：____。

（5）工程质量符合____标准。

（6）承包人承诺按合同约定承担工程的实施、完成及缺陷修复。

（7）发包人承诺按合同约定的条件、时间和方式向承包人支付合同价款。

（8）承包人应按照监理人指示开工，工期为____日历天。

（9）本协议书一式两份，合同双方各执一份。

（10）合同未尽事宜，双方另行签订补充协议。补充协议是合同的组成部分。

发包人：____（盖单位公章）　　承包人：____（盖单位公章）

法定代表人或其委托代理人：____（签字）法定代表人或其委托代理人：____（签字）

____年____月____日　　　　　　　____年____月____日

通 用 合 同 条 款

采用中华人民共和国《标准施工招标文件（2007年版）》第四章第一节的《通用合同条款》。

专 用 合 同 条 款

1　一般约定

1.1　词语定义

1.1.2　合同当事人和人员。

1.1.2.2　发包人：杭州市某投资集团有限公司。

1.1.3　工程和设备。

1.1.3.2　永久工程：本项目新建大楼主体工程，水电、消防、机电设备安装工程、室内装饰工程，室外管网、环境、绿化、道路、生化池、配电房土建工程。

1.1.3.3　临时工程：为完成工程所修建的临时设施及各类临时工程。

1.1.3.10　永久占地：按招标范围设。

1.1.3.11　临时占地：施工临时设施、施工便道占地等。

1.1.4　日期。

1.1.4.5　缺陷责任期：①执行通用条款；②执行本合同约定；③承包人因工程质量问题而导致工程未按合同约定一次性验收合格，承包人除按合同约定承担相应责任外，缺陷责任期延长 2 年。

1.4　合同文件的优先顺序

依次为：①合同协议书；②合同专用条款；③招标文件；④中标通知书；⑤合同通用条款；⑥技术标准和要求；⑦图纸；⑧已标价工程量清单；⑨投标函及投标函附录；⑩其他合同文件。

1.5　合同生效的条件

合同生效的条件：经双方法定代表人或委托代理人签字盖章且承包人提供合同中标金额 10% 的履约保证金后生效。

1.6　图纸和承包人文件

1.6.1　发包人提供图纸的期限、数量：合同签订后 3 天内，发包人提供施工图纸 6 套给承包人。

1.6.2　承包人提供的文件范围：国家相关职能部门文件、现场会议纪要、技术资料（包括工程所需图集）、工程进度报表及实际完成的合格工程量、工程预算、结算、材料采购计划报表，以及合格的工程技术竣工资料。

1.6.3　承包人提供文件的期限、数量：合同签订后 15 日内，提供本工程的实施性施工组织设计、施工进度总体计划（包括部分工程的大样图、加工图）、安全应急方案等 5 套，专项工程实施前 1 个月提供专项施工方案一式两份，每月 20 日提供本月完成进度报表和次月进度计划一式叁份。

1.6.4　监理人批复承包人提供文件的期限：收到承包人提供的文件后 14 天。

1.6.5　监理人签发图纸修改的期限：不少于该项工作施工前 3 天。

1.7　联络

1.7.2　联络送达的期限：合同签订生效后 7 天内，双方应以书面的形式指定联络人，双方往来函件应经指定的联络人签收。

2　发包人义务

2.3　提供施工场地

2.3.1　发包人提供施工场地和有关资料的时间：开工前 7 天内。

(1) 施工场地具备施工条件的要求及完成的时间：已具备。

(2) 施工所需的水、电接至施工场地的时间、地点和供应要求：发包人提供施工所用水、电接口，承包人解决施工所需的水、电管线及相关费用，电信由承包人自行考虑。

(3) 施工场地与公共道路的通道开通时间和要求：在本合同段开工建设前，场外道路由发包人指定位置，由承包人自行负责协调进场和维护，如果承包人需要另外开辟道路，须报经发包人批准后，由承包人自行负责全部工作及费用；场内便道按承包人编报经发包人审定的施工组织方案实施，费用已包括在合同价格中。

(4) 工程地质和地下管线资料的提供时间：工程开工前提供现有资料。承包方应结合现场情况对其准确性进行复核，并对复核结果负责。

(5) 由发包人办理的施工所需证件、批件的名称和完成时间：开工前发包人办理施工许可证，其余由承包人办理。

2.8　其他义务

发包人向承包人提供支付担保的金额、方式和提交时间：不采用。

3　监理人

3.1　监理人的职责和权力

发包人委托的职权：①执行通用条款；②对本工程项目的施工质量、进度、投资、安全文明施工、合同及信息管理等实施全过程监理和控制。对隐蔽工程及施工质量进行验收和工程量签认，对施工环境进行协调。

须经发包人事先批准行使的权力：开工、停工、复工令的下达，工程计量与支付、工程设计变更、工程价款调整、工程签证及施工组织设计和专项施工方案中涉及影响造价的内容均需发包人同意。

4　承包人

4.1　承包人的一般义务

4.1.3　承包人应按合同约定及监理人根据第 3.4 款作出的指示，实施、完成全部工程，并修补工程中的任何缺陷。承包人应提供为完成合同工作所需的劳务、材料、施工设备、工程设备和其他物品，并负责临时设施的设计、建造、运行、维护、管理和拆除。

4.1.8　为他人提供方便。承包人为他人提供条件的内容：①承包人应向发包人直接发包的其他承包人提供施工所需场地、水电、道路及其他公用设施等；②承包人应按发包人的要求和部署积极配合、协助与本工程相关单位的工作；③免费向监理工程师、发包人提供办公室。

承包人为他人提供条件可能发生费用的处理方法：费用已包含在工程量清单综合单价中，承包人不得向与本项目相关的其他单位收取任何管理费和配合费。

4.1.10　其他义务

(1) 应提供计划、报表的名称及完成时间：每月 25 日报送当月工程进度完成报表，次月工程进度计划报表、进度报表提供份数和要求按发包人和监理单位的管理办法执行。

(2) 根据工程需要，提供和维修围栏设施和夜间施工使用的照明，并负责安全保卫。

（3）承包人自行负责办理有关施工场地交通、环卫和施工噪声管理手续，其费用纳入报价中。发包人根据工程情况安装的施工用变压器和施工用水，在施工期间由承包人使用并管理，承担相应的安全和管理责任。在工程完工后，所有施工用变压器和施工用水，由承包人缴清相关费用后无条件完好地移交发包人。

（4）已竣工工程未交付招标人之前，承包人负责已完工工程的保护工作，若保护期间发生损坏，承包人自费予以修复。

（5）对施工中不能受影响的地面和周边建筑物（构筑物）、管线等应加强监控测量和保护，其费用纳入报价中。

（6）施工场地清洁卫生的要求按建设主管部门规定、浙建发〔2012〕54 号文件规定执行，其费用纳入报价中。

（7）承包人负责施工期内与有关市政、交通、供电、供水、环境保护等相关单位的联系协调工作，其费用纳入报价中。

4.2　履约担保

承包人向发包人提供履约担保的金额、方式和提交时间及退还时间：①中标通知书发出后 5 天内，承包人采用转账的方式向发包人提交中标价的 10％作为履约保证金，经发包人确认后，才能与中标人签订工程施工承包合同；②在工程预验收合格后，5 个工作日内无息退还履约保证金；③承包人还必须按规定缴纳工人工资保障金。

4.3　分包

4.3.2　分包的内容

当事人约定某些非主体、非关键性工作分包给第三人：按通用条款。

4.11　不利物质条件

4.11.1　不利物质条件的范围：承包人按第 4.10.2 款要求对施工场地和周围环境进行踏勘并充分收集相关资料，不利物质条件由承包人自行考虑，其费用纳入投标报价中。

5　材料和工程设备

5.1　承包人提供的材料和工程设备

5.1.1　承包人负责采购、运输和保管的材料、工程设备：

（1）本工程所需的工程材料均由承包人采购供应。

（2）承包人采购的材料设备必须符合国家现行规范标准、设计要求及招标文件的相关规定，承包人对所有材料提供相应的合格证明资料，并按规定抽检，若材料认质不合格，由此产生的相关费用及赔偿责任概由承包人自行承担，并且工期不因此作任何调整。

（3）本工程所需的主要材料（设备）须采用规定品牌（厂家）的产品或采用与之相当的品牌（厂家）的产品。若承包人选用与之相当的品牌（厂家）的产品，应在采购前 14 天内将所采购材料设备的厂家、技术参数、品牌、质量等级等指标以书面形式通知发包人，发包人收到承包人的书面报告后 14 天内予以确认，经发包人认质、封样（如有必要）后承包人方可采购进场。发包人认为承包人所使用的材料品质存在缺陷，或者偏离图纸及规范要求（以设计、监理书面意见及复检报告为准），不能适用于本工程，发包人有权对该材料品牌中指定一种供承包人使用，发包人不因更换材料品牌而调整材料价格及相关费用；承包人拒绝按发包人要求更换，该种材料改为第三方供货，发包人收取承包人该类材料费的 20％作为违约金。

（4）发包人与监理工程师一道负责对进场材料的质量、数量、规格型号及等级进行监督验收。

5.1.2 承包人报送监理人审批的时间：

（1）承包人负责采购的材料设备，应在采购前 14 天内将所采购材料设备的厂家、技术参数、品牌、质量等级等指标以书面形式通知发包人及监理人，发包人及监理人收到承包人的书面报告后 14 天内予以确认，经发包人及监理人确认后承包人方可采购进场。

（2）材料进入施工现场承包人须提前 24h 通知监理工程师和发包人进行监督验收。

5.2 发包人提供的材料和工程设备

5.2.1 材料的名称、规格、数量和价格：无。

材料的交货方式、地点和日期：无。

工程设备的名称、规格、数量和价格：无。

工程设备的交货方式、地点和日期：无。

5.2.3 材料和工程设备的接收、运输与保管：无。

6 施工设备和临时设施

6.1 承包人提供的施工设备和临时设施

6.1.1 承包人应按合同进度计划的要求，根据监理人和发包人批准实施的施工组织设计，及时配置施工设备和修建临时设施。进入施工场地的承包人设备需经监理人核查后才能投入使用。承包人更换约定设备的，应报监理人批准。

6.1.2 承包人承担修建临时设施费用的范围：已包含在工程量清单综合单价中。

（1）临时占地的申请：承包人申请办理。

（2）临时占地相关费用：已包含在工程量清单综合单价中。

6.2 发包人提供的施工设备和临时设施

发包人提供的施工设备和临时设施：不提供。

7 交通运输

7.1 道路通行权和场外设施

取得道路通行权、修建场外设施权的办理人：由承包人按相关规定办理。

相关费用：已包含在工程量清单综合单价中。

7.2 场内施工道路

7.2.1 临时道路和交通设施的修建、维护、养护和管理人：由承包人自行承担。

7.2.2 临时道路和交通设施相关费用的承担：由承包人自行承担。

7.4 超大件和超重件的运输

道路和桥梁临时加固改造费用和其他有关费用的承担：不采用。

8 测量放线

8.1 施工控制网

8.1.1 发包人提供测量基准点、基准线和水准点的期限：发包人在开工前 7 天向承包人书面提供测量基准点、基准线和水准点。

施工控制网的测设：由承包人测设。发包人应在进场前 3 天内，通过监理人向承包人提供测量基准点、基准线和水准点及其书面资料。除专用合同条款另有约定外，承包人应根据国家测绘基准、测绘系统和工程测量技术规范，按上述基准点（线）及合同工程精度要求，测设施工控制网。

报监理人审批施工控制网资料的期限：发包人提供基准点后 3 日内。

9 施工安全、治安保卫和环境保护

9.1 发包人的施工安全责任

9.1.4 发包人应按照《浙江省建筑施工安全标准化管理规定》（浙建发〔2012〕54 号）的相关规定履行好发包人的施工安全责任。

9.2 承包人的施工安全责任

9.2.8 承包人应按照《浙江省建筑施工安全标准化管理规定》（浙建发〔2012〕54 号）的相关规定履行好承包人的施工安全责任。

9.3 治安保卫

9.3.1 现场治安管理机构或联防组织的组建：由承包人负责，发生的费用由承包人自行承担。

9.3.3 施工场地治安管理计划和突发治安事件紧急预案的编制：由承包人负责，发生的费用由承包人自行承担。

9.4 环境保护

9.4.1 承包人在施工过程中，应遵守有关环境保护的法律，履行合同约定的环境保护义务，并对违反法律和合同约定义务所造成的环境破坏、人身伤害和财产损失承担一切责任和经济损失。

场地周围地下管线和邻近建筑物、构筑物（含文物保护建筑）、古树名木的保护要求及费用承担：由承包人负责保护并承担相应费用。承包人如毁坏施工场地用地红线外的一切青苗、构筑物、管线等均由承包人自行负责。施工场地清洁卫生的要求及建筑垃圾的外运：按《杭州市城市市容和环境卫生管理条例》（杭人大〔2005〕第 49 号公告）有关规定执行，费用已包含在合同价款中。

增加下列项：

9.4.7 承包人应按照《房屋建筑和市政基础设施工程施工扬尘控制工作方案》（浙建发〔2012〕54 号）的相关规定履行好施工扬尘控制、文明施工等责任。

9.4.8 承包人需自行办理的有关施工场地交通、环卫和施工噪声管理等手续，并应符合国家相关规定，自行承担其费用。

9.4.9 对施工中的地上地下建筑物（构筑物）管线、电力设施等应按有关规定加强监控测量和保护，相应的费用或因保护不当造成的损失及法律责任由承包人承担。

9.4.10 环境保护工作由承包方全权负责，执行国家、浙江省和杭州市相关规定。施工现场内不得随地抛洒剩饭及生活垃圾等，更不能将其随意倒至施工区外，施工区内不得随处大小便，做到工完场清。

9.4.11 施工机械设备进场前，应做好清洁、保养和维护工作。出场车辆应有专人打扫、清洗。有密封要求的设备按规定必须达到。

9.4.12 施工期间必须保证周边单位的正常工作及居民的正常生活，尽量减少粉尘、噪声、振动等污染的扰民。必须要求，调整作业方式，停止高粉尘、高噪声作业或爆破作业等。

9.4.13 保证周围建（构）筑物、地下及地上管线、地下人防等设施安全。

9.4.14 做到进入现场的施工和作业人员，配证上岗，文明施工。

9.4.15 按规定做好施工区域封闭及场地硬化工作，施工围墙（围挡）等维护设施应安全、美观、耐久，非施工相关人员不许入内。

9.4.16 上述增加列项涉及的费用由承包人承担。

10 进度计划

10.1 合同进度计划

承包人编制施工方案的主要内容：①编制的依据；②主要施工方法；③工程投入的主要物资（材料）情况描述及进场计划；④工程投入的主要施工机械设备情况描述及进场计划；⑤劳动力安排情况描述；⑥确保工程质量的技术组织措施；⑦确保安全生产的技术组织措施；⑧确保文明施工的技术组织措施；⑨确保工期的技术组织措施；⑩拟投入的主要施工机械设备表；⑪劳动力计划表；⑫施工进度表或工期网络图；⑬施工总平面布置图及临时用地表；⑭资金需求计划等。

承包人报送施工进度计划和施工方案的期限：①承包人应根据合同进度计划，编制更为详细的分阶段或分项进度计划，报监理人审批。每月25日向监理报送当月工程款支付报表、工程进度完成报表，次月工程进度计划报表。②合同签订后承包人在15日内，按施工设计图的内容向发包人提供完善和准确的施工组织设计和进度计划。③进度计划安排必须符合发包人对该工程总体进度计划的安排，并按时提交其他专业工程承包单位施工所需工作面。④承包人根据发包人和监理工程师批准审定的施工方案立即组织实施。⑤承包人向监理工程师和发包人报审的施工方案，因工期安排不当，或承包人根据现场实际情况需要增加项目等原因而导致实际工期与方案工期不一致时，工期不得顺延，该合同约定总工期均不得改变。因此产生的所有费用均由承包人自行承担，同时发包人还要按合同有关工期违约的相应条款计罚承包人。

监理人批复施工进度计划和施工方案的期限：收到施工组织设计和进度计划后14日内审查确认，月进度计划在收到后的5日内审查确认。

11 开工和竣工

11.3 发包人的工期延误

双方约定工期顺延的其他情况：

（1）因发包人原因不能按时开工，发包人不负责赔偿承包人延期开工损失费，但工期可顺延；

（2）因发包人原因不能提供完全工作面，导致承包人无法连续完成合同约定的所有工作内容，工期可以顺延，发包人同意将已完工程进行阶段验收后办理该部分工程竣工结算，并按合同约定支付该部分工程款。质量保证期起始日期仍以最终竣工验收之日起计算，承包人应根据发包人提供的工作面进行施工组织，不得以机器、人员闲置等任何理由提出索赔要求。

11.4 异常恶劣的气候条件

异常恶劣的气候条件范围：由于出现不可抗力等异常恶劣气候的条件导致工期延误的，承包人有权要求发包人延长工期。

11.5 承包人的工期延误

逾期竣工违约金的计算方法：项目承包人必须按时保证质量竣工，除本合同11.3条约定、异常恶劣气候条件及不可抗力外，工期不得顺延，每延误一天，发包人按 2000 元/天计罚承包人，以此类推。

逾期竣工违约金的限额：每延误一天按 2000 元/天的标准计罚承包人，以此类推。

11.6　工期提前

提前竣工的奖励办法：无。

12　暂停施工

12.1　承包人暂停施工的责任

承包人承担暂停施工责任的其他情形：未经监理人和发包人书面批准同意的其他情形所导致的暂停施工，其责任均由承包人自行承担。

12.2　因发包人原因引起暂停施工，工期可以顺延，但发包人不承担由此引起的一切费用和责任，承包人还须根据发包人的要求暂时退场或多次进场，由此引起的相关费用均由承包人承担。

13　工程质量

13.1　工程质量要求

增加下列项：

13.1.1　发包人、监理和承包人在工程建设中，应执行以下规定：

(1)《民用建筑工程节能质量监督管理办法》（建质〔2006〕12 号）；

(2)《浙江省建筑节能管理办法》（浙江省人民政府令〔2007〕第 234 号公告）；

(3)《杭州市住宅工程质量通病防治导则》（浙建发〔2005〕102 号）；

(4)《浙江省建筑装饰装修工程质量评价标准》（2010）；

(5)《建设部关于贯彻执行工程勘察设计及施工质量验收规范若干问题的通知》（建标〔2002〕212 号）；

(6)《杭州市建设工程推行应用预拌商品砂浆的管理办法》（杭政办函〔2013〕283 号）。

13.1.2　发包人、监理和承包人在工程建设中，应执行浙江省及杭州市建筑工程相关地方标准。

13.1.4　发包人、监理和承包人在工程建设中，应执行以下规定：

(1)《民用建筑工程节能质量监督管理办法》（建质〔2006〕12 号）；

(2)《浙江省建筑节能管理办法》（浙江省人民政府令〔2007〕第 234 号公告）；

(3)《杭州市住宅工程质量通病防治导则》（浙建发〔2005〕102 号）；

(4)《浙江省建筑装饰装修工程质量评价标准》（2010）；

(5)《建设部关于贯彻执行工程勘察设计及施工质量验收规范若干问题的通知》（建标〔2002〕212 号）；

(6)《杭州市建设工程推行应用预拌商品砂浆的管理办法》（杭政办函〔2013〕283 号）。

13.1.5　发包人、监理和承包人在工程建设中，应执行浙江省及杭州市建筑工程相关地方标准。

13.3　承包人的质量检查

承包人提交工程质量保证措施文件的期限：合同签订后 15 日内。

15　变更

15.1　变更的范围和内容

变更的范围与内容：设计变更、施工变更或施工过程中出现新增项目、招标文件中的暂定价款项目等均属工程变更（所有工程变更须经设计及监理审核确认，最后经发包人书面批准后方能有效）。

15.3　变更程序

15.3.2　变更估价

承包人提交变更报价书的期限：承包人应在收到变更指示或变更意向书后3天内，向监理人和发包人提交变更报价书。

监理人商定或确定变更价格的期限：监理人和发包人应在收到承包人变更报价书后14天内与承包人商定或确定变更价格，报发包人审批。

15.4　变更的估价原则

变更估价的原则：

设计变更及调整、施工过程中出现新增项目价款结算办法：

（1）工程内容与投标报价的工程量清单中有相同的子项或类似子项，则按投标时的相同子项或参照类似子项的综合单价执行（类似子项的综合单价由招标人按相关规定审定）；工程内容与投标报价的工程量清单中的类似子项相比只是材料规格或等级等发生变更（如混凝土强度变化，以此类推），则按投标时的类似子项的综合单价报价加材料价差（材料价差＝施工期间当月造价信息公布的变更后材料价格算术平均价－2013年第10期《杭州工程造价信息》公布原设计材料单价）。

（2）工程内容如有与工程量清单不同的子项，则按《建设工程工程量清单计价规范》（GB 50500—2013）、浙江省《关于印发〈建设工程工程量清单计价规范〉(GB 50500—2013)附录浙江省补充内容的通知》（浙建发〔2009〕125号）、《浙江省建筑工程预算定额》（2010版）、《浙江省安装工程预算定额》（2010版）、《浙江省市政工程预算定额》（2010版）、《浙江省建设工程施工费用定额》（2010版）、《浙江省施工机械台班费用定额》（2010版）的规定，由承包人按浙江省财政厅评审中心的投资项目最高限价编制原则编制清单，经发包人审核后，再按中标价格（扣除暂定金额）与招标最高限价（扣除暂定金额）的下浮比例下浮后的价款为结算的初定价款，最终以国家审计机关按上述原则审定的金额办理结算。

（3）所有项目不再计取任何措施费。

（4）最高限价编制原则：

1）土建工程。

a. 执行定额。《建设工程工程量清单计价规范》（GB 50500—2013）、浙江省《关于印发〈建设工程工程量清单计价规范〉(GB 50500—2013)附录浙江省补充内容的通知》（浙建发〔2009〕125号）、《浙江省建筑工程预算定额》（2010版）、《浙江省市政工程预算定额》（2010版）、《浙江省建设工程施工费用定额》（2010版）、《浙江省施工机械台班费用定额》（2010版）。

b. 工程类别按定额规定的工程类别执行。

c. 人工费按2013年第10期《杭州工程造价信息》调整。

d. 材料价格按2013年第10期《杭州工程造价信息》公布的信息价执行；造价信息没有的材料按市场价格执行。

e. 税前总造价下浮比例分别为：一类工程下浮6.5%，二类工程下浮6%，三类工程下浮 5.5%，四类工程下浮 5%。其中以下费用不下浮：

(a) 规费；

(b) 安全文明施工专项费；

(c) 允许按实计算的费用及价差。

2) 安装工程

a. 执行定额。《建设工程工程量清单计价规范》(GB 50500—2013)、浙江省《关于印发〈建设工程工程量清单计价规范〉(GB 50500—2013) 附录浙江省补充内容的通知》(浙建发〔2009〕125 号)、《浙江省安装工程预算定额》(2010 版)、《浙江省市政工程预算定额》(2010 版)、《浙江省建设工程施工费用定额》(2010 版)、《浙江省施工机械台班费用定额》(2010 版)。

b. 工程类别按定额规定的工程类别执行。

c. 人工费按 2013 年第 10 期《杭州工程造价信息》调整。

d. 安装材料价格按市场价格执行。

e. 税前总造价下浮比例分别为：一类工程下浮 6.5%，二类工程下浮 6%，三类工程下浮 5.5%，四类工程下浮 5%。其中以下费用不下浮：

(a) 规费；

(b) 安全文明施工专项费；

(c) 允许按实计算的费用及价差。

3) 暂定价部分（含幕墙工程、消防主机、生化池部分）。本部分结算按施工同期浙江省财政厅评审中心的投资项目最高限价编制原则执行，经发包人审核后，再按中标价格（扣除暂定金额）与招标最高限价（扣除暂定金额）的下浮比例下浮后的价款为结算的初定价款，最终以国家审计机关按上述原则审定的金额办理结算。

15.5　承包人的合理化建议

15.5.2　对承包人提出合理化建议的奖励方法：无。

15.8　暂估价

(1) 本部分招标方式按《浙江省人民政府关于印发浙江省公共资源交易相关管理办法的通知》相关规定执行。

(2) 本部分结算按施工同期浙江省财政厅评审中心的投资项目最高限价编制原则执行，经发包人审核后，再按中标价格（扣除暂定金额）与招标最高限价（扣除暂定金额）的下浮比例下浮后的价款为结算的初定价款，最终以国家审计机关按上述原则审定的金额办理结算。

16　价格调整

16.1　物价波动引起的价格调整

物价波动引起的价格调整方法：

(1) 钢材、商品混凝土的价差调整结算原则。在施工期间各期《杭州工程造价信息》公布的钢材（构成工程实体的钢材）、商品混凝土（构成工程实体的商品混凝土）指导价的算术平均值与 2013 年第 10 期《杭州工程造价信息》公布的钢材（构成工程实体的钢材）、商品混凝土（构成工程实体的商品混凝土）指导价相比有涨跌，若涨跌幅度在 ±5% 以内（不含 ±5%）不做调整，该风险由中标人自行承担；若涨跌幅度超过 ±5%（含 ±5%），则以施工期间各期《杭州工程造价信息》公布的钢材（构成工程实体的钢材）、商品混凝土（构成工程实体的商品混凝土）指导价的算术平均值与 2013 年第 10 期《杭州工程造价信息》公布的钢材（构成工程实体的钢材）、商品混凝土（构成工程实体的商品混凝土）指导价之差作为钢材（构成工程实体的钢材）、商品混凝土（构成工程实体的商品混凝土）单价的调增（减）金额，调增（减）金额只计取税金，不再计取其他税、费。

（2）其余材料结算原则。除钢材、商品混凝土外的其余所有材料各承包人中标后不再予以调整。在原工程量清单中未涉及的工程材料由发包人按实核价。

（3）投标人计算的各子项消耗量应准确，中标后涉及需调整材料价差等采用的工程量办理结算时按下述原则执行：

1）当投标预算子项材料消耗量大于实际施工图定额消耗量时，材料结算用量以实际施工图定额消耗量为准；涉及材料价差调增部分以实施施工图定额消耗量为计算基础，涉及调减部分以投标预算材料消耗量为计算基础。

2）当投标预算子项材料消耗量小于实际施工图定额消耗量时，材料结算用量以投标预算消耗量为准；涉及材料价差调增部分以投标预算消耗量为计算基础，涉及调减部分以实际施工图定额消耗量为计算基础。

（4）除上述内容范围外其他情形导致的价格风险均由承包人自行承担。

17 计量与支付

17.1 计量

17.1.2 计量方法。按照《建设工程工程量清单计价规范》（GB 50500—2013）规定的工程量计算规则、浙江省《关于印发〈建设工程工程量清单计价规范〉(GB 50500—2013)附录浙江省补充内容的通知》（浙建发〔2009〕125 号）、《浙江省建筑工程预算定额》（2010版）、《浙江省安装工程预算定额》（2010 版）、《浙江省市政工程预算定额》（2010 版）、《浙江省建设工程施工费用定额》（2010 版）、《浙江省施工机械台班费用定额》（2010 版）等相关配套文件，并结合浙江省建设行政主管部门和工程造价管理部门颁发的相关配套管理规定、相关规范标准计算工程量。

17.1.3 计量周期。本合同的计量周期：单价子目已完成工程量按月计量，总价子目在工程竣工验收合格后一次计量。

17.1.5 总价子目的计量。

总价子目的计量方法：不采用。

17.2 预付款

17.2.1 预付款额度和预付方法：无预付工程款。

17.2.2 预付款保函。预付款保函的提交时间：不采用。

17.2.3 预付款的扣回与还清。预付款的扣回办法：不采用。

17.3 进度款

17.3.2 进度款付款申请单。

（1）进度款付款申请单的份数：伍份。

（2）进度款付款申请单的内容：①付款次数或编号；②截至本次付款周期末已实施合格工程的价款；③变更金额（经发包人批准确认项目的造价）；④根据合同应增加和扣减的其他金额。

17.3.3　进度款付款证书和支付时间

（1）进度款支付：①工程款分阶段支付，承包人完成当月形象进度后（如因承包人原因造成施工进度滞后，则付款时间顺延至完成当月形象进度后），按监理和发包人审核完成合格工程量的 60% 支付当月进度款（累计支付工程进度款不超过合同金额的 60%）；工程竣工验收合格，支付至累计完成工程量的 80%；结算经国家审计机关审计后支付至工程审定价款的 95%，余 5% 作为质量保修金，保修期内不计利息。土建工程保修期 2 年满后返还保修金的 50%，防水、防漏工程保修期 5 年满后返还保修金的 50%。本工程缺陷责任期从本工程全部工作内容验收合格之日起算。②履约保证金在工程预验收合格后 5 个工作日内一次性无息退还。

（2）发包人逾期支付进度款时违约金的计算及支付方法：不采用。

（3）政府投资进度款支付方法：按本合同 17.3.3 条约定支付工程进度款，工程结算以浙江省审计厅的最终审计为准。

17.4　质量保证金

17.4.1　质量保证金的金额或比例：工程项目最终审计结算价的 5% 作为质量保证金。

质量保证金的扣留方法：土建工程保修期 2 年满后返还保修金的 50%，防水、防漏工程保修期 5 年满后返还保修金的 50%。本工程缺陷责任期从本工程全部工作内容验收合格之日起算。

17.5　竣工结算

17.5.1　本合同价款采用固定单价合同方式确定，工程量清单中的综合单价不作任何调整。

17.5.2　本合同价款中包括的风险范围、风险费用及风险范围以外合同价款调整方法均按合同约定。

17.5.3　合同价款调整方法：结算总价＝分部分项工程量清单综合单价×结算工程量＋钢材、商品混凝土材料价差调整金额＋暂估价部分按实计算费用＋措施费＋安全文明施工专项费用＋规费＋税金＋分部分项工程量清单新增或变更等引起的增（减）子项综合单价×增（减）子项结算工程量＋合同约定其他费用。各部分的结算原则同投标须知前附表第 10.3 条约定。工程的最终结算以国家审计机关的最终审定结果为准。因承包人自行超出施工图范围施工和因承包人原因造成返工的工程量，发包人将一律不予认可，因此造成的一切损失均由承包人自行承担。

17.5.4　竣工付款申请单。

（1）竣工付款申请单的份数和提交期限：在工程竣工验收合格后 7 天内，承包人提交 5 份竣工付款申请单。

（2）竣工付款申请单的内容：应支付的付款金额。

17.6　最终结清

17.6.1　最终结清申请单。最终结清申请单的份数和提交期限：在缺陷责任期终止并经项目物管方确认后 28 天内提交 5 份最终结清申请单。

18　竣工验收

18.2　竣工验收申请报告

工程按合同约定工期完工，在承包人提供完整并合格的竣工技术资料及竣工验收报告后，发包人组织相关单位及人员进行竣工验收。

（1）竣工资料内容：国家建设工程档案验收所需的所有资料。所有工程资料的收集、整理、归档至验收合格所产生的费用均已经包含在工程价款中，发包人不另外支付费用。

（2）竣工资料份数：4套（原件3套、复印件1套，每套资料包括文字资料1套，电子文档资料光盘1张）。

18.3 验收

18.3.5 实际竣工日期：工程一次性竣工验收合格之日（于××××年××月××日前竣工验收合格并交付使用）。

18.6 试运行

18.6.1 试运行的组织及费用承担：由承包人按发包人的要求组织实施，费用已经包含在工程量清单综合单价中，发包人不另行支付费用。

18.7 竣工清场

18.7.1 竣工清场内容：①执行通用条款；②在签发交工证书时，承包人应从施工现场清理运出各种设备、剩余材料、垃圾和各种临时设施，并保持做到工完料尽，整个现场及工程整洁，经监理工程师和发包人确认并验收合格为准。

18.8 施工队伍的撤离

（1）执行通用条款。

（2）在缺陷责任期满后，若承包人要求部分人员和施工设备仍留在场内的，承包人应提交其留场人员和设备的明细表及最后撤离时间，报监理人和发包人批准同意，延后撤离造成发包人增加的费用应由承包人承担。

19 缺陷责任与保修责任

19.7 保修责任

工程质量保修范围、期限和责任：从交接证书签发之日起算，在正常使用条件下，工程的最低保修期限为：

（1）地基基础工程和主体结构工程为设计文件规定的该工程合理使用年限；

（2）外墙面的防漏、屋面防水工程、有防水要求的卫生间、房间为5年；

（3）装修工程为2年；

（4）电气照明、给排水安装工程为2年；

（5）室外的给排水管网和小区道路等市政公用工程为2年；

（6）绿化工程中的硬质铺装为2年，苗木为1.5年；

（7）其他约定：基础、结构工程终身负责。

20 保险

20.1 工程保险

（1）投保人：承包人。

（2）投保内容：承包人按相关规定填报投保内容。

（3）保险金额、保险费率和保险期限：按相关规定投保。

20.4 第三者责任险

（1）第三者责任险的保险费率：按相关规定投保。

(2) 第三者责任险的保险金额：承包人按相关规定投保。

20.5 其他保险

需要投保其他内容、保险金额、费率及期限等：①承包人应对整个工程从施工至缺陷责任期间，为本合同工程工作的所有雇员投保人身意外伤害险，为已经运抵现场的设施设备办理财产保险，其投保金额应足以现场重置；②除工程保险和第三责任险计算外，其他保险内容、费率及金额等全部由承包人按相关规定办理，费用由承包人自行承担。

20.6 对各项保险的一般要求

20.6.1 保险凭证。

(1) 保险条件：由承包人按相关规定办理。

(2) 承包人提交保险凭证的期限：按发包人和相关部门的规定及要求提交。

20.6.4 对各项保险的一般要求。保险金不足以补偿损失时，应由承包人和（或）发包人负责补偿的范围与金额，由承包人负责承担。

21 不可抗力

21.1 不可抗力的确认

不可抗力的范围：龙卷风、地震。

21.3 不可抗力后果及其处理

21.3.1 不可抗力造成损害的责任。不可抗力导致的人员伤亡、财产损失、费用增加和（或）工期延误由合同双方按以下方法承担：

(1) 工程本身的损害、因工程损害导致第三方人员伤亡和财产损失及运至施工现场用于施工的材料和待安装的设备的损害，由承包人承担；

(2) 发包人、承包人人员伤亡由承包人负责，并承担相应费用；

(3) 承包人施工机械设备的损坏及停工损失，由承包人承担；

(4) 停工期间，承包人应发包人要求留在施工现场的必要的管理人员及保卫人员的费用，由承包人承担；

(5) 工程所需清理、修复费用，由发包人承担。

22 违约责任

22.1.7 本合同中关于承包人违约的具体责任如下：

(1) 在工程实施中，由于承包人的原因导致工程质量出现问题，每发生一次，视情节轻重，监理或发包人可处以承包人1000～5000元/次的违约金。如出现重大质量事故，每发生一次，则扣除10%的现金履约保证金或工程结算总价的1%。累积因质量问题扣除的违约金总额不超过50%的现金履约保证金。

(2) 双方约定的承包人其他违约责任：在工程预验收后30日内，乙方应完成档案验收、竣工资料及质量缺陷的整改工作。逾期未完成的（非甲方原因），每延迟一天，发包人将处罚承包人2000元/天。

24 争议的解决

24.1 争议的解决方式

争议的解决方式：依法向有管辖权的人民法院起诉。

25 补充条款

25.1 在建设工程主管部门办理的竣工验收备案登记手续，须在竣工验收合格后15天内办理完毕。同时将竣工验收备案登记证和竣工验收备案资料（一式两份）交发包人。

25.2 凡承包人在施工过程中运输易撒漏物质车辆必须保持密闭运输装置完好和车容整洁，不得沿途飞扬、撒漏和带泥上路。必须设置车辆冲洗设施，以防车辆带泥出场，保持周边环境清洁。严禁使用未密闭的车辆运输易撒漏物质。否则，业主有权按照市政府第164号令对承包商进行责任追究，并扣留其部分工程款，直至停工整改。情况严重的，业主有权单方面终止合同，勒令退场，并由承包人赔偿由此造成的损失。

25.3 承包人未征得发包人同意的情况下，不得擅自更换项目经理、技术负责人，如承包人擅自更换项目经理或技术负责人，承包人须向发包人支付违约金10万元/次，该费用从承包人当期工程进度款中扣除，同时发包人保留解除合同的权利。发包人有权要求更换不称职的承包人的项目经理及技术负责人，如承包人不按照发包人要求更换，承包人支付违约金给发包人10 000元/次。

25.4 施工过程中，由于承包人自身原因拖延工程实施，导致工期出现偏差，在收到发包人和监理单位两次书面通知后，拒不执行和采取措施补救，发包人有权自行委托其他承包人组织实施直至工期正常，其产生的工程费用从合同总价中等价扣除。如以下情况发生两次（含两次），发包人有权单方终止合同并勒令承包人退场，对已完工程按本合同确定的计价原则的70%结算，3个月后支付。

25.5 因设计调整造成工程项目或数量变化，承包人必须无条件地接受并实施完成。

25.6 工程结算审计时间：工程竣工验收合格后60天内，承包人应提供项目竣工结算和完整的相关资料；发包人收到完整竣工结算资料后90天内完成审核并按程序报送市政府审计，市审计部门在规定时间内完成竣工结算审计，如果承包人送审的竣工结算金额与市审计部门审定结算金额相比审减率超过5%（含5%）时，其审计费用全部由承包方承担。因承包方原因造成的责任由承包方承担。

25.10 承包人在施工中出现重伤一人次惩罚1万元，死亡一人次惩罚5万元；隐瞒伤亡情况，惩罚10万元。造成第三方伤亡，罚款加倍。以上款项在发包人应支付给承包人的工程款项或履约保证金中扣除。出现上述情况，承包人还必须接受国家、杭州市及行业相关规定的处罚。

25.11 为做到文明施工、规范管理，承包人必须设置办公生活区，费用由承包人承担，承包人须与发包人签订由发包人拟定的《安全生产文明施工目标责任书》，并按照协议约定的内容履行义务和接受监督，交纳安全生产文明施工责任保证金8万元，在工程完工、验收合格并无任何安全事故后，一次退还。

25.12 承包人必须履行好专用条款约定的义务和以上条款，否则，承包人不但要承担由此带来的一切损失和以上相应违约责任。另外，发包人有权根据事情的严重程度对承包人进行1000～10 000元/次的处罚。

25.13 本工程除暂定部分及承包人无专项资质经发包人事先书面同意外，承包人不得部分或全部转让其应履行的合同义务，更不得转包和违规分包。若发包人发现承包人违规分包，承包人须立即纠正；发包人有权对拒不纠正违规分包行为的承包人收取总包合同金额5%的违约金。

25.14 承包人应按有关规定交纳工人工资保证金，如因承包人拖欠工人工资或劳务费结算等发生纠纷，除应按杭州市有关政策规定承担责任外，发包人有权从承包人应得的任何工程款项中扣出，并直接支付给工人。如发生工人集体上访、聚众滋事，扰乱正常施工、发包人办公及政府机关、道路交通等社会公共秩序的，每出现一次，承包人向发包人支付违约金 20 000 元；如承包人项目经理或单位主要负责人在事件发生后不在现场协调指挥，每出现一次，承包人向发包人支付违约金 20 000 元。

25.15　承包人应加强对招聘劳务工的管理，积极配合公安机关对外来暂住人员的管理，主动加强与当地公安机关的联系。承包人应指定专人对劳务工本着来者登记、走者注销的原则进行动态管理，对劳务工凭本人居民身份证原件进行登记。如在公安机关或发包人的检查中每发现一次承包人对劳务工没有登记或登记与现场用工不符的，承包人向发包人支付违约金 5000 元。

25.16　在施工中发生拆迁工作等影响施工等事件，发包人仅承担协调责任，工期经发包人认可后可以顺延，但发包人不承担其他任何费用。

25.17　承包人应在施工中注意排查地下管线，做到安全文明施工。发现地下管网等安全隐患时应采取措施加以保护。对突发隐患险情应积极组织力量排危抢险，同时联络有关单位施救并及时通报监理单位和发包人。

25.18　承包人在执行本合同过程中，因承包人原因所产生的对外部造成影响而要求赔偿的事故由承包人自行赔偿，发生进度、质量、安全、环保和文明施工不能满足合同要求及服务态度等方面问题时，经监理工程师提出、发包人认定，承包人不进行整改或经整改仍不能达到合同要求，发包人有权终止合同，并只支付已完合格工程 80% 的工程款，没收全部履约保证金，承包人承担结算价款 2% 的违约金。承包人在收到发包人终止合同通知书 10天内交齐全部工程资料、图纸等并退场，退场的全部费用由承包人自行负责。承包人在接到退场通知后不得阻挡其他单位进场施工，如因承包人任何工作人员阻挡其他单位施工所造成的经济损失由承包人负责赔偿，发包人有权在其完成的工程款中扣除，支付给所受损失的单位。

25.19　发包人认质核价的材料设备，承包人应认真执行，不得任意更改供货单位和压低价格。一经发现，发包人处承包人每次 2000 元违约金。

25.20　承包人所发生的水电费用由承包人自行负责按时缴纳。

25.21　本工程所涉及的签证只有经发包人合约人员和本专用条款约定的发包人现场代表共同确认，并加盖发包人项目公章后才能作为调整工程总造价的依据。

25.22　本工程设计变更、施工变更或施工过程中出现增减项目、合同范围外的零星项目等增减的工作内容由发包人合约人员共同签字认可并加盖发包人项目公章后发送承包人，以此作为调整工程总造价的依据。

25.23　发包人另行发包的工程所需预留、预埋、补洞由承包人负责，该费用均含在合同价中不另计。

25.24　总包单位应对施工现场的安全生产负总责，对各分包单位根据现场安全生产情况进行交底，严格执行现场安全生产的各项规章制度，有权对各分包单位的违章行为进行处罚，各分包单位必须服从总包单位的安全生产管理。

25.25　承包人自行办理关于计划生育的相关手续。

25.26　对承包人的各项违约金及承包人承担的各项损失赔偿，发包人有权在应支付给承包人的工程款（或履约保证金）中直接扣除。

25.27 承包人须与发包人、发包人指定的银行共同签订建设工程资金监管协议（由发包人和发包人指定的银行负责拟定），发包人有权对支付给承包人的资金进行监管，承包人必须按照协议约定的内容履行义务和接受监管。

25.28 未尽事宜，由承包方、发包方协商解决。

第五章 工程量清单

1 工程量清单说明

本工程量清单是根据招标文件中包括的、有合同约束力的图纸及《建设工程工程量清单计价规范》（GB 50500—2013）、浙江省《关于印发〈建设工程工程量清单计价规范〉（GB 50500—2013）附录浙江省补充内容的通知》（浙建发〔2009〕125 号）、《浙江省建设工程计价依据》（2010 版）（浙建发〔2010〕224 号）计量规则编制。规范计算规则中没有的子目，其工程量按照有合同约束力的图纸所标示尺寸的理论净量计算。计量采用中华人民共和国法定计量单位。

本工程量清单应与招标文件中的投标人须知、通用合同条款、专用合同条款、技术标准和要求及图纸等一起阅读和理解。

工程量清单中给出的工程量是估算量或暂定量，是为投标报价确定的共同的基础，不能作为最终结算与支付的依据。实际工程计量和工程价款的支付应遵循合同条款的约定和"技术标准和要求"的有关规定，由承包人按本章 1.1 规定的计量方法，以发包人或监理人认可的尺寸、断面计量，按工程量清单中所报的单价和总价及合同中另有规定的发包人或监理人同意的单价和总价计算支付额。

2 投标报价说明

不管工程量是否列出，工程量清单中的每个子目都应填报单价或总价，且只允许有一个报价。承包人未填报单价或总价的子目，其费用应视为已包括在工程量清单中其他相关子目的单价和总价之中，承包人必须按监理人指令完成工程量清单中未填报单价或总价的工程项目，但不能得到额外的结算与支付。

除非合同另有规定外，标价工程量清单中的单价和总价均已包括承包人为实施和完成合同工程所需的人工费、施工机械使用费、材料费、企业管理费、利润等费用，以及合同文件中明示或暗示的应由承包人承担的所有责任、义务和一般风险。

按基准日期前的法律、法规规定，承包人因承包本合同工程缴纳的各种规费和一切税费均由承包人承担，并包含在所报投标总价中。

工程保险和第三者责任险应根据专用合同条款第 20.1 款和第 20.4 款规定的保险金额和保险费率计算保险费（如无规定，则不需报价），并列入工程量清单中的其他项目清单计价表。除工程保险和第三者责任险以外，所有本合同规定的其他保险的保险费均由承包人承担并支付，不在报价中单列。

单价和总价应以人民币报价，付款也按人民币支付。

对工程施工和材料等一般要求和说明，未在工程量清单中完整重述或摘录，在填报工程量清单的每个子目前应参见合同文件、技术标准和要求及图纸的相关内容。

工程量清单中所列工程量的变动，不应降低和影响合同条款的效力，也不应免除承包人按规定的标准进行施工和修复缺陷的责任。

安全文明施工专项费用是专用于建设行政主管部门特别强制要求采取的安全文明施工措施的费用，其内容、计取标准和支付办法，应按浙江省建设行政主管部门强制性规定执行，并作为暂估价由发包人专项列入工程量清单表中，仅作为投标报价的共同基础。实际结算金额应按建设行政主管部门规定的标准和计算方式确定，并按规定的支付方式支付。

图纸中所列的工程数量表及数量汇总表仅是提供资料，不是工程量清单的扩大或延伸。当各部分和工程量清单所列数量不一致时，以工程量清单所列数量作为报价的依据。

授予合同前发现的算术错误将由发包人按评标办法 3.1.3 条规定的原则予以更正。

2.1　暂列金额

工程量清单中给出的暂列金额子目，除计日工外，投标人只需要直接将工程量清单中所列的暂列金额纳入投标总价并计取规费和税金，不需要在工程量清单中所列的暂列金额以外再考虑任何其他费用。包括在工程量清单中并指明为"暂列金额"的子目应按合同条款的规定由监理人指示和决定全部或部分使用，或根本不予动用。

2.2　计日工

计日工属暂列金额，由监理人确定用于实施变更的零星工作的计价。计日工的估算数量已列入工程量清单中的"计日工计价表"，承包人在报价时只需按下列要求填报单价和合价，计日工数量不得更改。

（1）人工费。用于计日工的人工工时计算，应从工人到达工作现场开始到离开现场为止，但应扣除用餐和休息时间。与工班一起工作的领班也应计入，但不得计入管理人员的工时消耗。承包人从事零星工作的人工费用应按计日工计价表中适用的人工单价乘以实际工时计算。此单价将被认为包括承包人开支的所有费用，包括（但不仅限于此）支付工人的工资、交通费用、超时工资、辅助工资和附加工资，以及任何其他费用或按法律规定以其名义支付的费用；还应包括承包人的利润、管理费用、监督费用、财务和保险费用，工时记录、行政和办公费用，消费品、水、照明和电力使用费，小型运输工具、脚手架、车间、储藏间、轻便电动工具、手工设备和工具等的使用和维修费用，承包人职员、施工员和其他监督人员的监督费用，以及与上述有关的所有其他费用。

（2）材料费。用于计日工的材料消耗量应按实计量。材料费用将按计日工计价表中的单价支付，此单价已包括承包人的管理费用、利润及材料原价加上运杂费、运输损耗费、采购及保管费、检验试验费和保险费等，并应提供到现场仓库。材料由仓库和堆放地运至施工现场的运输费用将按照计日工计价表中的人工和机械单价支付。

（3）机械费。已进场并用于计日工的机械设备应按实际台班消耗量计量，设备从停放地至工作地点间的往返路程所花时间也应计算在内。设备费用按计日工计价表中的相应机械单价支付。此单价将认为已包括折旧费、大修费、经常修理费、安拆费、场外运费、燃料动力费、机上人工费和其他费用，以及所有管理费、利润和与所使用设备有关的协调费用。

2.3　暂估价

（1）材料、工程设备的暂估价。材料、工程设备的暂估价仅指此类材料、工程设备本身运至指定地点的价格，不包括这些材料、工程设备的安装、安装所必需的辅助材料、驻厂监造及发生在现场内的验收、存储、保管、开箱、二次搬运、从存放地点运至安装地点，以及其他任何必要的辅助工作所发生的费用，这些费用应包括在各相应子目的投标价格中。

（2）专业工程暂估价。专业工程暂估价是指分包人实施专业分包工程所有供应、安装、完工、调试、修复缺陷等全部工作的费用，包括管理费和利润，不包括规费和税金。

3　其他说明

（1）工程量清单及其计价格式中的任何内容不得随意删除或涂改。工程量清单中各项目的工作内容和要求及其计量和支付的规定详见《合同条款》和《建设工程工程量清单计价规范》（GB 50500—2013）、浙江省《关于印发〈建设工程工程量清单计价规范〉（GB 50500—2013）附录浙江省补充内容的通知》（浙建发〔2009〕125号）、《浙江省建设工程计价依据》（2010版）（浙建发〔2010〕224号）。

（2）工程量清单中的项、量，投标人在编制投标报价时不得擅自改变，否则主要清单报价部分不予评审；投标人报价工程量清单项目的顺序必须按照招标人提供的工程量清单项目顺序编制，不得擅自改变，否则后果自负；工程量清单中的每个项目均应填入单价和合价并必须附工程量清单综合单价分析表（含工、料、机消耗量明细），才能视为总体报价完整，否则报价部分不予评审；同一规格型号的材料必须以同一价格进入清单组价中；工程量清单中凡是项目名称和主要项目特征相同的项目，其工程量清单综合单价报价必须相同，否则报价部分不予评审。

（3）本工程所需材料均由投标人自行采购，结合市场行情自主报价。所有材料必须符合设计施工图纸的要求。投标单位投标时按材料汇总明细表注明选用的主材品牌、产地、供应商、生产厂家，中标后所有材料须经监理及业主检验合格后才能用于本工程。

（4）因非承包人原因引起的工程量增减，该项工程量变化幅度在±5％以内时，综合单价及总价不予调整；当该项工程量变化幅度超过±5％时，±5％以外的工程量部分，其综合单价不能调整，但总价可以按实调整。

（5）投标人可先到工地踏勘以充分了解工地位置、情况、道路、储存空间、装卸限制及任何其他足以影响承包价的情况，任何因忽视或误解工地情况而导致的索赔或工期延长申请将不被批准。

4　工程量清单

另附。

第六章　图　　　纸

略。

第七章　技术标准和要求

略。

第八章　投标文件格式

略。

请同学们课后到中华人民共和国国家发展和改革委员会网站（http：//www.sdpc.gov.cn）查询相关知识，查阅学习《标准施工招标资格预审文件》和《标准施工招标文件》（2007 版）。

2.3　工程项目招标控制价的编制

2.3.1　招标控制价的概念及作用

1. 招标控制价的概念

招标控制价是招标人根据国家或省级、行业建设行政主管部门颁发的有关计价依据和办法及招标人发布的工程量清单，对招标工程限定的最高价格。国有资金投资的工程建设项目应实行工程量清单招标，并应编制招标控制价。国有资金投资的工程在进行招标时，根据《招标投标法》规定，"招标人设有标底的，标底必须保密"。但由于实行工程量清单招标后，由于招标方式的改变，标底保密这一法律规定已不能起到有效遏止哄抬标价的作用，我国有的地区和部门已经发生在招标项目上所有投标人的报价均高于标底的现象，致使中标人的中标价高于招标人的预算，给招标工程的项目业主带来了困扰。因此，为有利于客观、合理地评审投标报价和避免哄抬标价，造成国有资产流失，招标人应编制招标控制价，投标人的投标报价高于招标控制价的，其投标应予以拒绝。

招标控制价应在招标文件中公布，不应上调或下浮，招标人应将招标控制价及有关资料报送工程所在地工程造价管理机构备案。投标人经复核认为招标人公布的招标控制价未按照《建设工程工程量清单计价规范》（GB 50500—2013）的规定编制的，应在开标前 5 天向招标投标监督机构或工程造价管理机构投诉。招标投标监督机构应会同工程造价管理机构对投诉进行处理，发现确有错误的，应责成招标人修改。

2. 招标控制价的作用

招标控制价能使招标人对工程建造费用预先进行计算，以便控制工程造价；招标控制价给上级主管部门提供了核实建设规模的依据；招标控制价能避免投标人哄抬报价，把投标价控制在合理的范围之内。

2.3.2　招标控制价的编制原则和依据

1. 招标控制价的编制原则

（1）因为招标控制价是公开的最高限价，体现了公开、公正的原则，所以招标控制价的编制应遵循客观、公正的原则。

（2）编制招标控制价应严格执行《建设工程工程量清单计价规范》（GB 50500—2013），合理反映拟建工程项目市场的价格水平。

2. 招标控制价的主要依据

（1）国家、行业和地方政府的法律、法规及有关规定。

（2）《建设工程工程量清单计价规范》（GB 50500—2013）。

（3）国家、行业和地方建设主管部门颁发的计价定额和计价办法、价格信息及其相关配套计价文件。

（4）国家、行业和地方有关技术标准和质量验收规范等。

（5）工程项目地质勘察报告及相关设计文件。

（6）工程项目拟定的招标文件，工程量清单和设备清单。

（7）答疑文件、澄清和补充文件及有关会议纪要。

（8）常规或类似工程的施工组织设计。

（9）工程项目涉及的人工、材料、机械台班的价格信息。

（10）施工期间的风险因素。

2.3.3　招标控制价的编制步骤、方法及审查

1. 招标控制价的编制步骤

招标控制价编制分为编制准备、文件编制和成果文件出具 3 个阶段的工作程序。

（1）编制准备阶段。

1）收集与工程项目招标控制价相关的编制依据。

2）熟悉招标文件、相关合同、会议纪要、施工图纸和施工方案相关资料。

3）了解应采用的计价标准、费用指标、材料价格信息等情况。

4）了解工程项目招标控制价的编制要求和范围。

5）对工程项目招标控制价的编制依据进行分类、归纳和整理。

6）成立编制小组，就招标控制价编制的内容进行技术交底，做好编制前期的准备工作。

（2）文件编制阶段。

1）按招标文件、相关计价规则进行分部分项工程工程量清单项目计价，并汇总分部分项工程费。

2）按招标文件、相关计价规则进行措施项目计价，并汇总措施项目费。

3）按招标文件、相关计价规则进行其他项目计价，并汇总其他项目费。

4）进行规费项目、税金项目清单计价。

5）对工程造价进行汇总，初步确定招标控制价。

（3）成果文件出具阶段。

1）审核人对编制人编制的初步成果文件进行审核。

2）审定人对审核后的初步成果文件进行审定。

3）编制人、审核人、审定人分别在相应成果文件上署名，并应签署造价工程师或造价员执业或从业印章。

4）成果文件经编制、审核和审定后，工程造价咨询企业的法定代表人或其授权人在成果文件上签字或盖章。

5）工程造价咨询企业需在正式的成果文件上签署本企业的执业印章。

2. 招标控制价的编制方法

（1）编制招标控制价时，对于分部分项工程费用计价应采用单价法。采用单价法计价时，应依据招标工程量清单的分部分项工程项目、项目特征和工程量，确定其综合单价。综合单价的内容应包括人工费、材料费、机械费、管理费和利润，以及一定范围的风险费用。

（2）对于措施项目应分别采用单价法和费率法（或系数法），对于可计量部分的措施项目应参照分部分项工程费用的计算方法采用单价法计价，对于以"项"计量或综合取定的措施费用应采用费率法。采用费率法时应先确定某项费用的计费基数，再测定其费率，然后将

计费基数与费率相乘得到费用。

(3) 在确定综合单价时，应考虑一定范围内的风险因素。在招标文件中应通过预留一定的风险费用，或明确说明风险所包括的范围及超出该范围的价格调整方法。对于招标文件中未要求的可按以下原则确定：对于技术难度较大和管理复杂的项目，可考虑一定的风险费用，并纳入到综合单价中；对于设备、材料价格的市场风险，应依据招标文件的规定、工程所在地或行业工程造价管理机构的有关规定，以及市场价格趋势考虑一定率值的风险费用，纳入到综合单价中；税金、规费等法律、法规、规章和政策变化的风险和人工单价等风险费用不应纳入综合单价。

(4) 确定其他项目清单中的暂列金额，可根据工程的复杂程度、设计深度、工程环境条件（包括地质、水文、气候条件等）进行估算，一般可按分部分项工程费的 10%～15% 作为参考。

(5) 计日工中的人工单价和机械台班单价应按省级、行业建设主管部门或其授权的工程造价管理机构公布的单价计算；材料应该按照工程造价管理机构发布的工程造价信息中的材料单价计算，工程造价信息未发布材料单价的材料，其价格应按市场调查确定的单价计算。

(6) 编制招标控制价时，其他项目清单中的总承包服务费应按照省级或行业建设主管部门的规定计算，例如：招标人仅要求对分包的专业工程进行总承包管理和协调时，按分包的专业工程估算造价的 1.5% 计算；招标人要求对分包的专业工程进行总承包管理和协调，同时要求提供配合服务时，根据招标文件列出的配合服务内容和提出的要求，按分包专业工程估算造价的 3%～5% 计算；招标人自行供应材料的，按招标人供应材料价值的 1% 计算。

(7) 规费和税金应按国家或省级、行业建设主管部门的规定计算，不得作为竞争性费用。

3. 招标控制价的审查

招标控制价的审查方法可依据项目的规模、特征、性质及委托方的要求等采用重点审查法、全面审查法。重点审查法适用于投标人对个别项目进行投诉的情况，全面审查法适用于各类项目的审查。招标控制价应重点审查以下几个方面：

(1) 招标控制价的项目编码、项目名称、工程数量、计量单位等是否与发布的招标工程量清单项目一致。

(2) 招标控制价的总价是否全面，汇总是否正确。

(3) 分部分项工程综合单价的组成是否符合《建设工程工程量清单计价规范》（GB 50500—2013）和其他工程造价计价依据的要求。

(4) 措施项目施工方案是否正确、可行，费用的计取是否符合《建设工程工程量清单计价规范》（GB 50500—2013）和其他工程造价计价依据的要求。安全文明施工费是否执行国家或省级、行业建设主管部门的规定。

(5) 管理费、利润、风险费及主要材料和设备的价格是否正确、得当。

(6) 规费、税金是否符合《建设工程工程量清单计价规范》（GB 50500—2013）的要求，是否执行国家或省级、行业建设主管部门的规定。

2.4　评　标　委　员　会

2.4.1　评标委员会的组成

评标委员会独立评标,是我国招标投标活动中重要的法律制度。评标委员会不是常设机构,需要在每个具体的招标投标项目中,临时依法组建。招标人是负责组建评标委员会的主体。实际招标投标活动中,也有招标人委托其招标代理机构承办组建评标委员会具体工作的情况。依法必须招标的项目,评标委员会应由招标人的代表和有关技术、经济等方面的专家组成。

1. 招标人代表

《评标委员会和评标方法暂行规定》(2013年修改版)第9条规定:"评标委员会由招标人或其委托的招标代理机构熟悉相关业务的代表,以及有关技术、经济等方面的专家组成。"所以,招标人代表可以是招标人本单位的代表,也可以包括委托招标的招标代理机构代表。但是,对于机电产品国际招标投标项目,《机电产品国际招标投标实施办法》第33条明确规定,招标代理机构的代表应进入评标委员会;相反,对于政府采购的货物和服务招标项目,《政府采购货物和服务招标投标管理办法》第45条规定,采购代理机构工作人员不得参加由本机构代理的政府采购项目的评标。

2. 有关技术、经济等方面专家

《房屋建筑和市政基础设施工程施工招标投标管理办法》第36条规定:"评标委员会由招标人的代表和有关技术、经济等方面的专家组成,成员人数为5人以上单数,其中招标人、招标代理机构以外的技术、经济等方面专家不得少于成员总数的2/3。"《政府采购货物和服务招标投标管理办法》第45条明确规定:"采购人不得以专家身份参与本部门或者本单位采购项目的评标。

3. 评标委员会人数为5人以上单数

关于招标投标的部门规章对评标委员会及相关方面的专家成员的人数规定,不尽相同。

例如,《政府采购货物和服务招标投标管理办法》第45条规定:"评标委员会由采购人代表和有关技术、经济等方面的专家组成,成员人数应当为5人以上单数。其中,技术、经济等方面的专家不得少于成员总数的2/3。采购数额在300万元以上、技术复杂的项目,评标委员会中技术、经济方面的专家人数应当为5人以上单数。"根据该规定,采购数额在300万元以上、技术复杂的项目,因评标委员会中技术、经济方面的专家人数应为5人以上单数,且不少于成员总数的2/3,那么,如果专家成员最少为5人,评标委员会的人数至少为7人。不属于上述情况的政府采购货物和服务招标项目,则评标委员会的人数最少可以是5人,其中专家成员4人,采购人代表1人。

2.4.2　评标委员会的权利和义务

1. 依法对投标文件进行评审和比较,出具个人评审意见

评标委员会成员最基本的权利,同时也是其主要义务,即依法按照招标文件确定的评标标准和方法,运用个人相关的能力、知识和信息,对投标文件进行全面评审和比较,在评标工作中发表并出具个人评审意见,行使评审表决权。评标委员会成员应对其参加评标的工作及出具的评审意见,依法承担个人责任。《评标委员会和评标方法暂行规定》规定,评标委

员会应当根据招标文件规定的评标标准和方法，对投标文件进行系统的评审和比较；招标文件中没有规定的标准和方法不得作为评标的依据。评标专家依法对投标文件进行独立评审，提出评审意见，不受任何单位或个人的干预。评标委员会设负责人的，评标委员会负责人由评标委员会成员推举产生或者由招标人确定。评标委员会负责人与评标委员会的其他成员有同等的表决权。

2. 签署评标报告

评标委员会直接的工作成果体现为评标报告。评标报告汇集、总结了评标委员会全部成员的评审意见，由每个成员签字认定后，以评标委员会的名义出具。虽然有关规章中没有详细明示，但是，签署评标报告也是每个成员的基本义务。

3. 需要时配合质疑和投诉处理工作

通常完成并向招标人提交评标报告之后，评标委员会即告解散。但是，在招标投标活动中，有的招标项目还会发生质疑和投诉的情况。对于评标工作和评标结果发生的质疑和投诉，招标人、招标代理机构及有关主管部门依法处理质疑和投诉时，往往会需要评标委员会成员做出解释，包括评标委员会对某些问题所作结论的理由和依据等。《机电产品国际招标投标实施办法》规定，评标专家应参加对质疑问题的审议工作。《政府采购货物和服务招标投标管理办法》规定，评标委员会成员应配合财政部门处理投诉工作，配合招标采购单位答复投标供应商提出的质疑。

4. 客观、公正、诚实、廉洁地履行职责

评标委员会成员在投标文件评审直至提出评标报告的全过程中，均应恪守职责，认真、公正、诚实、廉洁地履行职责，这是每个成员最根本的义务。评标委员会成员不得与任何投标人或者与招标结果有利害关系的人进行私下接触，不得收受投标人、中介人、其他利害关系人的财物或者其他好处，不得彼此之间进行私下串通。《招标投标法》和相关部门规章均规定了该类义务。如果违反该类义务，将直接导致评标委员会成员承担相应的法律责任。

此外，评标委员会成员如果发现存在依法不应参加评标工作的情况，还应立即披露并提出回避。

5. 遵守保密、勤勉等评标纪律

对评标工作的全部内容保守秘密，也是评标委员会成员的主要义务之一。评标委员会成员和参与评标的有关工作人员不得私自透露对投标文件的评审和比较、中标候选人的推荐情况以及与评标有关的其他情况。此外，每个成员还应遵守包括勤勉等评标工作纪律。应认真阅读研究招标文件、评标标准和方法，全面地评审和比较全部投标文件。同时，应遵守评标工作时间和进度安排。

6. 接受参加评标工作的劳务报酬

评标工作实际上也是一种劳务活动。所以，个人参加评标承担相应的工作和责任，有权依法接受劳务报酬。《评标专家和评标专家库管理暂行办法》和《政府采购评审专家管理办法》均明确了评标专家领取评标劳务报酬的权利。

7. 其他相关权利和义务

评标委员会成员还享有并承担其他与评标工作相关的权利和义务，包括协助、配合有关行政监督部门的监督和检查工作，对发现的违规违法情况加以制止，向有关方面反映、报告评标过程中的问题等。

2.4.3 不得担任评标委员会的情况

与投标人有利害关系的人不得进入相关项目的评标委员会；已经进入的应当更换。

1. 依法必须招标项目

（1）投标人或者投标主要负责人的近亲属；

（2）项目主管部门或者行政监督部门的人员；

（3）与投标人有经济利益关系，可能影响对投标公正评审的；

（4）曾因在招标、评标及其他与招标投标有关活动中从事违法行为而受过行政处罚或刑事处罚的。

评标委员会成员有前款规定情形之一的，应当主动提出回避。

2. 政府采购项目

（1）招标采购单位就招标文件征询过意见的专家，不得再作为评标专家参加评标。

（2）采购人不得以专家身份参与本部门或者本单位采购项目的评标。

（3）采购代理机构工作人员不得参加由本机构代理的政府采购项目的评标。

（4）评审专家原则上在一年之内不得连续3次参加政府采购评审工作。

（5）评审专家不得参加与自己有利害关系的政府采购项目的评审活动。

2.5 评 标

2.5.1 评标组织

评标组织是由招标人负责组建，负责工程投标书评定的临时组织。评标组织以评标委员会作为形式，负责评标活动，向招标人推荐中标候选人或者根据招标人的授权直接确定中标人。

评标委员会成员名单一般应于开标前确定。评标委员会成员名单在中标结果确定前应当保密。评标委员会的专家成员应当从国务院有关部门或者省、自治区、直辖市人民政府有关部门提供的专家名册或者招标代理机构的专家库内的相关专家名单中确定。

确定评标专家，采取随机抽取和直接确定两种方式。一般项目，可以采取随机抽取的方式；技术特别复杂、专业性要求特别高或者国家有特别要求的招标项目，采取随机抽取方式确定的专家难以胜任的，可以由招标人直接确定。评标专家应符合下列条件：

（1）从事相关专业领域工作满8年，并具有高级职称或者同等专业水平；

（2）熟悉有关招标投标的法律法规，并具有与招标项目相关的实践经验；

（3）能够认真、公正、诚实、廉洁地履行职责。

2.5.2 评标原则

（1）公正、公平、科学、择优；

（2）严格保密；

（3）独立评审；

（4）严格遵守评标方法。

2.5.3 评标程序

1. 评标准备

在评标准备阶段，招标人或其委托的招标代理机构应当向评标委员会提供评标所需的重要信息和数据。评标委员会成员应当编制供评标使用的相应表格，认真研究招标文件，至少应了解和熟悉以下内容：

（1）招标的目标；

（2）招标项目的范围和性质；

（3）招标文件中规定的主要技术要求、标准和商务条款；

（4）招标文件规定的评标标准、评标方法和在评标过程中考虑的相关因素。

评标委员会应该根据招标文件规定的评标标准和方法，对投标文件进行系统的评审和比较，招标文件中没有规定的标准和方法不得作为评标的依据。

2. 初步评审

在初步评审阶段，评标委员会应当根据招标文件规定的评标标准和方法，对投标文件进行系统的评审和比较，审查每个投标文件是否对招标文件提出的所有实质性要求和条件作出响应，未能在实质上响应的投标，应作废标处理。另外，如果投标文件出现下列重大偏差情况，也应作废标处理：

（1）没有按照招标文件要求提供投标担保或者所提供的投标担保有瑕疵；

（2）没有按照招标文件要求由投标人授权代表签字并加盖公章；

（3）投标文件记载的招标项目完成期限超过招标文件规定的完成期限；

（4）明显不符合技术规格、技术标准的要求；

（5）投标文件记载的货物包装方式、检验标准和方法等不符合招标文件的要求；

（6）投标附有招标人不能接受的条件；

（7）不符合招标文件中规定的其他实质性要求。

评标委员会可以书面方式要求投标人对投标文件中含义不明确、不一致或者有明显文字和计算错误的内容作必要的澄清、说明或者补正。澄清、说明或者补正应以书面方式进行，并不得超出投标文件的范围或者改变投标文件的实质性内容。投标文件中的大写金额和小写金额不一致的，以大写金额为准；总价金额与单价金额不一致的，以单价金额为准，但单价金额小数点有明显错误的除外。

3. 详细评审

经初步评审合格的投标文件，评标委员会应当根据招标文件确定的评标标准和方法，采用量化的方式对其技术部分和商务部分作进一步评审、比较。评标委员会对各个评审因素进行量化时，应当对投标文件作必要的调整，将量化指标建立在同一基础或者同一标准上，使各投标文件具有可比性。

4. 推荐中标候选人与定标

评标委员会完成评标后，应当向招标人提出书面评标报告，并抄送有关行政监督部门。评标报告中须列出经评审的投标人排序和推荐的中标候选人名单。评标委员会推荐的中标候选人应当限定在 1～3 人，并标明排列顺序。中标人的投标应当符合下列条件之一：

（1）能够最大限度地满足招标文件中规定的各项综合评价标准；

（2）能够满足招标文件的实质性要求，并且经评审的投标价格最低，但是投标价格低于成本的除外。

使用国有资金或者国家融资的项目，招标人应当确定排名第一的中标候选人为中标人。排名第一的中标候选人放弃中标、未能在招标文件规定期限内提交履约保证金或者因不可抗力提出不能履行合同的，招标人可以确定排名第二的中标候选人为中标人。排名第二的中标候选人因前述规定的同样原因不能签订合同的，招标人可以确定排名第三的中标候选人为中标人。招标人可以授权评标委员会直接确定中标人。

中标人确定后，招标人应当向中标人发出中标通知书，并与中标人在 30 天之内签订合同。

2.5.4　评标、定标方法

建设工程招标的评标、定标办法由招标人或委托代理人编制。建设工程招标的评标、定标办法编制完成后，必须按规定报送建设工程招标投标管理机构审查认定。评标方法主要有经评审的最低投标价法和综合评估法。

1. 经评审的最低投标价法

经评审的最低投标价法一般适用于具有通用技术、性能标准或者招标人对其技术、性能没有特殊要求的招标项目。经评审的最低投标价并不一定是所有投标人中的最低报价，而是在能够满足招标文件实质性要求的基础上经评审的最低投标价。根据经评审的最低投标价法完成详细评审后，评标委员会应当拟定一份"标价比较表"，连同书面评标报告提交招标人。"标价比较表"应当载明投标人的投标报价、对商务偏差的价格调整和说明及经评审的最终投标价。

2. 综合评估法

不宜采用经评审的最低投标价法的招标项目，一般应当采取综合评估法进行评审。根据综合评估法，最大限度地满足招标文件中规定的各项综合评价标准的投标，应当推荐为中标候选人。衡量投标文件是否最大限度地满足招标文件中规定的各项评价标准，可以采取折算为货币的方法或者打分的方法予以量化。需量化的因素及其权重应当在招标文件中明确规定。根据综合评估法完成评标后，评标委员会应当拟定一份"综合评估比较表"，连同书面评标报告提交招标人。"综合评估比较表"应当载明投标人的投标报价、所作的任何修正、对商务偏差的调整、对技术偏差的调整、对各评审因素的评估及对每个投标的最终评审结果。

2.5.5　评标方法实例

×××施工招标项目评标方法

（综合评估法）

本着公平、公正、公开的原则，对各投标单位投标文件中的投标报价、施工组织设计、业绩等方面进行综合评分，具体办法如下：

1. 投标报价（75 分）

1.1　确定有效投标报价。凡符合招标文件、招标答疑纪要等有关招标要求，并且在最高限价以下的投标报价（低于企业成本的除外）均为有效投标报价，高于最高限价的投标报价为废标。

1.2　投标人不得以低于成本报价竞标，不得进行恶性竞争、低价承包损害质量、损害发包人的利益。判定投标人的报价是否低于成本，按照下列规定指标予以确定：

设低于招标控制价的所有投标人投标报价的算术平均值为 A，若投标报价低于招标控制

价的投标人为 7 家或 7 家以上，去掉其中一个最高投标报价和一个最低投标报价后取算数平均值为 A，则

招标最低控制价 $C＝A×K$

K 值在开标前由公证处公证员随机抽取确定，取 95％～98％。

C 值一经确定，在后续的评审中出现的任何情形都将不改变 C 值的结果。投标报价低于 C 值的，按废标处理。

1.3　得分。高于 C 值的最低投标报价得满分 75 分，每高于最低投标报价 1％扣 0.8 分，不足 1％按插入法计算，保留小数点后两位。

2　施工组织设计（25 分）

2.1　总体概述。包括工程概况、施工组织总体设想、方案的针对性及施工段的划分。（1 分）

2.2　施工现场平面布置图。包括临时设施的布置，施工机械、材料、周转材料、加工场地、各类仓库的布置摆放；临时线路的布置等。（2 分）

2.3　施工进度计划网络图和各阶段的进度计划表及进度保证措施。（4 分）

2.4　各分部分项工程的完整施工方案及质量保证措施（含质量保证体系、技术保证、材料保证等）。（4 分）

2.5　安全施工、文明施工、环境保护和消防措施。（4 分）

2.6　劳动力、施工机械设备及材料的投入计划和进退场计划。（3 分）

2.7　关键施工技术、工艺及工程项目实施的重点、难点和解决方案。（5 分）

2.8　根据工程特点有针对性地提出关于提高工程质量、降低工程造价等方面的合理化建议。（2 分）

3　施工组织设计评分说明

3.1　每个技术评标委员会应对全部投标文件分别进行评审，对每一分值项目按照优、良、中、差、无 5 个等级对各投标文件的上述内容作出评价。各评定等级分别对应于相应内容满分值的 100％、80％、50％、30％和 0。评标委员会在评审过程中应详细说明评定该等级的原因。

3.2　各投标文件该部分的最终得分为所有技术评标委员会评分的平均值，得分保留小数点后两位。

3.3　本次评标将依据规定的程序与办法进行评标，得分最高者为中标候选人，如最高得分相同，投标报价低者中标。

本章回顾

（1）我国目前对工程建设项目招标范围的界定：①大型基础设施、公用事业等关系社会公共利益、公众安全的项目；②全部或部分使用国有资金投资或者国有融资的项目；③使用国际组织或外国政府贷款、援助资金的项目。

（2）工程施工招标应该具备以下条件：招标人已依法成立；按照国家有关规定需要履行项目审批手续的，已经履行审批手续；工程资金或者资金来源已经落实；有满足施工招标需要的设计文件及其他技术资料；法律、法规、规章规定的其他条件。

（3）国际工程招标有公开招标、邀请招标、议标等不同种方式，但是《招标投标法》中

明确的只有前两种招标方式，这两种招标方式有着各自的适用范围和优缺点。

（4）在资格审查方式上，通常分资格预审和资格后审。资格预审是在投标前对投标申请人进行的资格审查，资格后审是指开标之后，评标时对投标申请人进行的资料审查。

（5）根据《工程建设项目施工招标投标办法》的相关规定，导致投标文件被拒绝或被定为废标的条件可以分为两大类：一类是在开标现场招标人应当当场予以拒绝不得进入评标的条件，一般应列示在招标文件的投标须知中；另一类是招标人在招标文件中根据现行有关法律法规和招标项目的具体要求约定的废标条件，这类废标条件都是需要经过评标委员会评审后才能判定，一般列示在评标办法中。

（6）招标文件应当包括下列内容：投标须知；招标工程的技术要求和技术文件；采用工程量清单招标的，应当提供工程量清单；投标函的格式及附录；拟签订合同的主要条款；要求投标人提供的其他材料。

 思考与讨论

1. 必须进行招标的工程有哪些？
2. 什么是公开招标？什么是邀请招标？
3. 工程项目施工招标的程序有哪些？
4. 某综合楼工程项目的施工，经当地主管部门批准后，进行公开招标。招标工作主要内容确定为：①成立招标工作小组；②发布招标公告；③编制招标文件；④编制标底；⑤发放招标文件；⑥组织现场踏勘和招标答疑；⑦招标单位资格审查；⑧接收投标文件；⑨开标；⑩确定中标单位；⑪评标；⑫签订承发包合同；⑬发出中标通知书。如果将上述招标工作内容的顺序作为招标工作的先后顺序是否妥当？如果不妥，请确定合理顺序。
5. 工程项目施工招标文件包括哪些内容？
6. 工程项目施工招标的评标方法有哪些？

 练 一 练

1. 从招标人的角度划分工程项目施工招标的程序，主要程序分为：招标准备阶段、_____和_____。
2. 投标人拿到招标文件正式文本之后，如果认为招标文件有问题需要解释，应在招标文件规定的时间内以_____形式向招标人提出。
3. 公开招标也称无限竞争性招标，是指招标人以（　　）的方式邀请不特定的法人或其他组织投标。
  A. 投标邀请书　　　　B. 合同谈判　　　　C. 行政命令　　　　D. 招标公告
4. 符合下列（　　）情形之一的，经批准可以进行邀请招标。
  A. 国际金融组织提供贷款的
  B. 受自然地域环境限制的
  C. 涉及国家安全、国家秘密，适宜招标但不适宜公开招标的
  D. 项目技术复杂或有特殊要求，并且只有几家潜在投标人可供选择的
  E. 紧急抢险救灾项目，适宜招标但不适宜公开招标的
5. 建设工程施工招标的必要条件有（　　）。

A. 招标所需的设计图纸和技术资料具备

B. 招标范围和招标方式已确定

C. 招标人已经依法成立

D. 资金来源已经落实

E. 已选好监理公司

6. 我国《招标投标法》规定，建设工程招标方式有（　　）。

A. 公开招标　　　　　B. 议标　　　　　C. 国际招标　　　　　D. 行业内招标

E. 邀请招标

7. 从合同的订立过程来分析，工程招标文件属于一种（　　）。

A. 要约邀请　　　　　B. 要约　　　　　C. 新要约　　　　　D. 承诺

8. 招标文件应包含的主要内容有（　　）。

A. 投标须知

B. 图纸

C. 投标函的格式及附录

D. 采用工程量招标的，应当提供清单报价表

E. 合同的主要条款

实训题

某建设项目实行公开招标，招标过程出现了下列事件，请指出不正确的处理方法。

1. 招标方于 5 月 8 日起发出招标文件，文件中特别强调由于时间较紧要求各投标人不迟于 5 月 23 日提交投标文件（即确定 5 月 23 日为投标截止时间），并于 5 月 10 日停止出售招标文件，6 家单位领取了招标文件。

2. 招标文件中规定：如果投标人的报价高于招标控制价 15% 以上，一律确定为无效标。

3. 5 月 15 日招标方通知各投标人，原招标工程中的土方量增加 20%，项目范围也进行了调整，各投标人据此对投标报价进行计算。

4. 招标文件中规定，投标人可以用抵押方式进行投标担保，并规定投标保证金额为投标价格的 5%，不得少于 10 万元，投标保证金有效时期同投标有效期。

5. 按照 5 月 23 日的投标截止时间要求，外地的一个投标人于 5 月 21 日从邮局寄出了投标文件，由于天气原因 5 月 25 日招标人收到投标文件。本地 A 公司于 5 月 22 日将投标文件密封加盖了本企业公章并由准备承担此项目的项目经理本人签字按时送达招标方。本地 B 公司于 5 月 20 日送达投标文件后，5 月 22 日又递送了降低报价的补充文件，补充文件未对 5 月 20 日送达文件的有效期进行说明。本地 C 公司于 5 月 19 日送达投标文件后，考虑自身竞争实力于 5 月 22 日通知招标方退出竞标。

6. 开标会议由建设部门主管主持。开标会议上对退出竞标的 C 公司未宣布其单位名称，本次参加投标单位仅仅有 5 家单位。开标后宣布各单位报价与招标控制价时发现 5 个投标报价均高于招标控制价，投标人对招标控制价的合理性当场提出异议。与此同时，招标代理方代表宣布 5 家投标报价均不符合招标文件要求，此次招标作废，请投标人等待通知（若某投标人退出竞标，其保证金在确定中标人后退还）。3 天后招标方决定 6 月 1 日重新招标。招标方调整标底，原投标文件有效。7 月 15 日经评标委员会评定本地区无中标单位，由于外

地某公司报价最低，故确定其为中标人。

7. 7月16日发出中标通知书。通知书中规定，中标人自收到中标书之日起30天内按照招标文件和中标人的投标文件签订书面合同。与此同时，招标方通知中标人与未中标人。投标保证金在开工前30天内退还。中标人提出投标保证金不需归还，当做履约保证金使用。

8. 中标单位签订合同后，将中标工程项目中的2/3工程量分包给某未中标人E，未中标人又将其转包给外地的农民施工单位。

第3章 工程量清单及清单计价

 技能目标

工程量清单计价是一种不同于传统定额计价的新型计价模式，工程量清单的编制必须与《建设工程工程量清单计价规范》（GB 50500—2013）的相关规定一致，要求学生通过学习我国现行的工程造价计价模式及其区别、工程量清单及招标控制价的标准格式和编制方法等内容，了解工程量清单的作用，掌握工程量清单的编制依据、标准格式和编制方法，掌握清单计价的程序和原理，能够运用所学知识作为招标人角色编制工程项目招标控制价。

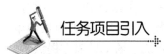 任务项目引入

根据教师提供的某项目工程量清单，编制工程项目招标控制价，并总结工程量清单及清单计价文件在编制上的区别。

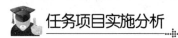 任务项目实施分析

通过对下列内容的学习，完成学习任务：工程量清单的概念，招标控制价的概念，分部分项工程量清单计价表的编制，措施项目清单计价表的编制，暂列金额和暂估价的概念和编制，计日工和总承包服务费的概念和编制，规费、税金项目清单的编制。

 教学内容

3.1 工程量清单概述

3.1.1 工程造价的计价模式

1. 定额计价模式

定额计价是以工程项目的施工图纸、计价定额、各种费用定额、施工组织方案为编制依据，按照规定计算程序确定建筑产品造价的计价模式。

在我国实行计划经济的几十年里，定额计价模式被广泛用于计算拟建工程项目的工程造价，并作为结算工程价款的重要依据，国家通过颁布统一的估价指标、概算指标，以及概算、预算和有关定额，来对建筑产品价格进行有计划的管理。工程造价部门根据当地的技术经济条件、施工水平、常用施工方法及地方工程建设特点，编制适用于该地区或该部门的建筑安装工程消耗定额；根据当地的人工、材料、机械台班资源要素的市场价格水平，综合测算后，制定出在某一时期内适用于当地的量、价、费（又称三要素）预算价格；同时测算典

型企业典型工程费用消耗情况，并考虑整个地区的费用消耗水平，制定出适用于该地区的费用项目和费用标准，即取费定额。定额计价模式考虑了全社会在工程建设中的平均消耗和管理水平，但忽略了单个企业在项目管理和项目建设中消耗的差异性，使得许多技术水平、管理水平和消耗水平有优势的企业无法转化成工程价格优势和竞争优势，也难以形成市场竞争激励机制，不利于促进施工企业改进技术，加强管理，提高劳动生产率和市场竞争力，与市场经济规律不相适宜。为此，必须对工程造价的计价方式进行改革，最终通过市场竞争来确定建筑工程产品的价格。

2. 工程量清单计价模式

工程量清单计价模式，是在建设工程招标投标中，招标人自行或委托具有资质的中介机构编制反映工程实体消耗和措施性消耗的工程量清单，并作为招标文件的一部分提供给投标人，由投标人依据工程量清单自主报价的计价方式。在工程招标中采用工程量清单计价是国际上较为通行的做法，是由市场形成建筑产品价格的一种有效途径。我国自 2003 年开始推行清单计价模式。《建设工程工程量清单计价规范》（GB 50500—2013）是目前实施的工程量清单计价依据。与定额计价模式相比，在工程量清单计价过程中，国家仅统一项目编码、项目名称、项目特征、计量单位和工程量计算规则，招标人根据规范要求编制工程量清单，投标人依据工程量清单自主报价。它改变了传统的计价模式，为建筑市场交易双方提供了一个平等交易的平台，是我国工程造价计价方法改革的一项具体措施，更是我国与国际惯例接轨的必然要求。全部使用国有资金投资或国有资金投资为主的工程建设项目，必须采用工程量清单计价。

3. 两种计价模式的区别

工程量清单计价和定额计价的区别如下：

（1）两种模式的最大差别在于体现了我国建设市场发展过程中的不同定价阶段。

1）我国建筑产品价格市场化经历了"国家定价""国家指导价""国家调控价"三个阶段。定额计价是以概预算定额、各种费用定额为依据，按照规定的计算程序确定工程造价的特殊计价方法。因此，利用工程建设定额计算工程造价就价格形成而言，介于国家定价和国家指导价之间。在工程定额计价模式下，工程价格或直接由国家决定，或是由国家给出一定的指导性标准，承包商可以在该标准的允许幅度内实现有限竞争。例如，在我国的招投标制度中，一度严格限定投标人的报价必须在限定标底的一定范围内波动，超出此范围即为废标，这一阶段的工程招标投标价格即属于国家指导性价格，体现出在国家宏观计划控制下的市场有限竞争。

2）工程量清单计价模式则反映了市场定价阶段。在该阶段中，工程价格是在国家有关部门间接调控和监督下，由工程承发包双方根据工程市场中建筑产品供求关系变化自主确定工程价格。其价格的形成可以不受国家工程造价管理部门的直接干预，而此时的工程造价是根据市场的具体情况，有竞争形成、自发波动和自发调节的特点。

（2）两种模式的主要计价依据及其性质不同。

1）工程定额计价模式的主要计价依据为国家、省、有关专业部门制定的各种定额，其性质为指导性。定额的项目划分一般按施工工序分项，每个分项工程项目所含的工程内容一般是单一的。

2）工程量清单计价模式的主要计价依据为"清单计价规范"，其性质是含有强制性条文的国家标准，清单的项目划分一般是按"综合实体"进行分项的，每个分项工程一般包含多项工程内容。

（3）编制工程量的主体不同。在定额计价模式中，建设工程的工程量由招标人和投标人分别按图计算。而在工程量清单计价模式中，工程量由招标人统一计算或委托有相应资质的工程造价咨询单位统一计算，工程量清单是招标文件的重要组成部分，各投标人按照招标人提供的工程量清单，根据自身的技术装备、施工经验、企业成本、企业定额、管理水平自主填写单价与合价。

（4）单价与报价的组成不同。定额计价模式的单价包括人工费、材料费、机械台班费，而清单计价方法采用综合单价形式，综合单价包括人工费、材料费、机械使用费、管理费、利润，并考虑风险因素。工程量清单计价模式的报价除包括定额计价模式的报价外，还包括预留金、材料购置费和零星工作项目费等。

（5）适用阶段不同。从目前我国现状来看，工程定额主要用于在项目建设前期各阶段对于建设投资的预测和估计。在工程建设交易阶段，工程定额通常只能作为建设产品价格形成的辅助依据，而工程量清单计价依据主要适用于合同价格形成及后续的合同价格管理阶段。

（6）合同价格的调整方式不同。定额计价模式形成的合同价格，其主要调整方式有变更签证、定额解释、政策性调整。而工程量清单计价模式一般情况下单价是相对固定的，减少了在合同实施过程中的调整活口。通常情况下，如果清单项目的数量没有增减，能够保证合同价格基本没有调整，保证了其稳定性，也便于业主进行资金准备和筹划。

3.1.2　工程量清单的概念

工程量清单是建设工程分部分项工程项目、措施项目、其他项目、规费和税金项目的名称及相应数量的明细清单。它体现的是招标文件中规定的拟建招标工程的全部工程项目和内容，是招标人对招标的目的、要求和意愿的主要表达形式之一。工程量清单是编制招标工程标底价、投标报价、支付工程款、调整合同价款及工程索赔等依据之一，应由具有编制能力的招标人或受其委托、具有相应资质的中介机构进行编制。工程量清单作为招标文件的组成部分，其准确性和完整性由招标人负责。

我国从 2003 年起正式实施《建设工程工程量清单计价规范》（GB 50500—2003）。该计价规范的实施，使我国工程造价从传统的以预算定额为主的计价模式向国际上通行的工程量清单计价模式转变，是我国工程造价管理的一项重大措施，在工程建设领域受到了广泛的关注与积极的响应。但在执行"计价规范"的过程中，也反映出一些不足之处。为了完善工程量清单计价工作，2013 年，住房和城乡建设部发布了《建设工程工程量清单计价规范》（GB 50500—2013）。该规范对巩固工程量清单计价改革的成果，进一步规范工程量清单计价行为具有十分重要的意义。

3.1.3　建设工程工程量清单计价规范的特点

1. 强制性

强制性主要表现在，一般由建设行政主管部门按照强制性标准的要求批准，规定使用国有资金投资的建设工程按《建设工程工程量清单计价规范》（GB 50500—2013）执行。明确工程量清单是招标文件的组成部分，并规定了招标人在编制清单时必须遵守的规则，做到"五统一"，即统一项目编码、统一项目名称、统一计量单位、统一项目特征、统一工程量计算规则。

2. 实用性

各专业工程工程量清单项目及计算规则的项目名称表现的是工程实体项目，明确清晰，工程量计算规则简洁明了；特别是还有项目特征，易于编制工程量清单。

3. 竞争性

《建设工程工程量清单计价规范》（GB 50500—2013）及各专业工程量计算规范中人工、材料和施工机械均没有具体的消耗量，投标企业可以依据企业的定额和市场价格信息，也可以参照建设行政主管部门发布的社会平均消耗量定额报价，《建设工程工程量清单计价规范》（GB 50500—2013）将报价权交给企业。

4. 通用性

采用工程量清单计价将与国际接轨，符合工程量清单计算方法标准化、工程量计算规则统一化、工程造价确定市场化的规定。

3.1.4　主要术语

《建设工程工程量清单计价规范》（GB 50500—2013）主要术语包括以下内容：

（1）工程量清单。建设工程的分部分项工程项目、措施项目、其他项目、规费项目和税金项目的名称及相应数量等明细清单。

（2）项目编码。分部分项工程工程量清单项目名称的数字标识。

（3）项目特征。构成分部分项工程工程量清单项目、措施项目自身价值的本质特征描述。

（4）综合单价。完成一个规定计量单位的分部分项工程工程量清单项目或措施清单项目所需的人工费、材料费、施工机械使用费和企业管理费与利润，以及一定范围内的风险费用。

（5）措施项目。为完成工程项目施工，发生于该工程施工准备和施工过程中的技术、生活、安全、环境保护等方面的非工程实体项目。

（6）暂列金额。招标人在工程量清单中暂定并包括在合同价款中的一笔款项。用于施工合同签订时尚未确定或者不可预见的所需材料、设备、服务的采购，施工中可能发生的工程变更、合同约定调整因素出现时的工程价款调整，以及发生的索赔、现场签证确认等费用。

（7）暂估价。招标人在工程量清单中提供的用于支付必然发生但暂时不能确定的材料的单价及专业工程的金额。它在招标阶段预见肯定要发生，只是因为标准不明确或者需要由专业承包人完成，暂时又无法确定具体价格时采用。

（8）计日工。在施工过程中，完成发包人提出的施工图纸以外的零星项目或工作，按合同中约定的综合单价计价。

（9）总承包服务费。总承包人为配合协调发包人进行的工程分包自行采购的设备、材料等进行管理、服务，以及施工现场管理、竣工资料汇总整理等服务所需的费用。

（10）索赔。在合同履行过程中，对于非己方过错而应由对方承担责任的情况造成的损失，向对方提出补偿的要求。

（11）现场签证。发包人现场代表与承包人现场代表就施工过程中涉及的责任事件所作的签证证明。

3.2　工程量清单的编制

3.2.1　工程量清单的项目划分

《建设工程工程量清单计价规范》（GB 50500—2013）规定：工程量清单项目的设置和计算规则是按主要专业划分的，即按房屋建筑与装饰装修工程、仿古建筑、通用安装工程、市政工程、园林绿化工程、矿山工程、构筑物工程、城市轨道交通工程和爆破工程 9 个专业进行划分。

3.2.2　工程量清单标准格式和编制

工程量清单编制主要依据有：《建设工程工程量清单计价规范》（GB 50500—2013），国家或省级、行业建设主管部门颁发的计价依据和办法，建设工程设计文件，与建设工程项目有关的标准、规范、技术资料，招标文件及其补充通知、答疑纪要，施工现场情况、工程特点及常规施工方案，其他相关资料。

按照《建设工程工程量清单计价规范》（GB 50500—2013）的规定，工程量清单的内容包括封面、总说明、分部分项工程工程量清单表、措施项目清单表、其他项目清单表、规费及税金项目清单表。

1. 封面

封面包括项目名称、招标人名称、工程造价咨询人名称、法定代表人、编制人、编制时间等内容，相应地方还需签字或盖章。其封面样式如下：

××工程工程量清单

招标人：(单位盖章)　　工程造价咨询人：(单位资质专用章)

法定代表人法定代表人：
或其授权人：(签字或盖章)　　或其授权人：(签字或盖章)

编制人：(造价人员签字盖专用章)　　复核人：(造价师签字盖专用章)

编制时间：＿＿＿年＿＿＿月＿＿＿日　复核时间：＿＿＿年＿＿＿月＿＿＿日

2. 总说明

总说明的内容应该包括：

（1）工程概况，如建设地址、建设规模、工程特征、交通状况、环保要求等。

（2）工程发包、分包范围。

（3）工程量清单编制依据，如采用的标准、施工图纸、标准图集等。

（4）使用材料设备、施工的特殊要求。

（5）其他需要说明的问题。

3. 分部分项工程工程量清单

分部分项工程工程量清单包括项目编码、项目名称、项目特征描述、计量单位和工程量5个要件。

(1) 项目编码。分部分项工程工程量清单的项目编码，应采用12位阿拉伯数字表示。1~9位应按附录的规定设置，10~12位应根据拟建工程的工程量清单项目名称设置，同一招标工程的项目编码不得有重码。当同一标段（或合同段）的一份工程量清单中含有多个单项或单位（简称单位）工程，且工程量清单是以单位工程为编制对象时，在编制工程量清单时应特别注意对项目编码10~12位的设置不得有重码的规定。例如，一个标段（或合同段）的工程量清单中含有3个单位工程，每一单位工程中都有项目特征相同的实心砖墙砌体，在工程量清单中又需反映3个不同单位工程的实心砖墙砌体工程量时，此时工程量清单应以单位工程为编制对象，则第一个单位工程的实心砖墙的项目编码应为010302001001，第二个单位工程的实心砖墙的项目编码应为010302001002，第三个单位工程的实心砖墙的项目编码应为010302001003，并分别列出各单位工程实心砖墙的工程量。

(2) 项目名称。应按相关专业工程现行工程量计算规范的项目名称结合拟建工程的实际确定。应考虑的因素有三个：①《建设工程工程量清单计价规范》（GB 50500—2013）中所列清单的项目名称；②《建设工程工程量清单计价规范》（GB 50500—2013）中的项目特征；③拟建工程的实际情况。编制工程量清单时，应以《建设工程工程量清单计价规范》（GB 50500—2013）中的项目名称为主体，考虑该项目的规格、型号、材质等特征要求，结合拟建工程的实际情况，使其工程量清单项目名称具体化，能够反映影响工程造价的主要因素。

(3) 项目特征描述。分部分项工程工程量清单项目特征应按附录中规定的项目特征，结合拟建工程项目的实际予以描述。如果招标人提供的工程量清单对项目特征描述不具体，特征不清、界限不明，就会使投标人无法准确理解工程量清单项目的构成要素，导致评标时难以合理地评定中标价；结算时，发、承包双方引起争议，影响工程量清单计价的推进。因此，在工程量清单中准确地描述工程量清单项目特征是有效推进工程量清单计价的重要一环。

工程量清单项目特征描述的重要意义在于：

1) 项目特征是区分清单项目的依据。工程量清单项目特征是用来表述分部分项工程工程量清单项目的实质内容，用于区分计价规范中同一清单条目下各个具体的清单项目。没有项目特征的准确描述，对于相同或相似的清单项目名称，就无从区分。

2) 项目特征是确定综合单价的前提。由于工程量清单项目的特征决定了工程实体的实质内容，必然直接决定了工程实体的自身价值。因此，工程量清单项目特征描述得准确与否，直接关系到工程量清单项目综合单价的准确确定。

3) 项目特征是履行合同义务的基础。实行工程量清单计价，工程量清单及其综合单价是施工合同的组成部分，因此，如果工程量清单项目特征描述不清，甚至漏项、错误，从而引起在施工过程中的更改，都会引起分歧，导致纠纷。

(4) 计量单位。分部分项工程工程量清单的计量单位应按附录中规定的计量单位确定。当计量单位有两个或两个以上时，应根据所编工程量清单项目的特征要求，选择最适宜表现该项目特征并方便计量的单位。例如，《建设工程工程量清单计价规范》（GB 50500—2013）

对门窗工程的计量单位为"樘/m²"两个计量单位，在实际工作中，就应选择最适宜、最方便计量的单位来表示。

（5）工程量。分部分项工程工程量清单中所列工程量应按附录中规定的工程量计算规则计算（见表 3-1），以"t"为计量单位的应保留小数点 3 位，第四位小数四舍五入；以"m³""m²""m""kg"为计量单位的应保留小数点后两位，第三位小数四舍五入；以"项""个"等为计量单位的应取整数。

表 3-1　　　　　　　　　　　**分部分项工程工程量清单与计价表**

工程名称：标段：　　　　　　　　　　　　　　　　　　　　　第__页　共__页

序号	项目编码	项目名称	项目特征描述	计量单位	工程量	金额（元）		
						综合单价	合价	其中：暂估价
本页小计								
合计								

4. 措施项目清单

措施项目清单表格分为措施项目清单表（一）（见表 3-2）和措施项目清单表（二）（见表 3-3）。

表 3-2　　　　　　　　　　　**措施项目清单与计价表（一）**

工程名称：标段：　　　　　　　　　　　　　　　　　　　　　第__页　共__页

序号	项目编码	项目名称	计算基础	费率（%）	金额（元）
		安全文明施工费			
		夜间施工费			
		二次搬运费			
		冬雨季施工			
		大型机械进出场及安拆费			
		施工排水			
		施工降水			
		地上、地下设施、建筑物的临时保护设施			
		已完工及设备保护			
		各专业工程的措施项目			
合计					

表 3 – 3 措施项目清单与计价表 （二）

工程名称：标段：　　　　　　　　　　　　　　　　　　　第__页 共__页

序号	项目编码	项目名称	项目特征描述	计量单位	工程量	金额（元）	
						综合单价	合价
本页小计							
合计							

《建筑工程工程量计价规范》（GB 50500—2013）将工程实体项目划分为分部分项工程工程量清单项目，非实体项目划分为措施项目。所谓非实体项目，一般来说，其费用的发生和金额的大小与使用时间、施工方法或者两个以上工序相关，与实际完成的实体工程量的多少关系不大，典型的是大中型施工机械进、出场及安拆费，文明施工和安全防护、临时设施等。这些不能计算工程量的项目清单，以"项"为单位，采用表 3 – 2 编制。

有的非实体项目，典型的是混凝土浇筑的模板工程，与完成的工程实体具有直接关系，并且是可以精确计量的项目，用分部分项工程工程量清单的方式，采用综合单价更有利于合同管理。这些措施项目采用表 3 – 3 编制，由招标人列出项目编码、项目名称、项目特征、计量单位和工程量。

5. 其他项目清单

工程建设标准的高低、工程的复杂程度、工程的工期长短、工程的组成内容、发包人对工程管理要求等都直接影响其他项目清单的具体内容，一般其他项目清单按照以下 4 个部分内容进行列项。其不足部分，编制人可根据工程的具体情况进行补充。其他项目清单与计价汇总表见表 3 – 4。

表 3 – 4 其他项目清单与计价汇总表

工程名称：标段：　　　　　　　　　　　　　　　　　　　第__页 共__页

序号	项目名称	计量单位	金额（元）	备注
1	暂列金额			明细详见表 3 – 5
2	暂估价			
2.1	材料暂估价			明细详见表 3 – 6
2.2	专业工程暂估价			明细详见表 3 – 7
3	计日工			明细详见表 3 – 8
4	总承包服务费			明细详见表 3 – 9
5				
合计				

（1）暂列金额。设立暂列金额的目的在于：最理想的情况下，一份建设工程施工合同的价格就是其最终的竣工结算价格，或者至少两者应尽可能接近。按有关部门的规定，经项目审批部门批复的设计概算是工程投资控制的刚性指标。即使是商业性开发项目也有成本的预先控制问题，否则，无法相对准确地预测投资的收益和科学合理地进行投资控制。而工程建

设自身的规律决定，设计需要根据工程进展不断地进行优化和调整，发包人的需求可能会随
工程建设进展出现变化，工程建设过程中还存在其他诸多不确定性因素。消化这些因素必
然会影响合同价格的调整，暂列金额正是因为这类不可避免的价格调整而设立，以便合
理确定工程造价的控制目标。设立暂列金额并不能保证合同结算价格就不会再出现超过
合同价格的情况，是否超出合同价格完全取决于工程量清单编制人对暂列金额预测的准
确性，以及工程建设过程中是否出现了其他事先未预测到的事件。招标人列出项目名称、
计量单位和暂定金额，所有投标人均按招标人给出的金额进行报价。暂列金额明细表见
表 3-5。

表 3-5　　　　　　　　　　暂 列 金 额 明 细 表

工程名称：标段：　　　　　　　　　　　　　　　　　　　　　　　第__页　共__页

序号	项目名称	计量单位	暂定金额（元）	备注
1				
2				
合计				

（2）暂估价。暂估价是指招标阶段直至签订合同协议时，招标人在招标文件中提供的用
于支付必然要发生但暂时不能确定价格的材料及需另行发包的专业工程金额。在招标阶段预
见肯定要产生暂估价，只是因为标准不明确或者需要由专业承包人完成，暂时无法确定其价
格或金额。一般而言，为方便合同管理和计价，需要纳入分部分项工程工程量清单项目综合
单价中的暂估价最好只是材料费，以方便投标人组价。以"项"为计量单位给出的专业工程
暂估价一般应是综合暂估价，应当包括除规费、税金以外的管理费、利润等。暂估价表分为
材料暂估价表（见表 3-6）和专业工程暂估价表（见表 3-7）两种明细表。材料暂估价表
由招标人填写，并在备注栏说明暂估价的材料拟用在哪些清单项目上，投标人应将上述材料
暂估单价计入工程量清单综合单价报价中。专业工程暂估价表也由招标人填写，投标人将其
计入到投标总价。

表 3-6　　　　　　　　　　材 料 暂 估 价 表

工程名称：标段：　　　　　　　　　　　　　　　　　　　　　　　第__页　共__页

序号	材料名称、规格、型号	计量单位	单价（元）	备注

表 3-7　　　　　　　　　　专 业 工 程 暂 估 价 表

工程名称：标段：　　　　　　　　　　　　　　　　　　　　　　　第__页　共__页

序号	工程名称	计量单位	金额（元）	备注
合计			—	

（3）计日工。计日工是为了解决现场发生零星工作的计价而设立的。招标人填写计日工表的名称和数量（见表3-8）。计日工以完成零星工作所消耗的人工工时、材料数量、机械台班进行计量，并按照计日工表中填报的适用项目的单价进行计价支付。计日工适用的所谓零星工作一般是指合同约定之外的或者因变更而产生的、工程量清单中没有相应项目的额外工作，尤其是不允许事先商定价格的额外工作。计日工为额外工作和变更的计价提供了一个方便快捷的途径。但是，在以往的实践中，计日工经常被忽略。其中一个主要原因是计日工项目的单价水平一般要高于工程量清单项目单价的水平。理论上讲，合理的计日工单价水平一定是高于工程量清单的价格水平，其原因在于计日工往往是用于一些突发性的额外工作，缺少计划性，承包人在调动施工生产资源方面难免会影响已经计划好的工作，生产资源的使用效率也有一定的降低，客观上造成超出常规的额外投入。另一方面，计日工清单往往忽略给出一个暂定的工程量，无法纳入有效的竞争，也是造成计日工单价水平偏高的原因之一。因此，为了获得合理的计日工单价，计日工表中一定要给出暂定数量，并且需要根据经验，尽可能估算一个比较贴近实际的数量。当然，尽可能把项目列全，防患于未然，也是值得充分重视的工作。

表3-8   计 日 工 表

工程名称：标段：   第__页 共__页

编号	项目名称	单位	暂定数量	综合单价	合价
一	人工				
1					
人工小半					
二	材料				
1					
2					
材料小计					
三	施工机械				
1					
2					
施工机械小计					
合计					

（4）总承包服务费。总承包服务费是为了解决招标人在法律、法规允许的条件下进行专业工程发包及自行采购供应材料、设备时，要求总承包人对发包的专业工程提供协调和配合服务（如分包人使用总承包人的脚手架、水电接剥等）；对供应的材料、设备提供收、发和保管服务及对施工现场进行统一管理；对竣工资料进行统一汇总整理等发生并向总承包人支付的费用。招标人应填写此表的项目名称、项目价值和服务内容，并按投标人的投标报价向投标人支付该项费用，见表3-9。

表 3 - 9　　　　　　　　　　　　**总承包服务费计价表**

工程名称：标段：　　　　　　　　　　　　　　　　　第__页　共__页

序号	工程名称	项目价值（元）	服务内容	费率（％）	金额（元）
1	发包人发包专业工程				
2	发包人供应材料				
	合计				

总承包服务费计价表中项目名称、服务内容均由招标人填写，招标人必须在招标文件中说明总包的范围以减少后期不必要的纠纷。

1）编制招标控制价时，费率及金额由招标人按有关计价规定确定。

2）投标时，费率及金额由投标人自主报价，计入投标总价中。

3）《浙江省建设工程施工费用定额》（2010 版）中列出的参考计算标准如下：

a. 招标人仅要求对分包的专业工程进行总承包管理和协调时，按分包的专业工程估算造价的 1.5％计算；

b. 招标人要求对分包的专业工程进行总承包管理和协调并同时要求提供配合服务时，根据招标文件中列出的配合服务内容和提出要求按分包的专业工程估算造价 3％～5％计算。

c. 招标人自行供应材料的，按招标人供应材料价值的 1％计算。

6. 规费、税金项目清单（见表 3 - 10）

规费项目清单应按照下列内容列项：工程排污费，工程定额测定费，社会保障费（包括养老保险费、失业保险费、医疗保险费、住房公积金），危险作业意外伤害保险。其他未列的项目，应根据省级政府或省级有关权力部门的规定列项。

税金项目清单应包括营业税、城市维护建设税、教育费附加。其他未列的项目，应根据税务部门的规定列项。

表 3 - 10　　　　　　　　　　**规费、税金项目清单与计价表**

工程名称：标段：　　　　　　　　　　　　　　　　　第__页　共__页

序号	项目名称	计量单位	费率（％）	金额（元）
1	规费			
1.1	工程排污费			
1.2	社会保障费			
（1）	养老保险费			
（2）	失业保险费			
（3）	医疗保险费			
1.3	住房公积金			
1.4	危险作业意外伤害保险			
1.5	工程定额测定费			
2	税金	分部分项工程费＋措施项目费＋其他项目费＋规费		
	合计			

3.3　工程量清单计价

3.3.1　工程量清单计价概述

1. 工程量清单计价的概念

工程量清单计价是在建设工程招标投标工作中，按照国家统一的工程量清单计价规范和各专业工程的工程量清单计算规范，以招标人提供的工程量清单为平台，投标人根据自身的技术、财务、经营能力自行报价，招标人以合理低价确定中标价格的计价方式。

2. 工程量清单计价的特点和优势

工程量清单计价是市场形成工程造价的主要形式，它给施工企业自主报价提供了空间，实现了政府定价到市场定价的转变。清单计价法是一种既符合建筑市场竞争规则、经济发展需要，又符合国际惯例的计价办法。与原有定额计价模式相比，清单计价具有以下特点和优势：

（1）充分体现施工企业自主报价，市场竞争形成价格。工程量清单计价法完全突破了我国传统的定额计价管理方式，是一种全新的计价管理模式。它的主要特点是依据建设行政主管部门颁布的工程量计算规则，按照施工图纸、施工现场、招标文件的有关规定要求，由施工企业自己编制而成。计价依据不再套用政府编制的定额和单价，所有工程中人工、材料、机械费用价格都由市场价格来确定，真正体现了施工企业自主报价、市场竞争形成价格的崭新局面。

（2）搭建一个平等竞争的平台，满足充分竞争的需要。在工程招投标中，投标报价往往是决定是否中标的关键因素，而影响投标报价质量的是工程量计算的准确性。在工程预算定额计价模式下，工程量由投标人各自测算，企业是否中标，很大程度上取决于预算编制人员素质，最后工程招标投标变成施工企业预算编制人员之间的竞争，而企业的施工技术、管理水平工程量清单计价规范无法得以体现。实现工程量清单计价模式后，招标人提供工程量清单，对所有投标人都是一样的，不存在工程项目、工程数量方面的误差，有利于公平竞争。所有投标人根据招标人提供的统一的工程量清单，根据企业管理水平和技术能力，考虑各种风险因素，自主确定人工、材料、施工机械台班消耗量及相应价格，自主确定项目综合报价。

（3）促进施工企业整体素质提高，增强竞争能力。工程量清单计价反映的是施工企业个别成本，而不是社会的平均成本。投标人在报价时，必须通过对单位工程成本、利润进行分析，统筹兼顾，精心选择施工方案，并根据投标人自身的情况综合考虑人工、材料、施工机械等要素的投入与配置，优化组合，合理确定投标价，以提高投标竞争力。工程量清单报价体现了企业施工、技术管理水平等综合实力，这就要求投标人必须加强管理，改善施工条件，加快技术进步，提高劳动生产率，鼓励创新，从技术中要效率，从管理中要利润；注重市场信息的搜集和施工资料的积累，推动施工企业编制自己的消耗量定额，全面提升企业素质，增强综合竞争能力，这样才能在激烈的市场竞争中不断发展和壮大，立于不败之地。

（4）有利于招标人对投资的控制，提高投资效益。采用工程预算定额计价模式，发包人对设计变更等所引起的工程造价变化不敏感，往往等到竣工结算时才知道这些变更对项目投资的影响程度，但为时已晚。而采用工程量清单计价模式后，工程变更对工程造价的影响一目了然，这样发包人就能根据投资情况来决定是否变更或进行多方案比选，以决定最恰当的处理方法。同时，工程量清单为招标人的期中付款提供了便利，用工程量清单计价，简单、明了，只要完成的工程数量与综合单价相乘，即可计算工程造价。

另外，采用工程量清单计价模式后，投标人没有以往工程预算定额计价模式下的约束，完全根据自身的技术装备和管理水平自主确定人工、材料、施工机械台班消耗量及相应价格和各项管理费用，有利于降低工程造价，节约资金，提高资金的使用效益。

（5）风险分配合理化，符合风险分配原则。建设工程一般都比较复杂，建设周期长，工程变更多，因而风险比较大，采用工程量清单计价模式后，招标人提供工程量清单，对工程数量的准确性负责，承担工程项目、工程数量误差风险；投标人自主确定项目单价，承担单价计算风险。这种格局符合风险合理分配与责权利关系对等的一般原则。合理的风险分配，可以充分发挥发承包双方的积极性，降低工程成本，提高投资效益，达到双赢的结果。

（6）有利于简化工程结算，正确处理工程索赔。施工过程中发生的工程变更，包括发包人提出工程设计变更、工程质量标准及其他实质性变更，工程量清单计价模式为确定工程变更造价提供了有利条件。工程量清单计价具有合同化的法定性，投标时的分项工程单价在工程设计变更计价、进度报表计价、竣工结算计价时是不能改变的，从而大大减少了双方在单价上的争议，简化了工程项目各个阶段的预结算编审工作。除了一些隐蔽工程或一些不可预测的因素外，工程量都可依据图纸或实测实量，因此，在结算时能够做到清晰、快捷。

3. 实行工程量清单计价的目的、意义

（1）实行工程量清单计价，是工程造价深化改革的产物。长期以来，我国发承包计价、定价以工程预算定额作为主要依据。1992 年，为了适应建设市场改革的要求，针对工程预算定额编制和使用中存在的问题，提出了"控制量、指导价、竞争费"的改革措施，工程造价管理由静态管理模式逐步转变为动态管理模式。其中对工程预算定额改革的主要思路和原则是：把工程预算定额中的人工、材料、机械的消耗量和相应的单价分离，人工、材料、机械的消耗量是国家根据有关规范、标准及社会的平均水平来确定的。控制量目的就是保证工程质量，指导价就是要逐步走向市场形成价格，这一措施在我国实行社会主义市场经济初期起到了积极的作用。但随着建设市场化进程的发展，这种做法仍然难以改变工程预算定额中国家指令性的状况，难以满足招标投标和评标的要求。因为控制量反映的是社会平均消耗水平，不能准确地反映各个企业的实际消耗量，不能全面地体现企业技术装备水平、管理水平和劳动生产率，还不能充分体现市场公平竞争，工程量清单计价将改革以工程预算定额为计价依据的计价模式。

（2）实行工程量清单计价，是规范建设市场秩序，适应社会主义市场经济发展的需要。工程造价是工程建设的核心内容，也是建设市场运行的核心内容，建设市场上存在许多不规范行为，大多与工程造价有关。过去的工程预算定额在工程发包与承包工程计价中调节双方利益、反映市场价格等方面显得滞后，特别是在公开、公平、公正竞争方面，缺乏合理完善的机制，甚至出现了一些漏洞。实现建设市场的良性发展除了法律法规和行政监管以外，发挥市场规律中"竞争"和"价格"的作用是治本之策。工程量清单计价是市场形成工程造价的主要形式，工程量清单计价有利于发挥企业自主报价的能力，实现政府定价到市场定价的转变；有利于规范业主在招标中的行为，有效改变招标单位在招标中盲目压价的行为，从而真正体现公开、公平、公正的原则，反映市场经济规律。

（3）实行工程量清单计价，是促进建设市场有序竞争和企业健康发展的需要。采用工程量清单计价模式招标投标，对发包单位来说，由于工程量清单是招标文件的组成部分，招标单位必须编制出准确的工程量清单，并承担相应的风险，促进招标单位提高管理水平。由于工程量清单是公开的，将避免工程招标中的弄虚作假、暗箱操作等不规范行为。对承包企业来说，采用工程量清单报价，必须对单位工程成本、利润进行分析，统筹考虑、精心选择施工方案，并根据企业的定额合理确定人工、材料、施工机械等要素的投入与配置，优化组合，合理控制现场费用和施工技术措施费用，确定投标价。这样做，改变了过去过分依赖国家发布定额的状况，企业根据自身的条件编制出自己的企业定额。

工程量清单计价的实行，有利于规范建设市场计价行为，规范建设市场秩序，促进建设市场有序竞争；有利于控制建设项目投资，合理利用资源；有利于促进技术进步，提高劳动生产率；有利于提高造价工程师的素质，使其成为懂技术、懂经济、懂管理的全面发展的复合型人才。

（4）实行工程量清单计价，有利于我国工程造价管理政府职能的转变。按照政府部门真正履行起"经济调节、市场监管、社会管理和公共服务"职能的要求，政府对工程造价的管理模式要相应改变，将推行政府宏观调控、企业自主报价、市场竞争形成价格、社会全面监督的工程造价管理思路。实行工程量清单计价，将有利于我国工程造价管理政府职能的转变，由过去政府控制的指令性定额转变为制定适应市场经济规律需要的工程量清单计价方法，由过去行政直接干预转变为对工程造价依法监管，有效地强化政府对工程造价的宏观调控。

（5）实行工程量清单计价，是适应我国加入世界贸易组织，融入世界大市场的需要。随着我国改革开放的进一步加快，中国经济日益融入全球市场，特别是我国加入世界贸易组织后，行业壁垒被打破，建设市场将进一步对外开放。国外企业及投资项目越来越多地进入国内市场，我国企业走出国门在海外投资和经营的项目也在增加。为了适应这种对外开放建设市场的形势，就必须与国际通行的计价方法相适应，为建设市场主体创造一个与国际惯例接轨的市场竞争环境。工程量清单计价是国际通行的计价做法，在我国实行工程量清单计价，有利于提高国内建设各方主体参与国际化竞争的能力，有利于提高工程建设的管理水平。

4. 工程量清单计价的原则

（1）遵循客观、公正、公平、诚实信用的原则。

（2）遵守相关的法律、法规和规范的原则。

（3）勤于询价，加强材料信息储备管理的原则。

5. 工程量清单计价的依据

（1）招标文件与工程量清单。招标文件是投标人参与投标活动、进行投标报价的行动指南。招标文件一般包括前附表、投标人须知、合同通用条款、合同专用条款、技术规范、图纸、评标和定标办法、工程量清单及必要的附表，如各种担保或保函的格式等。可归纳为两点：①投标者为投标所需了解并遵守的规定；②投标者所需提供的文件。所需提供的文件中最重要的是商务标，即工程量清单报价，它是招标投标工作的焦点。

工程量清单是招标文件的组成部分，是招标人提供的投标人用于报价的工程量，也是最终结算和支付的依据。所以，必须对工程量清单中的具体内容和工程量在施工中是否会变更等情况进行分析，才能作出正确的报价或者采用报价策略回避风险。

（2）施工图纸。结构施工图（简称结施）主要表示承重结构的布置情况、构件类型及构造和做法等。基本图包括基础、柱网、楼层、屋面等结构平面布置图。详图包括柱、墙、楼板、楼梯、雨篷等。

招标人提供给投标人的工程量清单是按设计图纸编制的，可能未进行图纸会审，难免出现问题，也是引起设计变更的原因之一，所以，要了解图纸和清单在施工中发生变化的可能性。对于不变的报价要适中、对可能变化的报价要有策略。

（3）企业定额和消耗量定额。工程量清单计价是企业根据自有的企业定额及市场因素对工程进行报价的计价方法。但是目前许多企业还没有建立起自身的定额体系。在没有自身企业定额的情况下，作为过渡，适当利用国家和地区或行业制定的消耗量定额（如预算定额、单位估价表）作为工料分析、计算成本和投标报价的依据，不失为一种较理想、快捷的变通办法。

具体应用时，首先根据分部分项工程量清单中某一项目的特征和工程内容，在预算定额中找出对应的定额子目名称和编号。注意：一个清单项目对应定额子目可能是一个，也可能有几个。然后计算定额项目的工程量，套用定额得到"三量"。三量分别乘以投标人所选定的"三价"就可得到"三费"。再确定管理费和利润并适当考虑风险，最后获得分部分项工程量清单某一项目的综合单价和合价。

在计算定额子目工程量时，应注意工程量清单项目的工程量和定额项目工程量的区别点和相同点。

（4）单位估价表和参考费率。建筑装饰工程参考价目表、建筑工程、装饰工程参考费率与计价规则等计价文件配套使用，是招标投标工程编制最高限价（或称拦标价、标底）和编制施工图预算的依据。也可以作为施工企业编制投标报价和企业定额的参考。

（5）其他。其他计价依据还包括施工组织设计和施工方案、施工现场资料、计价规范（规则）。

6.《建设工程工程量清单计价规范》（GB 50500—2013）中工程量清单计价的一般规定

（1）采用工程量清单计价，建设工程造价由分部分项工程费、措施项目费、其他项目费、规费和税金组成。

（2）使用国有资金投资的建设工程发承包，必须采用工程量清单计价。

（3）非国有资金投资的建设工程发承包，宜采用工程量清单计价。

（4）工程量清单应用综合单价计价。

不论分部分项工程项目、措施项目、其他项目，还是以单价或以总价形式表现的项目，其综合单价的组成内容都应包括完成该项清单项目所需的人工费、材料费、机械费、企业管理费及风险费用，即除规费、税金以外的所有费用。

（5）措施项目中的安全文明施工费必须按照国家或省级、行业建设主管部门的规定计价，不得作为竞争性费用。

（6）规费和税金必须按国家或省级、行业建设主管部门的规定计算，不得作为竞争性费用。

（7）建设工程发承包，必须在招标文件或合同中明确计价中的风险内容及其范围，不得采用无限风险、所有风险或类似语句规定风险内容及其范围。

3.3.2 分部分项工程工程量清单计价表编制

分部分项工程工程量清单费用是指完成招标文件中提供的分部分项工程工程量清单项目所需要的费用，即构成工程实体的费用。分部分项工程工程量清单计价应采用综合单价计价。

1. 概述

（1）综合单价的含义。综合单价是指完成工程量清单中一个规定计量单位项目所需的人工费、材料和机械使用费、管理费和利润，并考虑一定范围内的风险费用。

（2）综合单价的组成。根据我国的实际情况，综合单价是完成规定计量单位的工程量清单项目所需的包括除规费、税金以外的全部费用，即综合单价除含有实体成本以外，还包含企业的管理费用、所获得的利润及承担工程风险应考虑的费用。

$$综合单价＝人工费＋材料＋机械使用费＋管理费＋利润＋风险$$

（3）综合单价的特性

1）单价的可变性。

a. 合同上的变更，合同文件发生修改使工作性质发生改变。

b. 工程条件变化，如加速施工等条件下合同发生改变。

c. 工程变更或额外工程，使新工作量与原来合同项目工程量发生实质性变动，从而单价不适用。

d. 价格调整和后续法规变动，使招标人填报的单价基础发生了变动。

e. 施工企业进行合理的索赔补偿。

2）单价的综合性。从综合单价所包含的工程或工作内容上讲，它包含了实体项目、措施项目及其他项目等，具有一定的综合性。

3）单价的依存性。建筑工程项目具有个别性、复杂性等特点，产生变更的因素较多，所以签订的工程合同不可能对施工过程中各种事项做出明确规定，因此合同具有不完全性，单价的依存性由此产生，合同的单价的有效性与投标时的合同初始状态高度依存，是由工程合同的不完全性决定的。

（4）综合单价组价的依据。

1）工程量清单。

2）招标文件。

3）企业定额。

4）现行定额消耗量。

5）施工组织设计及施工方案。

6）以往的报价资料。

7）人工单价、现行材料、机械台班价格信息。

（5）综合单价组价时应注意的问题。

1）熟悉招标书全部内容。

2）熟悉施工工艺。

3）熟悉施工组织设计和施工方案。

4）熟悉企业定额的编制原理。

5）经常进行市场询价和调查。

6）熟悉风险管理的有关内容。

7）广泛收集各类基础性资料，积累经验。

8）与决策领导沟通，明确投标策略。

2．综合单价组价的程序

（1）根据工程量清单项目名称和拟建工程的具体情况，按照投标人的企业定额或参照《建设工程工程量清单计价规范》（GB 50500—2013），分析确定该清单项目的各项可组合的计价工程内容，并据此选择对应的定额子目。

（2）计算一个规定计量单位清单项目所对应定额子目的工程量，称"计价工程量"。

（3）根据投标人的企业定额或参照《建设工程工程量清单计价规范》（GB 50500—2013），并结合工程实际情况，确定各对应定额子目的人工、材料、施工机械台班消耗量。

（4）依据投标人自行采集的市场价格或参照省、市、自治区工程造价管理机构发布的价格信息，结合工程实际分析确定人工、材料、施工机械台班价格。

（5）根据投标人的企业定额或参照《建设工程工程量清单计价规范》（GB 50500—2013），并结合工程实际、市场竞争情况，分析确定企业管理费率、利润率。

（6）风险费用。按照工程施工招标文件（包括主要合同条款）约定的风险分担原则，结合自身实际情况，投标人防范、化解、处理应由其承担的、施工过程中可能出现的人工、材料和施工机械台班价格上涨，人员伤亡，质量缺陷，工期拖延等不利事件所需的费用。

3．综合单价组价步骤

（1）计算综合单价人工费

$$综合单价中的人工费＝\sum（清单项目组价内容工程量×计价定额人工含量×$$
$$人工单价）/清单项目工程量$$

（2）计算综合单价材料费

$$综合单价材料费＝\sum（清单项目组价内容工程量×计价定额材料含量×$$
$$材料单价）/清单项目工程量$$

（3）计算综合单价机械费

$$综合单价材料费＝\sum（清单项目组价内容工程量×计价定额机械台班含量×$$
$$机械台班单价）/清单项目工程量$$

注意：清单项目组价内容工程量是指按施工方案，依据计价定额计算规定计算出来的分部分项工程的数量。

（4）计算管理费。以人工费＋机械费为计费基础

$$管理费＝\sum（人工费＋机械费）×管理费费率$$

（5）计算利润。以人工费＋机械费为计费基础

$$利润＝\sum（人工费＋机械费）×利润率$$

（6）计算风险费。风险费由建设工程承包人根据招标文件、合同中明确的计价风险内容及其范围，结合工程实际情况确定。一般采取基数乘以一定的风险系数的方法计算。即

$$风险费用＝计价基数×风险系数$$

（7）计算综合单价

$$综合单价＝综合单价人工费＋综合单价材料费＋综合单价机械费＋管理费＋利润＋风险费$$

4. 综合单价的计算

（1）直接套用定额组价。当《建设工程工程量清单计价规范》（GB 50500—2013）规定的工程内容、计量单位及工程量计算规则与计价定额一致，且只与计价定额的一个定额项目相对应时，其计算公式为

$$清单项目综合单价＝人工单价×计价定额人工消耗量＋材料单价×计价定额材料消耗量＋$$
$$机械台班单价×计价定额机械台班消耗量＋管理费＋利润＋风险$$

【例 3 - 1】　试计算表 3 - 11 中所列清单项目的综合单价，条件：人工费上浮 100%，材料和机械台班单价均按浙江省建筑工程预算定额（2010 版）计取，管理费和利润按 10% 计取，同时以人工费和机械费为基数，考虑 8% 的风险费用。（计算过程取 2 位小数，合计取整）

表 3 - 11　　　　　　　　　　　　　分部分项工程量清单

工程名称：　　　　　　　　　　　　　　　　　　　　　　　　　　　第＿＿页 · 共＿＿页

序号	项目编码	项目名称	项目特征	计量单位	工程数量	综合单价	合计（元）
1	010502001001	矩形柱	C25 钢筋混凝土矩形柱，周长 1.8m 内，层高 5m	m³	100		

解　1）综合单价计算。套定额 4 - 7H

人工费 $＝72.756×(1＋100\%)＝145.512(元/m^3)$

材料费 $＝200.463＋(207.37－192.94)×1.015＝215.109(元/m^3)$

机械费 $＝7.099(元/m^3)$

管理费 $＝(人工费＋机械费)×相应费率$
　　　　$＝(145.512＋7.099)×10\%＝15.261(元/m^3)$

利润（同管理费）$＝15.261(元/m^3)$

风险费用 $＝(145.512＋7.099)×8\%＝12.208(元/m^3)$

综合单价 $＝145.512＋215.109＋7.099＋15.261×2＋12.208＝410.45(元/m^3)$

2）清单报价表和综合单价计算表见表 3 - 12 和表 3 - 13。

表 3 - 12　　　　　　　　　　　　分部分项工程工程量清单

工程名称：　　　　　　　　　　　　　　　　　　　　　　　　　　　第＿＿页　共＿＿页

序号	项目编码	项目名称	项目特征	计量单位	工程数量	综合单价	合计（元）
1	010402001001	矩形柱	C25 钢筋混凝土矩形柱，周长 1.8m 内，层高 5m	m³	100	410.45	41 045

表 3 - 13 分部分项工程工程量清单综合单价计算表

工程名称：　　　　　　　　　　　　　　　　　　　　　　　　　第__页 共__页

序号	编号	项目名称	单位	数量	综合单价（元）							合计（元）
					人工费	材料费	机械费	管理费	利润	风险	小计	
1	010502001001	矩形柱，C25 钢筋混凝土矩形柱，周长 1.8m 内，层高 5m	m³	100	145.51	215.11	7.10	15.26	15.26	12.21	410.45	41 045
	4 - 7H	C25 矩形柱	m³	100	145.51	215.11	7.10	15.26	15.26	12.21	410.45	41 045

（2）套用定额，合并组价。当《建设工程工程量清单计价规范》（GB 50500—2013）的计量单位及工程量计算规则与计价定额一致，但工程内容不一致，需计价定额的几个定额项目组成时，其计算公式如下

$$清单项目综合单价＝\Sigma 清单组价分项综合单价$$

其中
$$综合单价人工费＝\Sigma 清单组价分项人工费$$

$$综合单价材料和设备费＝\Sigma 清单组价分项材料和设备费$$

$$综合单价机械费＝\Sigma 清单组价分项机械费$$

【例 3 - 2】 计算表 3 - 14 中所列清单项目的综合单价，条件：人工费上浮 100％，材料和机械台班单价均按浙江省建筑工程预算定额（2010 版）计取，管理费和利润按 10％计取，同时以人工费和机械费为基数考虑 8％的风险费用。（计算过程取 2 位小数，合计取整）

表 3 - 14 分部分项工程工程量清单

工程名称：　　　　　　　　　　　　　　　　　　　　　　　　　第__页 共__页

序号	项目编码	项目名称	项目特征	计量单位	工程数量	综合单价	合计（元）
1	011101002001	现浇水磨石楼地面	20mm 厚水泥砂浆找平层，玻璃嵌条彩色水磨石楼地面	m²	100		

解 1）清单综合单价计算。该清单项目对应水泥砂浆找平层和彩色水磨石两个定额子目，但两个定额子目的工程量计算规则和清单一致，故可以直接用清单工程量来套定额。

a. 10 - 1。20mm 厚水泥砂浆找平层

人工费＝3.25×（1＋100％）＝6.50（元/m²）

材料费＝4.38（元/m²）

机械费＝0.18（元/m²）

管理费＝（人工费＋机械费）×相应费率＝（6.50＋0.18）×10％＝0.67（元/m²）

利润（同管理费）＝0.67（元/m²）

风险费用＝（6.50＋0.18）×8％＝0.54（元/m²）

综合单价 1＝6.50＋4.38＋0.18＋0.67＋0.67＋0.54＝12.94（元/m²）

b. 10 - 12。彩色水磨石

人工费＝30.35×（1＋100％）＝60.70（元/m²）

材料费＝16.47（元/m²）

机械费＝4.89(元/m²)

管理费＝(人工费＋机械费)×相应费率＝(60.70＋4.89)×10%＝6.56(元/m²)

利润(同管理费)＝6.56(元/m²)

风险费用＝(60.70＋4.89)×8%＝5.25(元/m²)

综合单价2＝60.70＋16.67＋4.89＋6.56＋6.56＋5.25＝100.43(元/m²)

c. 综合单价＝12.94＋100.43＝113.37(元/m²)

2) 清单报价表和综合单价计算表见表3-15和表3-16。

表3-15　　　　　　　　　　分部分项工程工程量清单

工程名称：　　　　　　　　　　　　　　　　　　　　　第__页　共__页

序号	项目编码	项目名称	项目特征	计量单位	工程数量	综合单价	合计（元）
1	011101002001	现浇水磨石楼地面	20mm 厚水泥砂浆找平层，玻璃嵌条彩色水磨石楼地面	m²	100	113.37	11 337

表3-16　　　　　　　　分部分项工程工程量清单综合单价计算表

工程名称：　　　　　　　　　　　　　　　　　　　　　第__页　共__页

序号	编号	项目名称	单位	数量	综合单价（元）							合计（元）
					人工费	材料费	机械费	管理费	利润	风险	小计	
1	011101002001	现浇水磨石楼地面 20mm 厚水泥砂浆找平层，玻璃嵌条彩色水磨石楼地面	m²	100	67.2	20.85	5.07	7.23	7.23	5.79	113.37	11 337
	10-1	20mm 厚水泥砂浆找平层	m²	100	6.50	4.38	0.18	0.67	0.67	0.54	12.94	1294
	10-12	玻璃嵌条彩色水磨石楼地面	m²	100	60.70	16.47	4.89	6.56	6.56	5.25	100.43	10 043

(3) 重新计算工程量组价。

当《建设工程工程量清单计价规范》(GB 50500—2013)的工程内容、计量单位及工程量计算规则与计价定额都不一致时，其计算公式如下

　　　　清单项目综合单价＝∑(清单组价分项计价工程量×综合单价)/清单工程量

其中

　　　　综合单价人工费＝∑(清单组价分项计价工程量×计价定额人工消耗量×

　　　　　　　　　　　人工市场价)/清单工程量

　　综合单价材料和设备费＝∑(清单组价分项计价工程量×计价定额材料和设备消耗量×

　　　　　　　　　　　材料和设备市场价)/清单工程量

　　　　综合单价机械费＝∑(清单组价分项计价工程量×计价定额机械消耗量×

　　　　　　　　　　　机械台班市场单价)/清单工程量

【例 3 - 3】　试计算表 3 - 17 中所列清单项目的综合单价，条件：人工费上浮 100％，材料和机械台班单价均按浙江省建筑工程预算定额（2010 版）计取，管理费和利润按 10％计取，同时以人工费和机械费为基数考虑 8％的风险费用。（计算过程取 2 位小数，合计取整）

表 3 - 17　　　　　　　　　　　　　**分部分项工程量清单**

工程名称：　　　　　　　　　　　　　　　　　　　　　　第＿页　共＿页

序号	项目编码	项目名称	项目特征	计量单位	工程数量	综合单价	合计（元）
1	011106004001	水泥砂浆楼梯面	20mm 厚 1∶2 水泥砂浆楼梯 4mm×6mm 防滑铜嵌条	m²	100		

解　1）综合单价计算。该清单项目对应水泥砂浆楼梯地面和铜嵌条两个定额子目，但其中一个子目铜嵌条的定额工程量是以"m"作为计量单位，所以在套用铜嵌条定额时需重新计算工程量。

a. 10 - 76H。水泥砂浆楼梯地面

人工费＝33.30×(1+100％)＝66.60(元/m²)

材料费＝14.029+(228.22−210.26)×0.032 52＝14.61(元/m²)

机械费＝0.50(元/m²)

管理费＝(人工费＋机械费)×相应费率＝(66.60+0.50)×10％＝6.71(元/m²)

利润(同管理费)＝6.71(元/m²)

风险费用＝(66.60+0.50)×8％＝5.37(元/m²)

综合单价 1＝66.60+14.61+0.50+6.71×2+5.37＝100.50(元/m²)

假设图纸计算得防滑铜条工程量为 150m。

b. 10 - 86。铜嵌条

人工费＝7.43×(1+100％)＝14.86(元/m)

材料费＝6.69(元/m)

机械费＝0.59(元/m)

管理费＝(人工费＋机械费)×相应费率＝15.45×10％＝1.55(元/m)

利润(同管理费)＝1.55(元/m)

风险费用＝15.45×8％＝1.24(元/m)

综合单价 2＝14.86+6.69+0.59+1.55×2+1.24＝26.48(元/m)

c. 综合单价＝(100.50 元/m²×100m²+26.48 元/m×150m)/100m²

　　　　　＝140.22(元/m²)

2）清单报价表和综合单价计算表见表 3 - 18 和表 3 - 19。

表 3 - 18　　　　　　　　　　　　　**分部分项工程量清单**

工程名称：　　　　　　　　　　　　　　　　　　　　　　第＿页　共＿页

序号	项目编码	项目名称	项目特征	计量单位	工程数量	综合单价	合计（元）
1	011106004001	水泥砂浆楼梯面	20mm 厚 1∶2 水泥砂浆楼梯 4mm×6mm 防滑铜嵌条	m²	100	140.22	14 022

表 3 - 19　　　　　　　　　　　　　　分部分项工程量清单综合单价计算表

工程名称：　　　　　　　　　　　　　　　　　　　　　　　　　　　第＿页　共＿页

序号	编号	项目名称	单位	数量	综合单价（元）							合计（元）
					人工费	材料费	机械费	管理费	利润	风险	小计	
1	011106004001	水泥砂浆楼梯面 20mm 厚 1：2 水泥砂浆楼梯，4mm×6mm 防滑铜嵌条	m²	100	88.89	24.65	1.39	9.03	9.03	7.23	140.22	14 022
	10 - 76H	11：2 水泥砂浆楼梯面	m²	100	66.6	14.61	0.50	6.71	6.71	5.37	100.50	10 050
	10 - 86	铜嵌条	m	150	14.86	6.69	0.59	1.55	1.55	1.24	26.48	3972

3.3.3　措施项目清单计价表编制

1. 编制原则

措施项目清单费用是指完成非工程实体的费用。措施项目中可以计算工程量的项目，称为单价措施项目，采用分部分项工程工程量清单的方式编制；列出项目编码、项目名称、项目特征、计量单位和工程量；不可计算工程量的项目，作为总价措施项目。

2. 编制方法

（1）总价措施项目，以"项"计价，根据建设部、财政部发布的《建筑安装工程费用组成》（建标〔2003〕206 号）的规定，计算基础可为"直接费""人工费"或"人工费＋机械费"乘以系数或费率计算。

（2）单价措施项目，以综合单价形式计价，编制方法同分部分项工程工程量清单编制方法。

3.3.4　其他项目清单计价

其他项目费是指必然发生或可能发生的一些费用，这些费用不能根据发包人提供的图纸在招标投标过程中准确确定，而是在工程中动态确定。由暂定金额、暂估价、计日工和总承包服务费组成。在编制竣工结算书时，对于变更、索赔项目，也应列入其他项目。

3.3.5　规费和税金清单计价

1. 规费清单

规费是各省建设厅颁发的费用定额中规定的有关行政性收费，是不可竞争性费用。

（1）规费组成。规费由工程排污费、社会保障费、住房公积金、危险作业以外伤害保险等组成。

（2）规费的计取。按照国家和建设主管部门发布的规费计取办法、计算公式和规定的费率计取，即

$$规费 = \sum（取费基数 \times 规费费率）$$

2. 税金清单

税金指国家税法规定的应计入建筑安装工程造价的各种税金，包括营业税、城市维护建设税、教育费附加和地方教育附加。

根据各省市、地区税务部门规定的税率，以不同省市、不同地区的建筑装修工程不含税

造价为基数计取，即

$$税金＝（分部分项工程费＋措施项目费＋其他项目费＋规费）×综合税率$$

税金与分部分项工程费、措施项目费及其他项目费不同，属于"转嫁税"，具有法定性和强制性，由工程承包人必须及时足额交纳给工程所在地的税务部门。

3.4　工程量清单编制实例

本节内容以某综合楼土建工程工程清单编制为实例。

×××综合楼土建工程

工 程 量 清 单

工 程 造 价

招标人：××中学_____　　　　　　　咨询人：_____

　　　（单位盖章）　　　　　　　　　　　（单位资质专用章）

法定代表人　　　　　　　　　　　　法定代表人
或其授权人：_____　　　或其授权人：_____

　　　（签字或盖章）　　　　　　　　　　（签字或盖章）

编制人：_____　　　　　复核人：_____

　（造价人员签字盖专用章）　　　　　（造价工程师签字盖专用章）

编制时间：___年___月___日　　　复核时间：___年___月___日

总 说 明

工程名称：某综合楼土建工程　　　　　　　　　　　　第 1 页　共 1 页

1. 工程概况：本工程为砖混结构，坐落于×××，施工现场情况良好，施工中应注意采取相应的防噪措施。

2. 工程招标范围：本次招标范围为施工图范围内的建筑工程。

3. 工程量清单编制依据：

(1) 综合楼施工图。

(2)《建设工程工程量清单计价规范》（GB 50500—2013）。

4. 其他需要说明的问题：

幕墙工程另进行专业发包。总承包人应配合专业工程承包人完成以下工作：

(1) 按专业工程承包人的要求提供施工工作面，并对施工现场进行统一管理；对竣工资料进行统一整理汇兑。

(2) 为专业工程承包人提供垂直运输机械和焊接电源接入点，并承担垂直运输费和电费分部分项工程量清单表。

分部分项工程量清单表

工程名称：某综合楼土建工程   第 页 共 页

序号	项目编码	项目名称	项目特征及主要工程内容	计量单价	工程数量	综合单价	合价	其中：材料暂估价
A.1		A.1土（石）方工程						
1	010101003001	挖孔桩土方	项目特征： 1. 土壤类别：综合考虑； 2. 基础类型：人工挖孔桩； 3. 桩直径：按设计综合考虑； 4. 挖孔桩深度：按地勘综合考虑； 5. 其他：按设计施工图及规范要求。 工程内容： 1. 排地表水； 2. 土方开挖； 3. 挡土板支拆； 4. 截桩头； 5. 基底钎探； 6. 场内运输； 7. 泥浆池及沟槽砌筑、拆除； 8. 泥浆制作、运输； 9. 清理、运输	m³	102.1			
2	010101003002	挖沟槽土石方	项目特征： 1. 土石类别：综合考虑； 2. 基础类型：综合考虑； 3. 开挖方式：人工开挖； 4. 垫层底宽：按设计要求； 5. 挖土石深度：综合考虑； 6. 弃土石运输：场内转运； 7. 其他：按设计施工图及规范要求。 工程内容： 1. 排地表水； 2. 土方开挖； 3. 挡土板支拆； 4. 基底钎探； 5. 场内运输	m³	262.1			
3	010101003003	挖基坑土方开挖	项目特征： 1. 土石类别：综合考虑； 2. 基础类型：综合考虑； 3. 开挖方式：人工开挖； 4. 垫层底面积：按设计要求； 5. 挖土石深度：综合考虑； 6. 弃土石运距：场内转运； 7. 其他：按设计施工图及规范要求。 工程内容： 1. 排地表水； 2. 土方开挖； 3. 挡土板支拆； 4. 基底钎探； 5. 场内运输	m³	201			
			本页小计					

续表

序号	项目编码	项目名称	项目特征及主要工程内容	计量单价	工程数量	综合单价	合价	其中：材料暂估价
4	010102002001	挖孔桩石方开挖	项目特征： 1. 岩石类别：综合考虑； 2. 基础类型：人工挖孔桩； 3. 桩直径：按设计综合考虑； 4. 挖孔桩深度：按地勘综合考虑； 5. 开挖方式：石方开挖； 6. 其他：按设计施工图及规范要求。 工程内容： 1. 凿打、钻挖孔桩石方； 2. 清理井壁； 3. 场内运输； 4. 处理渗水、积水； 5. 安全防护、警卫	m^3	747.9			
5	AB001	余方弃置（起运 1km）	项目特征： 1. 弃土石类别：结合施工现场综合考虑； 2. 运输：1km； 3. 其他：含弃渣费、密闭费。 工程内容：余方点装料运输至弃置点	m^3	1207			
6	AB002	余方弃置（增运 23km）	项目特征： 1. 弃土石类别：综合考虑； 2. 运输：23km； 3. 其他：含弃渣费、密闭费。 工程内容： 余方点装料运输至弃置点	m^3	1207			
7	010103001001	坑槽土石方回填	项目特征： 1. 土石质要求：综合考虑； 2. 密实度要求：满足设计要求； 3. 粒径要求：按设计综合考虑； 4. 夯实（碾压）：夯实； 5. 运输距离：场内转运； 6. 其他：按设计施工图及规范要求。 工程内容： 1. 挖土（石）方； 2. 装卸、运输； 3. 回填； 4. 分层碾压、夯实	m^3	106.5			
			本页小计					

续表

序号	项目编码	项目名称	项目特征及主要工程内容	计量单价	工程数量	综合单价	合价	其中：材料暂估价
	A.2	A.2桩与地基基础处理						
8	010201003001	混凝土灌柱桩	项目特征： 1. 土壤类别：综合考虑； 2. 成孔方法：人工成孔； 3. 单桩长度：综合考虑； 4. 桩截面：按设计综合考虑； 5. 混凝土强度等级：C30，商品混凝土； 6. 其他：按设计施工图及规范要求。 工程内容： 1. 混凝土制作、运输、灌注、振捣、养护； 2. 清理、运输	m³	847			
9	010201003002	混凝土灌注标桩——混凝土护壁	项目特征： 1. 土壤类别：综合考虑； 2. 成孔方法：人工成孔； 3. 单桩长度：综合考虑； 4. 桩截面：按设计综合考虑； 5. 混凝土强度等级：C30，商品混凝土； 6. 其他：按设计施工图及规范要求。 工程内容： 1. 固壁； 2. 混凝土制作、运输、灌注、振捣、养护； 3. 清理、运输	m³	42.7			
	A.3	A.3砌筑工程						
10	010301001001	砖基础	项目特征： 1. 砖品种、规格、强度等级：页岩多孔砖； 2. 基础类型：砖基础 MU10； 3. 基础深度：按设计综合考虑； 4. 砂浆强度等级：M7.5水浆； 5. 防潮层类型：20mm 厚 1：2 水泥砂浆防潮＋5％防水剂； 6. 其他：按设计施工图及规范要求。 工程内容： 1. 砂浆制作、运输； 2. 砌砖； 3. 防潮层铺设； 4. 材料运输	m³	3.6			
本页小计								

续表

序号	项目编码	项目名称	项目特征及主要工程内容	计量单价	工程数量	综合单价	合价	其中：材料暂估价
11	010302001001	女儿砖墙	项目特征： 1. 砖品种、规格、强度等级：MU5页岩空心砖； 2. 墙体类型：女儿墙； 3. 墙体厚度：200mm； 4. 墙体高底：按设计综合考虑； 5. 女儿墙砂浆强度等级、配合比：M5混合砂浆； 6. 其他：按设计施工图及规范要求。 工程内容： 1. 砂浆制作、运输； 2. 砌砖； 3. 混凝土压顶浇筑； 4. 材料运输	m³	33.1			
12	010302001002	120保护砖	项目特征： 1. 砖品种、规格、强度等级：120mm厚页岩实心砖； 2. 墙体类型：挡墙保护层； 3. 砂浆强度等级、配合比：M7.5水泥砂浆； 4. 其他：按设计施工图及规范要求。 工程内容： 1. 砂浆制作、运输； 2. 砌砖； 3. 材料运输	m³	318.1			
13	010302004001	轻质实心隔墙板	项目特征： 1. 砖品种、规格、强度等级：面密度小于0.5kN/m³； 2. 墙体厚度：100mm； 3. 其他：按设计施工图及规范要求。 工程内容： 1. 砂浆制作、运输； 2. 砌砖、拼装； 3. 装填充料； 4. 材料运输	m³	5126			
14	010304001001	页岩空心砖墙	项目特征： 1. 墙体类型：外墙； 2. 墙体厚度：200mm； 3. 空心砖、砌块品种、规格、强度等级：页岩空心砖MU5； 4. 砌体加筋规格与间距：按设计要求； 5. 砂浆强度等级、配合比：M5混合砂浆。 工程内容： 1. 砂浆制作、运输； 2. 砌砖、砌块； 3. 砌体加筋； 4. 材料运输	m³	1506			
			本页小计					

续表

序号	项目编码	项目名称	项目特征及主要工程内容	计量单位	工程数量	综合单价	合价	其中：材料暂估价
15	010304001002	页岩空心砖墙	项目特征： 1. 墙体类型：内墙； 2. 墙体厚度：200mm； 3. 空心砖、砌块品种、规格、强度等级：页岩空心砖 MU3.5； 4. 砌体加筋规格与间距：按设计要求； 5. 砂浆强度等级、配合比：M5 混合砂浆； 工程内容： 1. 砂浆制作、运输； 2. 砌砖、砌块； 3. 砌体加筋； 4. 材料运输	m³	4938			
16	010304001003	页岩空心砖墙	项目特征： 1. 墙体类型：地下室； 2. 墙体厚度：200mm； 3. 空心砖、砌块品种、规格、强度等级：页岩空心砖 MU10； 4. 砌体加筋规格与间距：按设计要求； 5. 砂浆强度等级、配合比：M7.5 水泥砂浆。 工程内容： 1. 砂浆制作、运输； 2. 砌砖、砌块； 3. 砌体加筋； 4. 材料运输	m³	689.4			
			本页小计					

措施项目清单与计价表（一）

工程名称：某综合楼土建工程　　　　　　　标段：　　　　　　第1页　共1页

序号	项目名称	计算基础	费率（%）	金额（元）
1	安全文明施工费			
2	夜间施工费			
3	二次搬运费			
4	冬雨季施工			
5	大型机械设备进出场及安拆费			
6	已完工程及设备保护			
7	各专业工程的措施项目			
(1)	垂直运输机械			
(2)	脚手架			
	合计			

措施项目清单与计价表（二）

工程名称：某综合楼土建工程　　　　　　标段：　　　　　第 1 页 共 1 页

序号	项目编码	项目名称	项目特征描述	单位计量	工程量	金额（元）	
						综合单价	合价
1	AB001	现浇基础模板及支架	筏板基础，基础深度 5m	m²	2266		
2	AB002	现浇柱模板及支架	矩形柱，断面 500mm × 400mm，支模高度 3m	m²	4132		
3	AB003	综合脚手架（12m 以内）	檐口高度：9.75m	m²	4929		
4	AB004	综合脚手架（48m 以上）	檐口高度：67.45m	m²	32 510		
		（其他略）					
		本页小计					
		合计					

其他项目清单与计价汇总表

工程名称：某综合楼土建工程　　　　　　　标段：　　　　　第 1 页 共 1 页

序号	项目名称	计算基础	金额（元）	备注
1	暂列金额	项	905000	
2	暂估价			
2.1	材料暂估价	—		
2.2	专业工程暂估价	项	750000	
3	计日工			
4	总承包服务费			
	合计		1655000	

暂列金额明细表

工程名称：某综合楼土建工程　　　　　　标段：　　　　　第 1 页 共 1 页

序号	项目名称	计算基础	暂定金额（元）	备注
1	工程量清单中工程偏差和设计变更	项	7050000	
2	政策性调整和材料价格风险	项	2000000	
	—			
	合计		9050000	

材料暂估单价表

工程名称：某综合楼土建工程　　　　　　标段：　　　　　第 1 页 共 1 页

序号	项目名称	计算基础	暂定金额（元）	备注

专业工程暂估金价表

工程名称：某综合楼土建工程　　　　　标段：　　　　　　　第1页 共1页

序号	项目名称	工程内容	暂定金额（元）	备注
1	玻璃幕墙	安装	750000	
合 计			750000	

计 日 工 表

工程名称：某综合楼土建工程　　　　　标段：　　　　　　　第1页 共1页

编号	项目名称	单位	暂定数量	综合单价	合价
一	人工				
1	人工	工日	300		
2	普工	工日	150		
人工小半					
二	材料				
1	钢筋（规格、型号综合）	t	2		
2	水泥42.5	t	2		
3	中砂	m³	25		
材料小计					
三	施工机械				
1	自升式塔式起重机 （起重力矩1250kN·m）	台班	10		
2	灰浆搅拌机（400L）	台班	2		
施工机械小计					
合 计					

总承包服务费计价表

工程名称：某综合楼土建工程　　　　　标段：　　　　　　　第1页 共1页

序号	项目名称	项目价值 （元）	服务内容	费率 （%）	金额 （元）
1	发包人发包专业工程	750000	1. 按专业工程承包人的要求提供施工工作面并对施工现场进行统一管理，对竣工资料进行统一整理汇总。 2. 为专业工程承包人提供垂直运输机械和焊接电源接入点，并承担垂直运输费和电费		
合 计					

规费、税金项目清单与计价表

工程名称：某综合楼土建工程　　　　　　　　　标段：　　　　　　　　　第 1 页　共 1 页

序号	项目名称	计算基础	费率（%）	金额（元）
1	规费			
1.1	工程排污费	按工程所在地环境保护部门规定按实计算		
1.2	社会保障费	(1)＋(2)＋(3)		
(1)	养老保险费	直接费		
(2)	失业保险费	直接费		
(3)	医疗保险费	直接费		
1.3	住房公积金	直接费		
1.4	危险作业意外伤害保险	直接费		
1.5	工程定额测定费	税前工程造价		
2	税金	分部分项工程费＋措施项目费＋其他项目＋规费		
	合计			750000

 本章回顾

（1）编制工程量清单是一项重要的工作，工程量清单编制中尤以分部分项工程工程量清单、措施项目清单、其他项目清单容易出错。分部分项工程工程量清单编制时：项目编码要注意补充到 12 位，不能重复编码，清单中没有的项目要补充编码；项目特征要描述详尽准确，计量单位要统一，工程量计算严格按清单规则计算，措施项目清单编制注意区分以"项"计价的"总价项目"计算措施项目和以"量"计价的"单价项目"计算措施项目。其他项目清单编制时主要以招标文件写的条件为准，注意材料暂估价的处理。

（2）工程量清单项目综合单价的组价一般有三种计算方法：直接套用定额组价，套用定额、合并组价，重新计算工程量组价。

 思考与讨论

1. 比较工程量清单计价模式与传统定额计价模式的相同之处和不同之处。

2. 工程量清单的编制人是谁？编制时，要做到与清单规范的几个统一？是哪几个统一？

3. 工程量清单的组成内容是什么？

4. 什么是招标控制价？招标控制价对于招标投标活动的作用是什么？

5. 招标控制价与标底的区别是什么？

6. 工程量清单中的总说明应对哪些方面的问题进行叙述？

7. 招标控制价编制的依据有哪些？

8. 某安装工程，招标人按设计文件计算出各分部分项工程人工、材料、机械费用 6000 万元（其中人工费占 35%），脚手架搭拆费用按分部分项工程人工费的 8% 计算（其中人工费占 25%），安全文明施工费用 100 万元，其他项目清单费用按 150 万元计算，施工管理费、利润分别按人工费的60%和40%计算，规费80万元，税金按3.41%的税率计取，试计算该安装工程的招标控制价。

 练 一 练

1. 《建设工程工程量清单计价规范》（GB 50500—2013）具有＿＿＿＿＿＿、＿＿＿＿＿＿、竞争性和＿＿＿＿＿＿的特点。

2. 《建设工程工程量清单计价规范》（GB 50500—2013）包括（   ）。

A. 分部分项工程量清单　　　　　　　B. 措施项目清单

C. 其他项目清单　　　　　　　　　　D. 规费清单

E. 税金项目清单

3. 分部分项工程工程量清单包括（   ）几个要件。

A. 序号　　　　　　　　　　　　　　B. 项目编码

C. 项目名称　　　　　　　　　　　　D. 项目特征描述

E. 计量单位工程量

4. 工程量清单的计价依据有（   ）。

A. 发、承包人签订的施工合同及有关补充协议和招、投标文件

B. 《建设工程工程量清单计价规范》（GB 50500—2013）

C. 工程造价管理机构发布的人工、材料、机械台班等价格信息

D. 现场签证

E. 索赔

5. 分部分项工程工程量清单中综合单价组价的依据有（   ）。

A. 工程量清单　　　　　　　　　　　B. 招标文件

C. 企业定额　　　　　　　　　　　　D. 施工组织设计及施工方案

E. 以往的报价资料

第4章 工程项目施工投标

 **技能目标**

本章主要教学内容是工程项目施工投标的概念、步骤和工作内容，投标文件相关资料的搜集整理，投标文件的编制，报价的策略和技巧，报价文件的编制。要求通过学习，了解工程项目施工投标的步骤和工作内容，熟练掌握工程项目投标文件的组成与编制方法，能够熟练地进行投标报价文件的编制。

 任务项目引入

组建投标小组，进行合理分工，完成教师提供的某招标项目的投标文件投标函部分和商务部分内容的编制，并进行模拟投标。

 任务项目实施分析

通过对报价文件编制方法和注意事项、报价技巧、投标函部分内容的学习，以《标准施工招标文件》（2007 年版）为范本，结合工程实际情况，完成学习任务。

 **教学内容**

4.1 工程项目施工投标概述

4.1.1 工程项目施工投标的概念

工程项目施工投标是指投标人（或承包人）根据所掌握的信息按照招标人的要求，参与投标竞争，以获得建设工程承包权的经济活动。工程施工投标是建筑施工企业参与建筑市场竞争，凭借本企业技术、经验、信誉及投标策略获得工程项目施工任务的过程。

4.1.2 投标人与投标小组

1. 投标人

投标人是响应招标、参加投标竞争的法人或者其他组织。招标人的任何不具独立法人资格的附属机构（单位），为招标项目的前期准备或者监理工作提供设计、咨询服务的任何法人及其任何附属机构（单位），都无资格参加该招标项目的投标。

2. 投标人资格

按照《招标投标法》的规定，投标人应具备下列条件：

（1）投标人应当具备承担招标项目的能力；国家有关规定对投标人资格条件或者招标文件对投标人资格条件有规定的，投标人应当具备规定的资格条件。

（2）两个以上法人或者其他组织可以组成一个联合体，以一个投标人的身份共同投标。

（3）联合体各方均应当具备承担招标项目的相应能力；国家有关规定或者招标文件对投标人资格条件有规定的，联合体各方均应当具备规定的相应资格条件。由同一专业的单位组成的联合体，按照资质等级较低的单位确定资质等级。

（4）联合体各方应当签订共同投标协议，明确约定各方拟承担的工作和责任，并将共同投标协议连同投标文件一并提交招标人。联合体中标的，联合体各方应当共同与招标人签订合同，就中标项目向招标人承担连带责任。招标人不得强制投标人组成联合体共同投标，不得限制投标人之间的竞争。

（5）投标人不得相互串通投标报价，不得排挤其他投标人的公平竞争，损害招标人或者其他投标人的合法权益。投标人不得与招标人串通投标，损害国家利益、社会公共利益或者他人的合法权益。禁止投标人以向招标人或者评标委员会成员行贿的手段谋取中标。

（6）投标人不得以低于成本的报价竞标，也不得以他人名义投标或者以其他方式弄虚作假，骗取中标。

3. 投标小组

投标人参加建筑市场投标竞争，不仅要比报价高低，还要比技术、比实力、比信誉，施工企业要在激烈竞争中多中标、中好标，就需要组建一个专门的投标小组，配备高素质的各类人才，对投标活动加以系统的组织和管理。

投标小组需要各方面的人才共同协作，充分了解行业规则，掌握具体投标项目的招标程序、评标原则，研究分析竞争对手的现状和心理，并编制出规范优秀的投标文件。具备较高的专业素质水平，是投标人获得成功的关键。投标小组一般由以下几类专业人员组成：

（1）经营管理人员。经营管理人员指专门从事工程承包经营管理，制定和贯彻经营方针，负责投标工作的全面筹划和决策的人员。

（2）专业技术人员。包括工程施工各类技术人员，例如土木工程师、电气工程师、机械工程师等，他们掌握本学科的专业知识，能在投标时从施工企业实际水平出发，解决各种技术难题，制定各专业实施方案。

（3）财务金融人员。包括具有金融、贸易、税收、保险、索赔等专业知识的人员。

投标小组成员必须具备的素质有：有较高的政治修养，事业心强；认真执行党和国家的方针、政策，遵守国家的法律和地方法规；自觉维护国家和企业利益，吃苦耐劳，经验丰富，视野广阔；在经营管理、施工技术、成本核算、施工预决算及法律等领域都有相当高的知识水平和实践经验，对投标业务应遵循的法律、规章制度有充分了解；具有较强的预测能力和应变能力，能不断吸收投标工作所必需的新知识及有关情报；掌握科学的研究方法和手段，对各种问题进行综合、概括、总结、分析，并作出正确的判断和决策。

4.2　工程项目施工投标流程

4.2.1　工程项目施工投标程序

工程项目施工投标程序见图 4-1。

4.2.2　工程项目施工投标主要内容

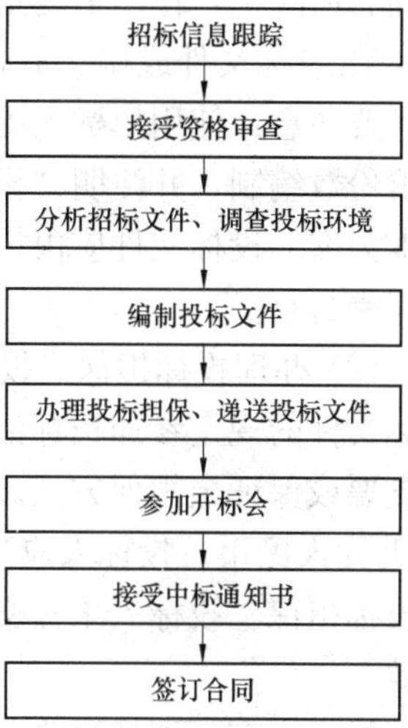

1. 投标前期工作

（1）招标信息跟踪。招标人要加强信息管理工作，注重多渠道搜集、掌握招标信息，根据招标公告或投标邀请书对信息进行分析，依据企业的经营范围、经营现状和经营策略选择投标项目，并及时报名。

（2）接受资格审查。申请资格审查应注意的事项有：

1）注重平时对资格审查相关资料的积累、补充、完善和储存，及早动手作资格审查的准备；

2）注重填写质量，既要针对工程特点填好重点内容，又要全面反映出投标人的施工经验、水平和组织能力；

3）做好递交后的跟踪工作，以便及时发现问题，补充资料。

（3）分析招标文件、调查投标环境。招标文件是投标的主要依据，应对其认真仔细地分析研究，重点应放在投标人须知、合同条款、技术标准、设计图纸和工程量清单上：

1）投标人须知。注意项目的资金来源、投标书的编制和递交、投标保证金、更改或备选方案、评标方法等，重点在于防止废标。

2）分析承包方式和计价方式。

3）合同条款。包括承包商的工作范围、工程变更及相应合同价款的调整、工程预付款和材料预付款的规定、施工工期、业主责任等。

4）技术标准和图纸。技术标准会影响报价。如果理解不准确，可能导致工程承包的重大失误和亏损。此外，还要对工程量进行认真校核，工程量的准确与否直接影响到投标人的报价策略和中标机会。如发现有重大出入的，必要时要向招标人进行核对和认可。

投标环境的调查主要是针对施工现场及周围环境的实地考察和对招标人与竞争对手的调查。在分析招标文件和现场考察后，有疑问的在标前会议上提出，招标人将以书面形式回答。提出疑问时应注意方式方法，特别要注意不能引起招标人反感。此外，投标人还应该通过各种渠道，对工程所需的各种材料、设备等的价格、质量、供应量等进行系统全面的调查，同时还要了解分包项目的分包形式、范围，分包人报价和履约能力。

2. 投标阶段工作

（1）编制投标文件。

1）编制施工规划。施工规划的内容一般包括施工方案和施工方法、施工进度计划、施工机械计划、材料设备计划、劳动力计划及临时生产、生活设施，制订施工规划的依据是设计图纸、规范、工程量清单、开竣工日期，以及对市场材料、设备、劳动力价格的调查。编制施工规划的原则是在保证工期和工程质量的前提下使成本最低。

2）计算投标报价。投标报价是投标的核心，它不仅影响能否中标，也是中标后盈亏的决定因素之一。投标报价编制的依据是招标文件、招标人提供的设计图纸及有关的技术说明书、工程所在地现行定额及与之配套执行的各种造价信息、规定、招标人书面答复的有关资料、企业定额、类似工程的成本核算资料及其他与报价有关的各项政策、规定及调整系数等。初步报价提出后，招标人应对其进行多方面分析，探讨初步报价的合理性、竞争性、盈

图 4-1　工程项目施工投标程序

利性和风险性，作出最终报价决策。

3）投标文件成稿。汇总所有资料，整理成稿，检查遗漏和错误。编制建设工程投标文件时要注意：使用招标人提供的投标文件表格式，编制投标文件正本一份，副本按招标文件要求份数编制，并注明"投标文件正本""投标文件副本"；当正本与副本出现不一致时，以正本为准。投标文件应由投标方的法定代表人签字盖章，并加盖印章，反复校核，确保无误后保密封存。

（2）办理投标担保。投标担保是指由担保人为投标人向招标人提供的保证，投标人按照招标文件的规定参加招标活动的担保。投标担保可采用银行保函、保兑支票、银行汇票、现金支票或保证金担保方式。投标担保的担保金额一般不超过投标总价的 2%，最高不得超过 80 万元人民币。投标人应当按照招标文件要求的方式和金额，在规定的时间内向招标人提交投标担保。投标人未提交投标担保或提交的投标担保不符合招标文件要求的，其投标文件无效。

投标人有下列情况之一的，投标保证金不予返还：在投标有效期内，投标人撤销其投标文件的；自中标通知书发出之日起 30 天内，中标人未按该工程的招标文件和中标人的投标文件与招标人签订合同的；在投标有效期内，中标人未按招标文件的要求向招标人提交履约担保的；在招标投标活动中被发现有违法违规行为，正在立案查处的。

招标人应在与中标人签订合同后 5 个工作日内，向中标人和未中标的投标人退还投标保证金和投标保函。

（3）递送投标文件和投标担保回执。投标文件编制完成，经核对无误，按商务标和技术标分开装订，由投标人的法定代表人签字密封，派专人在投标截止日前送到招标人指定地点，并取得收讫证明。投标有效期从投标截止日期开始计算，主要用于组织评标委员会评标、招标人定标、发出中标通知书及签订合同等工作，一般项目的投标有效期为 60～90 天，大型项目为 120 天左右，投标保证金有效期应与投标有效期保持一致。出现特殊情况需要延长投标有效期的，招标人以书面形式通知所有投标人延长投标有效期，投标人同意延长的，应相应延长其投标保证金的有效期，但不得要求或被允许修改或撤销其投标文件；投标人拒绝延长的，其投标失效，但投标人有权收回其投标保证金。

3. 签约阶段工作

（1）参加开标会。投标单位负责人应准时参加开标会。如果开标时投标单位无人到场，则视为该投标无效。

（2）澄清。评标小组对有效标作详细询问，投标单位应对投标文件中不详尽的内容作出书面澄清答复或答疑，加盖公章后报送招标单位。

（3）签订合同。中标单位接受中标通知书，在规定的时间内，以招标文件、投标文件、中标通知书为基础，签订施工合同，办理、提交履约担保。

4.3 工程项目施工投标文件的内容与编制方法

4.3.1 工程项目施工投标文件的基本组成内容

投标文件由投标函部分、商务部分、技术部分和资信部分 4 个部分组成。

1. 投标函部分

投标函部分包括投标函及投标函附录、法定代表人身份证明书、授权委托书、联合体协议书、投标担保银行保函格式、投标担保书和招标文件要求投标人提交的其他投标资料。

知　识　链　接 --

投　标　函

_____（招标人名称）：

1. 我方已仔细研究了_____（项目名称）_____标段施工招标文件的全部内容，愿意以人民币（大写）_____元（￥_____）的投标总报价，工期____日历天，按合同约定实施和完成承包工程，修补工程中的任何缺陷，工程质量达到_____。

2. 我方承诺在投标有效期内不修改、撤销投标文件。

3. 随同本投标函提交投标保证金一份，金额为人民币（大写）_____元（￥_____）。

4. 如我方中标：

（1）我方承诺在收到中标通知书后，在中标通知书规定的期限内与你方签订合同。

（2）随同本投标函递交的投标函附录属于合同文件的组成部分。

（3）我方承诺按照招标文件规定向你方递交履约担保。

（4）我方承诺在合同约定的期限内完成并移交全部合同工程。

5. 我方在此声明，所递交的投标文件及有关资料内容完整、真实和准确，且不存在招标文件规定的废标的任何一种情形。

6. _____（其他补充说明）。

投标人：_____（盖单位章）

法定代表人或其委托代理人：_____（签字）

地址：_____

网址：_____

电话：_____

传真：_____

邮政编码：_____

_____年_____月_____日

投　标　函　附　录

序号	项目内容	合同条款号	约定内容	备注
1	履约保证金 银行保函 履约担保书金额		合同价款的（　　）% 合同价款的（　　）%	
2	施工准备时间		签订合同后的（　　）天	
3	误期违约金额		（　　）元/天	
4	误期赔偿费限额		合同价款的（　　）%	
5	提前工期奖		（　　）元/天	

续表

序号	项目内容	合同条款号	约定内容	备注
6	施工总工期		（　　）日历天	
7	质量标准			
8	工程质量		（　　）元	
9	预付款金额		合同价款的（　　）%	
10	预付款保函金额		合同价款的（　　）%	
11	进度款付款时间		签发月付款凭证后（　　）天	
12	竣工结算款付款时间		签发竣工结算付款凭证后（　　）天	
13	保修期		依据保修书约定的期限	

法定代表人身份证明

投标人名称：＿＿＿＿＿＿＿＿＿＿＿＿＿＿＿

单位性质：＿＿＿＿＿＿＿＿＿＿＿＿＿＿＿

地址：＿＿＿＿＿＿＿＿＿＿＿＿＿＿＿＿

成立时间：＿＿＿＿年＿＿＿＿月＿＿＿＿日

经营期限：＿＿＿＿＿＿＿＿＿＿＿＿＿＿

姓名：＿＿＿性别：＿＿＿年龄：＿＿＿职务：＿＿＿

系＿＿＿＿＿＿（投标人名称）的法定代表人。

特此证明。

投标人：＿＿＿＿＿＿＿＿＿＿（盖单位章）

＿＿＿＿年＿＿＿＿月＿＿＿＿日

授 权 委 托 书

本人＿＿＿＿＿＿（姓名）系＿＿＿＿＿＿（投标人名称）的法定代表人，现委托＿＿＿＿＿＿（姓名）为我方代理人。代理人根据授权，以我方名义签署、澄清、说明、补正、递交、撤回、修改＿＿＿＿＿＿（项目名称）＿＿＿＿＿＿标段施工投标文件、签订合同和处理有关事宜，其法律后果由我方承担。

委托期限：＿＿＿＿＿＿＿＿＿＿＿＿

代理人无转委托权。

附：法定代表人身份证明

投标人：＿＿＿＿＿＿＿＿＿＿＿（盖单位章）

法定代表人：＿＿＿＿＿＿＿＿＿＿（签字）

身份证号码：＿＿＿＿＿＿＿＿＿＿＿

委托代理人：＿＿＿＿＿＿＿＿＿＿（签字）

身份证号码：＿＿＿＿＿＿＿＿＿＿＿

＿＿＿＿年＿＿＿＿月＿＿＿＿日

联 合 体 协 议 书

_____（所有成员单位名称）自愿组成_____（联合体名称）联合体，共同参加_____（项目名称）_____标段施工投标。现就联合体投标事宜订立如下协议。

1. _____（某成员单位名称）为_____（联合体名称）牵头人。

2. 联合体牵头人合法代表联合体各成员负责本招标项目投标文件编制和合同谈判活动，并代表联合体提交和接收相关的资料、信息及指示，并处理与之有关的一切事务，负责合同实施阶段的主办、组织和协调工作。

3. 联合体将严格按照招标文件的各项要求，递交投标文件，履行合同，并对外承担连带责任。

4. 联合体各成员单位内部的职责分工如下：_____。

5. 本协议书自签署之日起生效，合同履行完毕后自动失效。

6. 本协议书一式_____份，联合体成员和招标人各执一份。

注：本协议书由委托代理人签字的，应附法定代表人签字的授权委托书。

牵头人名称：_____（盖单位章）

法定代表人或其委托代理人：_____（签字）

成员一名称：_____（盖单位章）

法定代表人或其委托代理人：_____（签字）

成员二名称：_____（盖单位章）

法定代表人或其委托代理人：_____（签字）

_____年_____月_____日

投 标 保 证 金

_____（招标人名称）：

鉴于_____（投标人名称）（以下称"投标人"）于____年____月____日参加_____（项目名称）_____标段施工的投标，（担保人名称，以下简称"我方"）无条件地、不可撤销地保证：投标人在规定的投标文件有效期内撤销或修改其投标文件的，或者投标人在收到中标通知书后无正当理由拒签合同或拒交规定履约担保的，我方承担保证责任。收到你方书面通知后，在 7 天内无条件向你方支付人民币（大写）_____元。

本保函在投标有效期内保持有效。要求我方承担保证责任的通知应在投标有效期内送达我方。

担保人名称：_____（盖单位章）

法定代表人或其委托代理人：_____（签字）

地址：_____

邮政编码：_____

电话：_____

传真：_____

_____年_____月_____日

2. 商务部分

商务部分主要包括投标报价说明、投标报价汇总表、已标价的工程量清单。工程量清单报价表中所填入的综合单价和合价均包括人工费、材料费、机械费、管理费、利润、税金及风险金等全部费用。工程量清单报价表的每一单项均应填写单价和合价，对没有填写单价和合价的项目费用，视为已包括在工程量清单的其他单价和合价之中。商务标是投标文件的重要组成部分，也是计算工程合同价款，确定合同价款的调整方式、结算等重要依据。

3. 技术部分

技术部分包括施工组织设计、项目管理机构配备情况、拟分包项目情况等。其中施工组织设计的编制应采用文字并结合图表形式说明施工方法；拟投入本标段的主要施工设备情况、拟配备本标段的试验和检测仪器设备情况、劳动力计划等；结合工程特点提出切实可行的工程质量、安全生产、文明施工、工程进度、技术组织措施，同时应对关键工序、复杂环节重点提出相应技术措施，如冬雨季施工技术、减少噪声、降低环境污染、地下管线及其他地上地下设施的保护加固措施等。

4. 资信部分

资信部分包括：投标人基本情况表（附营业执照、资质证书、取费证、税务登记证、管理体系认证等），近3年工程营业额数据表，近年财务状况表，近年完成的类似项目情况表，正在施工和新承接的项目情况表，近年发生的诉讼及仲裁情况（附无安全质量事故证明）及其他获奖情况。

4.3.2　工程项目施工投标文件的编制方法

1. 投标文件编制的准备工作

投标人在工程项目施工投标文件编制前，应该做好：

（1）及时组建投标工作领导班子，确定该项目施工投标文件的编制人员。

（2）投标人应收集与投标文件编制有关的政策文件和资料，如现行的各种定额、费用标准、政策性调价文件及各类标准图等。

（3）投标人应认真阅读和仔细研究工程项目施工招标文件中的各项规定和要求，如认真阅读投标须知、投标书和投标书附件的编制内容，尤其是要仔细阅读研究其合同条款、技术规范、质量要求和价格条件等内容，以明确上述的具体规定和要求，从而增强编制内容的针对性、合理性和完整性。

（4）投标人应根据施工图纸、设计说明、技术规范和计算规则，对工程量清单表中的各分部分项工程的内容和数量进行认真的审查。若发现内容、数量有误，应在收到工程项目招标文件7天内，用书面形式通报给招标人，以利于工程量的调整和报价计算的准确。

2. 投标文件的编制

投标文件的编制内容和步骤如下：

（1）投标文件编制人员根据工程项目的施工招标文件、工程技术规范等，结合工程项目现场施工条件编制施工规划，包括施工方法、施工技术措施、施工进度计划和各项物资、人工需要量计划。

（2）投标文件编制人员根据现行的各种定额及企业自身条件和市场竞争情况、政策性调价文件、施工图纸、技术规范、工程量清单、工料单价或综合单价等资料编制投标报价书，并确定其工程总报价。

（3）投标文件编制人员根据招标文件的规定与要求，认真做好投标书、投标书附件、投标辅助资料表等投标文件的填写编制工作，并与有关部门联系，办理投标保函。

（4）投标文件编制人员在投标文件全部编制完成后，应认真进行核对、整理和装订成册，再按照招标文件的要求进行密封和标志，并在规定的截止时间报给招标人。

4.3.3　投标报价的编制和实例

1. 投标报价的编制依据

采用工程量清单报价，除了按招标文件规定外，投标报价由投标人自主确定，但不得低于成本价。投标人应按照招标人提供的工程量清单填报价格，填写的项目编码、项目名称、项目特征、计量单位、工程量必须与招标人提供的一致。投标报价编制的依据是：

(1)《建设工程工程量清单计价规范》(GB 50500—2013)；

(2) 国家或省级、行业建设主管部门颁发的计价办法；

(3) 企业定额、国家或省级、行业建设主管部门颁发的计价定额；

(4) 招标文件及其补充通知、答疑纪要；

(5) 工程设计文件及相关资料；

(6) 施工现场情况、工程特点及拟定的投标施工规划或施工组织设计；

(7) 与建设项目相关的标准、规范等技术资料；

(8) 市场价格信息。

2. 投标报价的编制实例

投 标 总 价

招标人：×××医院

工程名称：××医院住宅楼工程

投标总价（小写）：7362626 元

（大写）：柒佰叁拾陆万贰仟陆佰贰拾陆元

投标人：××建筑公司（单位盖章）

法定代表人

或其授权人：＿＿＿（签字或盖章）

编制人：＿＿＿（造价人员签字盖专用章）

编制时间：＿＿＿年＿月＿日

总 说 明

工程名称：××医院住宅楼工程　　　　　　　　　　　　第1页　共1页

1. 工程概况：本工程为砖混结构，混凝土灌注桩基础，建筑层数为 6 层，建筑面积为 10940m^2，招标计划工期为 300 日历天，投标工期为 280 日历天。

2. 投标报价包括范围：为本次招标的住宅工程施工图范围内的建筑工程。

3. 投标报价编制依据：

(1) 招标文件及其所提供的工程量清单和有关报价的要求，招标文件的补充通知和答疑纪要。

(2) 住宅楼施工图及投标施工组织设计。

(3) 有关的技术标准、规范和安全管理管理规定。

(4) ××省建设主管部门颁发的计价定额和计价管理办法及相关计价文件。

(5) 材料价格根据本公司掌握的价格情况并参照工程所在地工程造价管理机构某年某月工程造价信息发布的价格。

工程项目投标报价汇总表

工程名称：××医院住宅楼工程　　　　　　　　　　　　　　　　　　　　第1页　共1页

序号	单项工程名称	金额（元）	其中		
			暂估价（元）	安全文明施工费（元）	规费（元）
1	住宅楼工程	7 362 626	1 100 000	222 742	222 096
	合计	7 362 626	1 100 000	222 742	222 096

单项工程投资标报价汇总表

工程名称：××医院住宅楼工程　　　　　　　　　　　　　　　　　　　　第1页　共1页

序号	单项工程名称	金额（元）	其中		
			暂估价（元）	安全文明施工费（元）	规费（元）
1	住宅楼工程	7 362 626	1 100 000	222 742	222 096
	合计	7 362 626	1 100 000	222 742	222 096

单位工程投标报价汇总表

工程名称：××医院住宅楼工程　　　　标段：　　　　　　　　　　　　　第1页　共1页

序号	汇总内容	金额（元）	其中：暂估价（元）
1	分部分项工程	5 706 009	1 000 000
1.1	A.1土（石）方工程	99 757	
1.2	A.2桩与地基基础工程	397 283	
1.3	A.3砌筑工程	729 518	
1.4	A.4混凝土及钢筋混凝土工程	2 532 419	1 000 000
1.5	A.6金属结构工程	1794	
1.6	A.7屋面及防水工程	251 838	
1.7	A.8防腐、隔热、保温工程	133 226	
1.8	B.1楼地面工程	291 030	
1.9	B.2墙柱面工程	428 643	
1.10	B.3天棚工程	230 431	
1.11	B.4门窗工程	366 464	
1.12	B.5油漆、涂料、裱糊工程	243 606	
2	措施项目	738 257	—
2.1	安全文明施工费	222 742	—
3	其他项目	433 600	—
3.1	暂列金额	300 000	—
3.2	专业工程暂估价	100 000	—
3.3	计日工	21 600	—
3.4	总承包服务费	12 000	—
4	规费	222 096	—
5	税金	262 664	—
	投标报价合计＝1＋2＋3＋4＋5	7 362 626	1 000 000

分部分项工程量清单与计价表

工程名称：××医院住宅楼工程　　　标段：

序号	项目编码	项目名称	项目特征描述	计量单位	工程量	综合单价	合价	其中：暂估价
			A.1 土（石）方工程					
1	010101001001	平整场地	Ⅱ、Ⅲ类土综合，土方就地挖填找平	m²	1792	0.88	1577	
2	010101003001	挖基础土方	Ⅲ类土，条形基础，垫层底宽 2m，挖土深度 4m 以内，弃土运为 7km	m³	1432	21.92	31 389	
			（其他略）					
			分部小计				99 757	
			A.2 桩与地基基础工程					
3	0102001003001	混凝土灌注桩	人工挖孔，二级土，桩长 10m，有护壁段长 9m，共 42 根，桩直径 1000mm，扩大头直径 1100mm，桩混凝土为 C25，护壁混凝土为 C20	m	420	322.06	135 265	
			（其他略）					
			分部小计				397 283	
			A.3 砌筑工程					
4	010301001001	砖基础	M10 水泥砂浆砌条形基础，深度 2.8～4m，MU15 页岩砖 240mm×115mm×53mm	m³	239	290.46	69 420	
5	010302001001	实心砖墙	M7.5 混合砂浆砌实心墙，MU15 页岩砖 240mm×115mm×53mm，墙本厚度 240mm	m³	2037	304.43	620 124	
			（其他略）					
			分部小计				729 518	
			A.4 混凝土及钢筋混凝土工程					
6	010403001001	基础梁	C30 混凝土基础梁，梁底截面 −1.55mm，梁截面 300mm×600mm，250mm×500mm	m²	208	356.14	74 077	
7	010416001001	现浇混凝土钢筋	螺纹钢 Q235，ϕ14	t	58	5857.16	574 002	490 000
			（其他略）					
			分部小计				2 532 419	
			本页小计				3 261 937	1 000 000
			合计				3 758 977	1 000 000

续表

序号	项目编码	项目名称	项目特征描述	计量单位	工程量	金额（元）		
						综合单价	合价	其中：暂估价
			A.6 金属结构工程					
8	010606008001	钢爬梯	U 型钢爬梯，型钢品种、规格详××图，油漆为红丹一遍，调和漆二遍	t	0.258	6951.71	1794	
			分部小计				1794	
			A.7 屋面及防水工程					
9	010702003001	屋面刚性防水	C20 细石混凝土，厚 40mm，建筑油膏嵌缝	m²	1853	21.43	39 710	
			（其他略）					
			分部小计				251 838	
			A.8 防腐、隔热、保温工程					
10	010803001001	保温隔热屋面	沥青珍珠岩块 500mm×500mm×150mm，1∶3 水泥砂浆护面，厚 25mm	m²	1853	53.81	99 710	
			（其他略）					
			分部小计				133 226	
			B.1 楼地面工程					
11	020101001001	水泥砂浆楼地面	1∶3 水泥砂浆找平层，厚 20mm，1∶2 水泥砂浆面层，厚 25mm	m²	6500	33.77	219 505	
			（其他略）					
			分部小计				291 030	
			B.2 墙、柱面工程					
12	020201001001	外墙面抹灰	页岩砖墙面，1∶3 水泥砂浆底层，厚 15mm，1∶2.5 水泥砂浆面层，厚 6mm	m²	4050	17.44	70 632	
13	020202001001	柱面抹灰	混凝土桩面，1∶3 水泥砂浆底层，厚 15mm，1∶2.5 水泥砂浆面层，厚 6mm	m²	850	20.42	17 357	
			（其他略）					
			分部小计				428 643	
			B.3 天棚工程					
13	020301001001	天棚抹灰	混凝土天棚，基层刷水泥浆一道加 107 胶，1∶0.5∶2.5 水泥石灰砂浆底层，厚 12mm，1∶0.3∶3 水泥石灰砂浆面层，厚 4mm	m²	7000	16.53	115 710	
			（其他略）					
			分部小计				230 431	
			本页小计				669 871	
			合计				5 095 939	1 000 000

续表

序号	项目编码	项目名称	项目特征描述	计量单位	工程量	金额（元）		
						综合单价	合价	其中：暂估价
			B.4 门窗工程					
14	020406007001	塑钢窗	80 系列 LC0915 塑钢平开窗带沙 5mm 白玻	m²	900	273.40	246 060	
			（其他略）					
			分部小计				366 464	
			B.5 油漆、涂料、裱糊工程					
15	020506001001	外墙乳胶漆	基层抹灰面满刮成品耐水腻子 3 遍磨平，乳胶漆一底二面	m²	4050	44.70	181 035	
			（其他略）					
			分部小计				243 606	
							360 140	
			本页小计				970 210	
			合计			5 706 009		1 000 000

措施项目清单与计价表（一）

工程名称：××医院住宅楼工程   标段：   第 1 页 共 1 页

序号	项目名称	计算基础	费率（%）	金额（元）
1	安全文明施工费	人工费	30	222 742
2	夜间施工费	人工费	1.5	11 137
3	二次搬运费	人工费	1	7425
4	冬雨期施工	人工费	0.6	4455
5	大型机械设备进出场及安拆费			13 500
6	施工排水			2500
7	施工降水			17 500
8	地上、地下设施、建筑物的临时保护设施			2000
9	已完工程及设备保护			6000
10	各专业工程的措施项目			255 000
(1)	垂直运输机械			105 000
(2)	脚手架			150 000
	合计			542 259

措施项目清单与计价表（二）

工程名称：××医院住宅楼工程　　　标段：　　　　　　　　　　　　　第1页　共1页

序号	项目编码	项目名称	项目特征描述	计量单位	工程量	金额（元）	
						综合单价	合价
1	AB001	现浇钢筋混凝土平板模块及支架	矩形板，支模高度3m	m²	1200	18.37	22 044
2	AB002	现浇钢筋混凝土有梁板及支架	矩形梁，断面 200mm × 400mm，梁底支模高度 2.6m，板底支模高度3m	m²	1500	23.97	35 955
			（其他略）				
			本页小计				195 998
			合计				195 998

其他项目清单与计价汇总表

工程名称：××医院住宅楼工程　　　标段：　　　　　　　　　　　　　第1页　共1页

序号	项目名称	计量单位	金额（元）	备注
1	暂列金额	项	300 000	
2	暂估价		100 000	
2.1	材料暂估价		—	
2.2	专业工程暂估价	项	100 000	
3	计日工		21 600	
4	总承包服务费		12 000	
	合计		433 600	—

暂列金额明细表

工程名称：××医院住宅楼工程　　　标段：　　　　　　　　　　　　　第1页　共1页

序号	项目名称	计量单位	暂定金额（元）	备注
1	工程量清单中工程量偏差和设计变更	项	100 000	
2	政策性调整和材料价格风险	项	100 000	
3	其他	项	100 000	
	合计		300 000	—

材料暂估单价表

工程名称：××医院住宅楼工程　　　标段：　　　　　　　　　　　　　第1页　共1页

序号	材料名称、规格、型号	计量单位	单价（元）	备注
1	钢筋（规格、型号综合）	t	5000	用在所有现浇混凝土钢筋清单项目

专业工程暂估价表

工程名称：××医院住宅楼工程　　　标段：　　　　　　　　　　　　　第1页　共1页

序号	工程名称	工程内容	金额（元）	备注
1	入户防盗门	安装	100 000	
合计			100 000	—

计 日 工 表

工程名称：××医院住宅楼工程　　　标段：　　　　　　　　　　　　　第1页　共1页

编号	项目名称	单位	暂定数量	综合单价（元）	合价（元）
一	人工				
1	普工	工日	200	40	8000
2	技工（综合）	工日	50	60	3000
人工小计					11 000
二	材料				
1	钢筋（规格、型号综合）	t	1	5300	5300
2	水泥42.5	t	2	600	1200
3	中砂	m³	10	80	800
4	砾石（5～40mm）	m³	5	42	210
5	页岩砖（240mm×115mm×53mm）	千匹	1	300	300
材料小计					7810
三	施工机械				
1	自升式塔式起重机（起重力矩为1250kN·m）	台班	5	550	2750
2	灰浆搅拌机（400L）	台班	2	20	40
施工机械小计					2790
总计					21 600

总承包服务费计价表

工程名称：××医院住宅楼工程　　　标段：　　　　　　　　　　　　　第1页　共1页

序号	项目名称	项目价值（元）	服务内容	费率（%）	金额（元）
1	发包人发包专业工程	100 000	1. 按专业工程承包人的要求提供施工工作面，并对施工现场进行统一管理，对竣工资料进行统一整理汇总。 2. 为专业工程承包人提供垂直运输机械和焊接电源接入点，并承担垂直运输费和电费。 3. 为防盗门安装后进行补缝和找平，并承担相应费用	7	7000
2	发包人供应材料	1 000 000	对发包人供应的材料进行验收及保管和使用发放	0.5	5000
合计					12 000

规费、税金项目清单与计价表

工程名称：××医院住宅楼工程　　　　标段：　　　　　　　　　　第1页　共1页

序号	项目名称	计算基础	费率（%）	金额（元）
1	规费			222 096
1.1	工程排污费	按工程所在地环保部门规定按实计算		
1.2	社会保障费	（1）＋（2）＋（3）		163 353
（1）	养老保险费	人工费	14	103 946
（2）	失业保险费	人工费	2	14 894
（3）	医疗保险费	人工费	6	44 558
1.3	住房公积金	人工费	6	44 558
1.4	危险作业意外伤害保险	人工费	0.5	3712
1.5	工程定额测定费	税前工程造价	0.14	10 473
2	税金	分部分项工程费＋措施项目费＋其他项目费＋规费	3.41	262 664
	合计			484 760

工程量清单综合单价分析表

工程名称：××医院住宅楼工程　　　　标段：　　　　　　　　　　第1页　共2页

项目编码	010201003001	项目名称	混凝土灌注桩	计量单位	m

清单综合单价组成明细

定额编号	定额名称	定额单位	数量	单价（元）				合价（元）			
				人工费	材料费	机械费	管理费和利润	人工费	材料费	机械费	管理费和利润
AB0291	挖孔桩芯混凝土C25	10m³	0.0575	878.8	2813.67	83.50	263.4	50.53	161.7	4.80	15.15
AB0284	挖孔桩护壁混凝土C20	10m³	0.022 55	893.9	2732.48	86.32	268.5	20.16	61.62	1.95	6.06
人工单价			小计					70.69	223.4	6.75	21.21
38元/工日			未计价材料费								
清单项目综合单价								322.06			

	主要材料名称、规格、型号	单位	数量	单价（元）	合价（元）	暂估单价（元）	暂估合价（元）
材料费明细	混凝土C25	m³	0.584	268.0	156.56		
	混凝土C20	m³	0.248	243.4	60.38		
	水泥42.5	kg	(276.189)	0.556	(153.56)		
	中砂	m³	(0.384)	79.00	(30.34)		
	砾石5～40mm	m³	(0.732)	45.00	(32.94)		
	其他材料费			—	6.47	—	
	材料费小计			—	223.41	—	

工程量清单综合单价分析表

工程名称：××医院住宅楼工程　　　标段：　　　　　　　　　　　　　　第2页 共2页

项目编码	010416001001		项目名称	现浇构件钢筋	计算单位	t

<table>
<tr><td colspan="12" align="center">清单综合单价组成明细</td></tr>
<tr><td rowspan="2">定额
编号</td><td rowspan="2">定额
名称</td><td rowspan="2">定额
单位</td><td rowspan="2">数量</td><td colspan="4" align="center">单价（元）</td><td colspan="4" align="center">合价（元）</td></tr>
<tr><td>人工费</td><td>材料费</td><td>机械费</td><td>管理费
和利润</td><td>人工费</td><td>材料费</td><td>机械费</td><td>管理费
和利润</td></tr>
<tr><td>AD0899</td><td>现浇螺纹
钢筋制安</td><td>t</td><td>1.000</td><td>294.7</td><td>5397.7</td><td>62.42</td><td>102.2</td><td>294.7</td><td>5397</td><td>62.42</td><td>102.29</td></tr>
<tr><td></td><td></td><td></td><td></td><td></td><td></td><td></td><td></td><td></td><td></td><td></td><td></td></tr>
<tr><td colspan="2" align="center">人工单价</td><td colspan="4" align="center">小计</td><td></td><td>294.75</td><td>5397.70</td><td>62.42</td><td>102.29</td></tr>
<tr><td colspan="2" align="center">38元/工日</td><td colspan="4" align="center">未计价材料费</td><td></td><td colspan="4"></td></tr>
<tr><td colspan="6" align="center">清单项目综合单价</td><td colspan="6" align="center">5857.16</td></tr>
</table>

<table>
<tr><td rowspan="6">材料费明细</td><td colspan="2" align="center">主要材料名称、规格、型号</td><td align="center">单位</td><td align="center">数量</td><td align="center">单价
（元）</td><td align="center">合价
（元）</td><td align="center">暂估单价
（元）</td><td align="center">暂估合价
（元）</td></tr>
<tr><td colspan="2" align="center">螺纹钢筋 Q235，φ14</td><td align="center">t</td><td align="center">1.0</td><td></td><td></td><td>5000.0</td><td>5350.0</td></tr>
<tr><td colspan="2" align="center">焊条</td><td align="center">kg</td><td align="center">8.6</td><td>4.00</td><td>34.56</td><td></td><td></td></tr>
<tr><td colspan="2"></td><td></td><td></td><td></td><td></td><td></td><td></td></tr>
<tr><td colspan="4" align="center">其他材料费</td><td>—</td><td>13.14</td><td>—</td><td></td></tr>
<tr><td colspan="4" align="center">材料费小计</td><td>—</td><td>47.70</td><td>—</td><td>5350.0</td></tr>
</table>

4.4 工程项目施工投标报价策略

工程项目施工投标报价策略是指承包商在投标竞争中采用的规避风险、提高中标概率的措施和技巧。它贯穿于投标竞争的始终，是一种参与竞标的方式和手段，内容十分丰富。投标人能否中标，不仅取决于竞争者的经济实力和技术水平，而且还取决于竞争策略是否正确和投标报价的技巧运用是否得当。通常情况下，其他条件相同，报价最低的往往获胜。但是，这不是绝对的，有的报价并不高，但由于提不出有利于招标单位的合理建议，不会运用投标报价的技巧和策略，得不到招标单位的信任而未能中标。

4.4.1 投标报价的目的确定

由于投标单位的经营能力和条件不同，出于不同目的的需要，对同一招标项目，可以有不同的选择：

（1）生存型。投标报价是以克服企业生存危机为目标，争取中标，可以不考虑种种利益原则。

（2）补偿型。投标报价是以补偿企业任务不足，以追求边际效益为目标。

（3）开发型。投标报价是以开拓市场，积累经验，向后续投标项目发展为目标，投标带有开发性，以资金、技术投入手段，进行技术经验储备，树立新的市场形象，以便争得后续投标的效益。

（4）竞争型。投标报价是以竞争为手段，以低盈利为目标，报价是在精确计算报价成本基础上，充分估价各个竞争对手的报价目标，以有竞争力的报价达到中标的目的。

（5）盈利型。自身优势明显，投标单位以实现最佳盈利为目标，对效益无吸引力的项目热情不高，对盈利大的项目充满自信，也不太注重对竞争对手的动机分析和对策研究。

不同投标报价目标的选择是依据一定的条件进行分析决定的。竞争性投标报价目标是投标单位追求的普遍形式。

4.4.2　投标决策因素

影响投标决策的因素很多，但归纳起来主要有投标人自身因素、环境外部因素、项目自身因素。

1. 投标人自身因素

投标人自己的条件，是投标决策的决定性因素，主要从技术、经济、管理、企业信誉等方面去衡量，是否达到招标文件的要求，能否在竞争中取胜。

（1）技术方面的实力。技术实力不但决定了承包商能承揽的工程的技术难度和规模，而且是实现较低的价格、较短的工期、优良的工程质量的保证，直接关系到承包商在投标中的竞争力。技术实力体现在：

1）有精通本行业的估算师、建筑师、工程师、会计师和管理专家组成的组织机构；

2）有工程项目设计、施工专业特长，能解决技术难度大和各类工程施工中的技术难题的能力；

3）有国内外与招标项目同类型工程的施工经验；

4）有一定技术实力的合作伙伴，如实力较强的分包商、合营伙伴。

（2）经济方面的实力。

1）资金周转实力。具有一定的资金周转用来支付施工用款，具有一定的固定资产和机具设备及其投入所需的资金。大型施工机械的投入，不可能一次摊销。因此，新增施工机械将会占用一定资金。另外，为完成项目必须要有一批周转材料，如模板、脚手架等，这也是占用资金的组成部分。

2）支付各种担保的能力。承包国内工程需要担保。承包国际工程更需要担保，不仅担保的形式多种多样，而且费用也较高，诸如投标保函（或担保）、履约保函（担保）、预付款保函（或担保）、缺陷责任保函（或担保）等。

3）承担不可抗力风险的实力。即使是属于业主的风险，承包商也会有损失；如果不属于业主的风险，则承包商损失更大，要有实力承担不可抗力带来的风险。

（3）管理方面的实力。建筑承包市场属于买方市场，承包工程的合同价格由作为买方的发包方起支配作用。承包商为打开承包工程的局面，应以低报价甚至低利润取胜。为此，承包商必须在成本控制上下工夫，向管理要效益。如缩短工期，进行定额管理，辅以奖罚办法，减少管理人员，工人一专多能，节约材料，采用先进的施工方法不断提高技术水平，特别是要有"重质量""重合同"的意识，并有相应的切实可行的措施。

（4）信誉方面的实力。投标人的信誉实力主要考虑下列因素：

1）企业履约情况；

2）获奖情况；

3）资信情况和经营作风。

承包商的信誉是其无形资产，这是企业竞争力的一项重要内容。因此投标决策时应正确评价自身的信誉实力。

（5）企业发展战略。企业投标是为了取得业务，满足企业生存需要，投标人就会选择有把握的项目投标，采取低价或者保本的策略争取中标。企业投标是为了拓展市场，树立良好的市场形象，提高企业信誉，竞争必定激烈，投标人就会采取各种有效的策略和技巧去争取中标，并取得一定利润。企业经营业务饱满，投标人就会选择获取较高利润的策略去投标。

2. 环境外部因素

（1）竞争对手环境。竞争对手的数量、实力在一定程度上决定了竞争的激烈程度。竞争越激烈，中标概率越小。

（2）地理自然环境。地质、地貌、水文、气象情况、交通环境等在一定程度上决定了项目实施的难度，例如运输条件差、工程地质情况不好，会引起施工机械设备的增加，工期延长，成本增加。

（3）市场经济环境。材料市场、劳动力市场、机械设备市场的供应情况和价格情况会影响投标报价决策。

3. 项目自身情况

项目的规模、工期要求、质量要求、工程复杂难易程度、材料劳动力条件等会影响项目获利的丰厚程度，因此是投标决策的影响因素。

4.4.3 投标人报价策略

1. 不平衡报价法

不平衡报价是指一个工程项目总报价基本确定后，通过调整内部各个项目的报价，以期既不提高总报价，不影响中标，又能在结算时得到更理想的经济效益。一般可以考虑在以下几个方面采用不平衡报价：

（1）前高后低。能够早日结算的费用，例如土石方工程、基础工程可以适当提高报价，以利于资金周转，提高资金时间价值，后期工程项目如设备安装、装饰工程等报价可以适当降低。但是这种方法对竣工后一次结算的工程不适用。

（2）预计工程量增加的项目提高单价。工程量有可能增加的项目单价可适当提高；反之，则适当降低。这种方法是用于按工程量清单报价、按实际完成工程量结算工程款的招标工程。工程量有可能增减的情形主要有：校核工程量清单时发现的实际工程量将增减的项目；图纸内容不明确或有错误，修改后工程量将增减的项目；暂定工程中预计要实施（或不实施）的项目所包含的分部分项工程等。

（3）工程内容说明不清的报低价。可以在工程实施阶段再寻求提高单价的机会。

（4）综合单价中的人工、机械价格，提高报价。有时招标文件要求投标人对工程量大的项目报"综合单价分析表"，投标时可将单价分析表中的人工费和机械费报高，材料费报低，今后在对补充项目报价时，可以参考选用综合单价分析表中较高的人工费和机械费，材料则往往采用市场价，因此可以获得较高的收益。

应用不平衡报价法时应注意避免各项目的报价过高或过低，否则有可能失去中标机会。不平衡报价法详见表 4-1。

表 4-1 不平衡报价法

序号	信息类型	变动趋势	不平衡结果
1	资金收入的时间	早	单价高
		晚	单价低
2	清单工程量不准确	增加	单价高
		减少	单价低
3	报价图纸不明确	增加工程量	单价高
		减少工程量	单价低
4	暂定工程	自己承包的可能性高	单价高
		自己承包的可能性低	单价低
5	单价组成分析表	人工费和机械费	单价高
		材料费	单价低

2. 多方案报价法

多方案报价法是投标人针对招标文件中的某些不足，提出有利于业主的替代方案（又称备选方案），用合理化建议吸引业主争取中标的一种投标技巧。对于一些招标文件，如果发现工程范围不是很明确，条款不清楚或技术规范要求过于苛刻，则要在充分估计风险的基础上，按多方案报价法处理，即按原招标文件报一个价，然后提出如一些条款做某些变动，降价可降低多少，由此可报出一个较低的价。这样可以降低总价，吸引招标人。但是如果招标文件明确表示不接受替代方案，应放弃采用多方案报价法。

【例 4-1】 某工程在施工招标文件中规定：本工程有预付款，数额为合同价款的 10%，在合同签署并生效后 7 天内支付，当进度款支付达合同总价的 60% 时，一次性全额扣回，工程进度款按季度支付。

某承包商准备对该项目投标，根据图纸计算，报价为 9000 万元，总工期为 24 个月，其中：基础工程估价为 1200 万元，工期为 6 个月；上部结构工程估价为 4800 万元，工期为 12 个月；装饰和安装工程估价为 3000 万元，工期为 6 个月。

该承包商为了既不影响中标，又能在中标后取得较好的收益，决定采用不平衡报价法对原报价作适当调整，基础工程调整为 1300 万元，结构工程调整为 5000 万元，装饰和安装工程调整为 2700 万元。

另外，该承包商还考虑到，该工程虽然有预付款，但平时工程款按季度支付不利于资金周转，决定除按上述调整后的数额报价外，还建议业主将支付条件改为：预付款为合同价的 5%，工程款按月支付，其余条款不变。试问：

（1）该承包商所采用的不平衡报价法是否恰当？

（2）除了不平衡报价法，该承包商还运用了哪种报价技巧？

解

（1）恰当。该承包商是将属于前期工程的基础工程和主体结构工程的报价调高，而将属于后期工程的装饰和安装工程的报价调低，可以在施工的早期阶段收到较多的工程款，从而可以提高承包商所得工程款的现值，减少工程后期资金回收风险。因此采用不平衡报价法比较恰当。

（2）该承包商运用的另一种投标技巧是多方案报价法，该报价技巧运用恰当，因为承包商的报价既适用于原付款条件，也适用于建议的付款条件。

3. 增加建议方案法

有时招标文件中规定，可以提一个建议方案，即可以修改原设计方案，提出投标者的方案。投标人应抓住机会，组织一批有经验的设计和施工的专业人员，对原招标文件的设计和施工方案仔细研究，提出更为合理的方案以吸引招标人，促成自己的方案中标。这种新建议方案可以降低总造价或使工期缩短，或使工程运用更为合理。但注意对原方案一定也要报价。

增加建议方案时，不要将方案写得太具体，要保留方案的关键技术，防止业主将此方案交给其他承包商。同时要强调的是，建议方案一定要比较成熟，或过去有这方面的实践经验。因为投标时间往往较短，如果仅为中标而匆忙提出一些没有把握的建议方案，可能引起很多后患。

4. 突然降价法

报价是一件保密性很强的工作，但是对手往往通过各种渠道、手段来刺探情况，因此在报价时可以采取迷惑对方的手法，即先按一般情况报价或表现出自己对该工程兴趣不大，到快投标截止时，再突然降价。采用这种方法时，一定要在准备投标报价的过程中考虑好降价的幅度，在临近投标截止日期前，根据情报信息与分析判断，再作最后决策。如果由于采用突然降价法而中标，因为开标只降总价，在签订合同后可采用不平衡报价的思想调整工程量表内的各项单价或价格，以期取得更高的效益。

【例 4-2】　某承包商通过资格预审后，对某招标文件进行了仔细分析，发现业主所提出的工期要求过于苛刻，且合同条款中规定每拖延一天工期罚款合同价格 0.1%。若要保证实现该工期要求，必须采用特殊措施，从而大大增加成本；还发现原设计结构方案采用框架剪力墙体系过于保守。因此，该承包商在投标文件中说明业主的工期要求难以实现，因而按自己认为的合理工期（比业主要求的工期增加 6 个月）编制施工进度计划并据此报价；还建议将框架剪力墙体系改为框架体系，并对这两种结构体系进行了技术经济分析和比较，证明框架体系不仅能保证工程结构的可靠性和安全性、增加使用面积、提高空间利用的灵活性，而且可降低造价成本 3%。

该承包商将技术标和商务标分别封装，在封口处加盖本单位公章和项目经理签字后，在投标截止日前一天上午将投标文件报送业主。次日（即投标截止日当天）下午，在规定的开标时间前 1h，该承包商又递交了一份补充材料，其中声明将原报价降低 4%。但是，招标单位的有关人员认为，根据国际上"一标一投"的管理，一个承包商不得递交两份投标文件，因此拒收承包商的补充材料。

试问：该承包商运用了哪几种报价技巧，是否运用得当？

解　该承包商运用了 3 种报价技巧，即多方案报价、增加建议方案法和突然降价法。

其中，多方案报价法运用不当，因为运用该报价技巧时，必须对原方案（本案例指业主的工期要求）报价，而该承包商在投标时仅说明了该工期难以实现，却并未报出相应的投标价。

增加建议法方案运用得当，通过对两个结构体系方案的技术经济分析和比较（这意味着对两个方案均进行了报价），论证了建议方案（框架体系）的技术可行性和经济合理性，对业主有很强的说服力。

突然降价法也运用得当，原投标文件的递交时间比规定的投标截止时间仅提前一天多，这既符合常理，又为竞争对手调整、确定最终报价留有一定时间，起到迷惑竞争对手的作用。若提前时间太多，会引起竞争对手的怀疑，而在开标前 1h 突然递交一份补充文件，这时竞争对手已不可能再调整报价了。

5. 许诺优惠条件

投标报价附带优惠条件是一种行之有效的手段，招标人评标时，除了主要考虑报价和技术方案外，还要分析别的条件，如工期、支付条件等。所以在投标时主动提出提前竣工、低息贷款、赠给施工设备、免费转让新技术或某种技术专利、代为培训人员等，均是吸引招标人、利于中标的辅助手段。

6. 先亏后盈法

有的承包商，为了打进某一地区，依靠国家、某财团和自身的雄厚资本实力，而采取一种不惜代价，只求中标的低价报价方案。应用这种手法的承包商必须有较好的资信条件，并且提出的实施方案也先进可行，同时要加强对公司情况的宣传，否则即使标价低，业主也不一定选中。如果其他承包商遇到这种情况，不一定和这类承包商硬拼，而努力争第二、三标，再依靠自己的经验和信誉争取中标。

投标技巧是投标人在长期的投标实践中，逐步积累的授标竞争取胜的经验，在国内外的建筑市场上，经常运用的投标技巧还有很多，投标人应用时，要注意项目所在地国家法律法规是否允许使用；要根据招标项目的特点选用；要坚持贯彻诚实信用的原则，否则只能获得短期利益，却有可能损害自己的声誉。

 知 识 链 接 -

某承包商参与某高层商用办公楼土建工程的投标（安装工程由业主指定另行招标）。为了既不影响中标，又能在中标后取得较好的收益，决定采用不平衡报价法对原估价作适当调整，具体数据见表 4-2。

表 4-2　　　　　　　　　报价调整前后对比表　　　　　　　　万元

项目	桩基围护工程	主体结构工程	装饰工程	总价
调整前（投标估价）	1480	6600	7200	15 280
调整后（正式报价）	1600	7200	6480	15 280

现假设桩基围护工程、主体结构工程、装饰工程的工期分别为 4、12、8 个月，贷款月利率为 1%，并假设各分部工程每月完成的工作量相同且能按月度及时收到工程款（不考虑工程款结算所需的时间）。现值系数见表 4-3。

表 4-3　　　　　　　　　　现值系数　　　　　　　　　　万元

n	4	8	12	16
$(P/A, 1\%, n)$	3.9020	7.6517	11.2551	14.7179
$(P/F, 1\%, n)$	0.9610	0.9235	0.8874	0.8528

注　P/A 为年金系数；P/F 为终值系数。

问题：

（1）该承包商所运用的不平衡报价法是否得当？为什么？

（2）采用不平衡报价法，该承包商所得工程款的现值比原估价增加多少（以开工日期为折现点）？

解　（1）恰当。因为该承包商是将属于前期工程的桩基围护工程和主体结构工程的单价调高，而将属于后期工程的装饰工程单价调低，可以在施工的早期阶段收到较多的工程款，从而提高承包商所得工程款的现值，而且，这三类工程单价的调整幅度均在 ±10% 以内，属于合理范围。

（2）计算单价调整后的工程款现值。

1）单价调整前的工程款现值

桩基围护工程每月工程款 A_1 = 1480 ÷ 4 = 370（万元）

主体结构工程每月工程款 A_2 = 6600 ÷ 12 = 550（万元）

装饰工程每月工程款 A_3 = 7200 ÷ 8 = 900（万元）

则，单价调整前的工程款现值为

PV_0 = A_1 (P/A，1%，4) + A_2 (P/A，1%，12)(P/F,1%，4) + A_3 (P/A，1%，8)(P/F,1%，16)

　　 = 370 × 3. 9020 + 550 × 11. 2551 × 0. 9610 + 900 × 7. 6517 × 0. 8528

　　 = 1443. 74 + 548. 88 + 5872. 83

　　 = 13265. 45（万元）

2）单价调整后的工程款现值

桩基围护工程每月工程款 A'_1 = 1600 ÷ 4 = 400 万元

主体结构工程每月工程款 A'_2 = 7200 ÷ 12 = 600 万元

装饰工程每月工程款 A'_3 = 6480 ÷ 8 = 810 万元

则，单价调整前的工程款现值：

PV' = A'_1 (P/A，1%，4) + A'_2 (P/A，1%，12)(P/F,1%，4) + A'_3 (P/A，1%，8)(P/F，1%，16)

　　 = 400 × 3. 9020 + 600 × 11. 2551 × 0. 9610 + 810 × 7. 6517 × 0. 8528

　　 = 1560. 80 + 6489. 69 + 5285. 55

　　 = 13336. 04（万元）

3）两者的差额

$$PV' - PV_0 = 13336. 04 - 13265. 45 = 70. 59（万元）$$

因此，采用不平衡报价法后，该承包商所得工程款的现值比原估价增加了 70. 59 万元。

本 章 回 顾

（1）投标人是响应招标、参加投标竞争的法人或者其他组织。按照《招标投标法》的规定，投标必须具备规定的资料条件。

（2）组建一个强有力的投标班子和配备高素质的各类专业人才，是投标人获得投标成功、取得最佳经济效益的重要保证。

（3）投标文件由投标函部分、商务部分和技术部分 3 个部分组成。

（4）在招标投标活动中为了提高中标概率或为了中标后获得更大利润，应采用一些投标策略和报价技巧，常见的投标策略有不平衡报价法、多方案报价法、增加建议方案法、突然降价法、先亏后盈法、许诺优惠条件。

思考与讨论

1. 投标人应具备什么条件？怎样才能做好投标的准备工作？

2. 工程项目施工投标的程序和工作内容是什么？

3. 什么是投标报价的策略？投标前是否需要对报价进行调整？调整的方法是什么？

4. 工程项目施工投标文件的组成有哪些？

5. 工程项目施工投标文件的编制要点是什么？

6. 清单计价模式下投标报价的计价原理是什么？它与定额模式下的计价原理有什么不同？

 练　一　练

1. 投标决策由＿＿＿、＿＿＿和项目自身情况三方面的因素影响的。

2. 投标文件一般由（　　）组成。

A. 投标函部分　　　　　　　　　　　　B. 法定代表人资格证明书

C. 商务部分　　　　　　　　　　　　　D. 技术部分

E. 投标保证金

3. 下列关于投标文件编制的说法错误的是（　　）。

A. 投标文件必须按照招标文件提供的格式填写

B. 全套招标文件不允许有修改和行间插字之处

C. 编制的投标文件"正文"有一份，"副本"有两份

D. 投标文件应严格按照招标文件的要求进行分包和密封

E. 当招标文件规定投标保证金为合同总价的某百分比时，开具投标保函应不要太早，以防泄露报价

4. 投标报价策略主要有（　　）。

A. 不平衡报价法　　　B. 多方案报价法　　　C. 增加建议方案法　　　D. 突然降价法

E. 先亏后盈法

5. 通常情况下，下列哪些情况承包人应该适当报低价（　　）。

A. 对施工条件差的工程

B. 结构比较简单而工程量又较大的工程

C. 自己施工上有专长的工程及由于某种原因自己不想干的工程

D. 招标工程风险较大的项目

E. 企业急需拿到任何及投标竞争对手较多的工程

6. 关于不平衡报价法下列说法正确的是（　　）。

A. 对能早期结账收回工程款的项目的单价可以报低价

B. 估计今后工程量可能减少的项目，其单价可降低

C. 图纸内容不明确的，其单价可降低

D. 没有工程量只填报单价的项目其单价宜高

E. 对于暂定项目，其实施的可能性大的项目，可定高价

实训题

1. 背景：2010年7月，某县污水处理厂为了进行技术改造，决定对污水设备的设计、安装、施工等一揽子工程进行招标，考虑该项目的一些特殊专业要求，招标人决定采用邀请招标的方式，随后向具备承包条件而且施工经验丰富的A、B、C三家承包人发出投标邀请书。A、B、C三家承包单位均接受了邀请并在规定的时间、地点领取了招标文件，招标文件对新型污水设备的设计要求、设计标准等基本内容都做了明确的规定，为了把项目搞好，招标人还根据项目要求的特殊性，主持了项目要求的答疑会。在投标截止日期前10天，招标人书面通知各投标单价，由于某种原因，决定将安装工程从原招标范围内删除。接下来三家单位都按规定时间提交了投标文件。但投标单位A在送出投标文件后发现由于对招标文件的技术要求理解错误造成了报价估算有较严重的失误，于是在投标截止前10min向招标人递交了一份书面声明，要求撤回已提交的投标文件。由于投标单位A已撤回投标文件，在剩下的B、C两家投标单位中，通过评标委员会专家的综合评价，最终选择了投标单位B为中标单位。

试问：（1）投标单位A提出的撤回投标文件的要求是否合理？为什么？

（2）从所介绍的背景资料来看，在该项目的招标投标过程中哪些方面不符合《招标投标法》的有关规定？

2. 撰写模拟开标会的会议流程，由教师主持，通过将学生按照建设单位、投标单位和评标委员会进行分组，对任务项目进行开标会模拟，评分、排序，选取3组中标候选人。

第5章　建设工程施工合同

 **技能目标**

要求学生熟悉建设工程施工合同文本，掌握工程变更的内容及程序，了解业主和承包商的风险分配及应对；具有编制一份完整建设工程施工合同的能力，能初步编制简单招标文件和投标文件，能运用合同法处理建设工程合同管理中常见的一般问题。

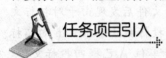 **任务项目引入**

某建设单位通过招标投标方式将某商品住宅发包给某施工单位，有关施工合同文件部分内容如下：

1. 合同协议书中的部分条款

（1）工程概况。工程名称：商品住宅楼。工程地点：市区。工程内容：5栋砖混结构住宅楼，每栋建筑面积为 $3150m^2$。

（2）工程承包范围：砖混结构住宅楼的土建、装饰、水暖电工程。

（3）合同工期。开工日期：2003年5月9日。竣工日期：2003年10月9日。合同工期总日历天数：147天。

（4）质量标准。工程质量标准：达到某国际质量标准。

（5）合同价款。合同总价：人民币伍佰陆拾陆万捌仟圆整（￥566.8万元）。

（6）乙方承诺的质量保修。

1）地基基础和主体结构工程，为设计文件规定的该工程的合同使用年限；

2）屋面防水工程、有防水要求的卫生间、房间和外墙面的防渗漏，为3年；

3）供热与供冷系统，为3个采暖期、供冷期；

4）电气系统、给排水管道、设备安装为2年；

5）装修工程为1年。

（7）甲方承诺的合同价款支付期限与方式。

1）工程预付款。在开工之日后3个月内，根据经甲方代表确认的已完工程量、构成合同价款相应的单价及有关计价依据计算、支付预付款。

根据实际情况，预付款可直接抵作工程进度款。

2）工程进度款。基础工程完成后，支付合同总价的15%；主体结构四层完成后，支付合同总价的15%；主体结构封顶后，支付合同总价的20%；工程竣工时，支付合同总价的35%。甲方资金延迟到位1个月内，乙方不得停工和拖延工期；甲方资金延迟到位1个月以上，逾期罚息按每日15%计算。

2. 施工合同专用条款中有关合同价款的条款

工程竣工后，甲方向乙方支付全部合同价款：人民币伍佰陆拾陆万捌仟圆整（￥566.8万元）。

问题：

（1）上述施工合同的条款有哪些不妥之处？如何修改？

（2）上述施工合同条款之间是否有矛盾之处？如果有，应如何解释？

（3）合同如有争议，应如何解决？

 ## 任务项目实施分析

建设工程施工合同是业主委托承包人完成建筑安装工程任务而明确双方权利义务关系的合同。合同中应规定当事人双方的权利义务、合同的进度条款、质量条款和经济条款等构成合同的核心内容。根据以上部分合同条款分析此合同存在什么问题。

（1）该合同条款存在的不妥之处及其修改如下：

1）合同工期总日历天数不应扣除国家法定节假日，即该施工合同总日历天数为 153 天。

2）工程建设中，施工质量应符合我国现行工程建设标准。采用国际标准或者国外标准，强制性标准未作规定的，应当由拟采用单位提请建设单位组织专题技术论证，报批准标准的建设行政主管部门或者国务院有关主管部门审定。

3）合同总价应为人民币伍佰陆拾万捌仟元整。在合同文件中，用数字表示的数额与用文字表示的数额不一致时，应遵照以文字数额为准的解释惯例。

4）乙方承诺的质量保修部分条款不符合《房屋建筑工程质量保修办法》的规定。《房屋建筑工程质量保修办法》规定，在正常使用下，房屋建筑工程的最低保修期限为：①地基基础和主体结构工程，为设计文件规定的该工程的合理使用年限；②屋面防水工程、有防水要求的卫生间、房间和外墙面的防渗漏，为 5 年；③供热与供冷系统，为 2 个采暖期、供冷期；④电气系统、给排水管道、设备安装为 2 年；⑤装修工程为 2 年。其他项目的保修期限由建设单位和施工单位约定。

5）甲方承诺的工程预付款支付期限和方式不妥。预付款制度的本意是预先付给乙方必要的工程款项，以确保工程顺利进行，故此，甲方应按施工合同条款的约定时间和数额，及时向乙方支付工程预付款，开工后可按合同条款约定的扣款办法陆续扣回。工程进度款则应根据甲乙双方在合同条款约定的时间、方式和经甲方代表确认的已完工程量、构成合同价款相应的单价及有关计处依据计算、支付工程款。

（2）合同协议书中的合同总价与施工合同专用条款的合同总价规定不符。应当按照合同协议书中的人民币伍佰陆拾万捌仟元整确认合同总价。

根据《示范文本》的规定，建筑工程涉及的合同文件主要包括：①合同协议书；②中标通知书；③投标书及其附件；④施工合同专用条款；⑤施工合同通用条款；⑥标准、规范及有关技术文件；⑦图纸；⑧工程量清单；⑨工程报价单或预算书。一般来讲，各个合同文件应能相互解释，互为说明。当发生冲突时，上述合同文件的优先解释顺序为从前至后效力依次降低。也就是说，合同协议书具有最高的效力，工程报价单或预算书的效力层级最低。

（3）甲乙双方对建设工程施工合同执行过程中的工程价格争议，可通过下列办法解决：①双方协商确定；②按合同条款约定的办法提请调解；③向有关仲裁机构申请仲裁或向人民法院起诉。在争议处理中，涉及工程价格鉴定的，由工程所在地工程造价管理机构或法院指定的具有相应资质的工程造价咨询单位负责。

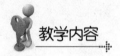

5.1　建设工程合同概述

5.1.1　建设工程合同的概念

建设工程合同是经济合同的一种，是广义承揽合同中的一种，它是一种诺成合同、有偿合同，它是承包人按照发包人的要求完成工程建设，交付竣工工程，发包人向承包人付报酬的合同。在合同中明确了各方的权利和义务，在享有权利的同时必须履行相应的义务。由于工程建设合同在经济活动、社会活动中有重要作用，以及国家管理、合同标的等方面都有别于一般的承揽合同，我国将建设工程合同列为单独的一类重要合同。

《合同法》规定，在进行工程建设时，必须签订相关合同，例如，在勘察设计、工程招投标、施工时，签订勘察设计合同、施工承包合同等。工程实行工程监理的，发包人还应当与监理单位订立委托监理合同。

建设工程合同的分类，按承发包范围可分为建设工程全过程承发包合同、阶段承发包合同和专项承发包合同；按计价方式可分为固定价合同、可调价合同和成本加酬金合同三大类型。

5.1.2　建设工程合同的基本原则

按照合同法和工程实践，建设工程合同在签订、执行、争执的解决过程中有如下一些基本原则。

1. 第一性原则

在市场经济中，合同作为当事人双方经过协商达成一致的协议，签订合同是双方的民事行为。在合同所定义的经济活动中，合同是第一位的，作为双方的最高行为准则，合同限定和调整双方的义务和权利。任何工程问题和争执首先都要按合同来解决。合同一经签订，则成为一个法律文件。双方按合同内容承担相应的法律责任，享有相应的法律权利。所以合同双方都必须用合同规范自己的行为，并用合同保护自己。

2. 平等、自愿原则

合同的平等、自愿原则是市场经济运行的基本原则之一，也是一般国家的法律准则。平等原则是指当事人的民事法律地位平等，一方不得将自己的意志强加给另一方。平等原则是民事法律的基本原则，是区别行政法律、刑事法律的重要特征，也是其他原则赖以存在的基础。自愿原则，既表现在当事人之间，因一方欺诈、胁迫订立的合同无效或者可以撤销，也表现在合同当事人与其他人之间，任何单位和个人不得非法干预。自愿原则是法律赋予的，同时也受到其他法律规定的限制，是在法律规定范围内的"自愿"。法律的限制主要有两方面：①实体法的规定，有的法律规定某些物品不得买卖，如毒品；合同法明确规定损害社会公共利益的合同无效，对此当事人不能"自愿"认为有效；国家根据需要下达指令性任务或者国家订货任务的，有关法人、其他组织之间应当依照有关法律、行政法规规定的权利和义务订立合同，不能"自愿"不订立。这里讲的实体法，都是法律的强制性规定，涉及社会公共秩序。②程序法的规定。有的法律规定当事人订立某类合同，需经批准；转移某类财产，主要是不动产，应当办理登记手续。那么，当事人依照有关法律规定，应当办理批准、登记等手续，不能"自愿"地不去办理。

3. 合法性原则

建设工程合同都是在一定的法律背景条件下签订和实施的，合同的签订和实施必须符合合同的法律原则。《合同法》第 7 条规定："当事人订立、履行合同，应当遵守法律、行政法规，尊重社会公德，不得扰乱社会经济秩序，损害社会公共利益。"该条首先确认了合法性原则。所谓合法性原则，是指合同当事人所从事的合同的订立、履行等有关行为必须合乎国家强制性法律的规定，而不得存在违法的情形，否则将得到法律的否定评价；或宣告无效，或追究其违法责任。

4. 诚实信用原则

《合同法》规定："当事人行使权利、履行义务应当遵循诚实信用原则。"合同的签订和顺利实施是基于承包商、业主、监理工程师密切协作、密切配合、互相信任的基础之上。在工程施工中，合同双方只有互相信任才能够紧密合作、有条不紊地工作，这样可以从总体上减少双方心理上的互相提防和由此产生的不必要的互相制约措施和障碍，使工程更为顺利地实施，风险与误解较少，工程花费减少。

合同是在双方诚实守信的基础上签订的，合同目标的实现必须依靠合同双方（包括相关各方）的真诚合作。如果双方都缺乏诚实信用，或在合同签订和实施中出现"信任危机"，那么合同不可能顺利实施。目前，在我国业主和承包商之间的"信任危机"是十分严重的，但是随着我国法律制度的健全、市场经济的规范发展和企业信誉制度的逐步建立，越来越多的企业认识到诚实守信的重要性。

5. 公平合理原则

《合同法》规定："当事人应当遵循公平原则确定各方的权利和义务。"承包商提供的工程或服务与业主支付的价格之间应体现公平，这种公平通常以当时的市场价格为依据；合同中的责任和权利应平衡，任何一方有责任则必须有相应的权利，反之有权利就必须有相应的责任，在合同中应防止有单方面权利或单方面义务条款；风险的分担应公平合理；工程合同应体现出工程惯例，工程惯例是指工程中通常采用的做法，一般比较公平合理，如果合同中的规定或条款严重违反惯例，往往就违反了公平合理原则；在合同执行中，对合同双方公平地解释合同，统一地使用法律尺度来约束合同双方。

5.2　建设工程合同体系

5.2.1　我国建筑工程合同的法律体系

在我国，所有国内工程合同都必须以我国的法律作为基础。这是一个完整的法律体系，它不仅包括法律，还包括各种行政法规、地方法规；不仅包括建设领域的，还包括其他领域的法律和法规。它按法律规范的来源划分，有如下几个层次。

1. 法律

法律是指由全国人民代表大会及其常务委员会审议通过并颁布的法律，如宪法、民法、民事诉讼法、合同法、仲裁法、文物保护法、土地管理法、会计法、招标投标法等。

2. 行政法规

行政法规是指由国务院依据法律制定或颁布的法规，如《建筑安装工程承包合同条例》《建设项目环境保护办法》《建设工程勘察设计合同条例》《环境噪声污染防治条例》《公证暂行条例》等。

3. 行业规章

行业规章是指由建设部或（和）国务院及其行政主管部门依据法律制定和颁布的各项规章，如《建设工程施工合同管理办法》《工程建设施工招标投标管理办法》《建筑市场管理规定》《建筑企业资质管理条例》《建筑安装工程总分包实施办法》《建设监理试行规定》《建设工程保修办法》等。

4. 地方法规和地方部门的规章

它是法律和行政法规的细化、具体化，如地方的《建筑市场管理办法》《招投标管理办法》等。

下层次的（如地方、地方部门）法规和规章不能违反上层次的法律和行政法规，而行政法规也不能违反法律，上下形成一个统一的法律体系。在不矛盾、不抵触的情况下，在上述体系中，对于一个具体的合同和具体的问题，通常，特殊的详细的具体的规定优先。适用于建筑工程合同关系的法律建筑工程合同，具有一般合同的法律特点，同时又受到建筑工程相关法规的制约。建筑工程合同的种类繁多，有在合同法中列名的，也有无名的。不同的合同，适用于法律的内容和执行次序不一样。

5.2.2 建筑工程中的主要合同关系

建筑工程项目是一个极为复杂的社会生产过程，它分别经历可行性研究、勘察设计、工程施工等阶段；有建筑、土建、水电、机械设备、通信等专业设计和施工活动；需要各种材料、设备、资金和劳动力的供应。由于现代的社会化大生产和专业化分工，一个稍大一点的工程其参加单位就有十几个、几十个，甚至成百上千个。它们之间形成各式各样的经济关系。由于工程中维系这种关系的纽带是合同，因此就有各式各样的合同。工程项目的建设过程实质上又是一系列经济合同的签订和履行过程。

在一个工程中，相关的合同可能有几份、几十份、几百份，甚至几千份，形成一个复杂的合同网络。在这个网络中，业主和工程的承包商是两个最主要的节点。

1. 业主的主要合同关系

业主作为工程（或服务）的买方，是工程的所有者，可能是政府、企业、其他投资者，或几个企业的组合，或政府与企业的组合（如合资项目、BOT项目的业主）。业主投资一个项目，通常委派一个代理人（或代表）以业主的身份进行工程项目的经营管理。

业主根据对工程的需求，确定工程项目的整体目标。这个目标是所有相关工程合同的核心。要实现工程总目标，业主必须将建筑工程的勘察、设计、各专业工程施工、设备和材料供应、建设过程的咨询与管理等工作委托出去，必须与有关单位签订如下各种合同：

（1）咨询（监理）合同，即业主与咨询（监理）公司签订的合同。咨询（监理）公司负责工程的可行性研究、设计监理、招标和施工阶段监理等某一项或几项工作。

（2）勘察设计合同，即业主与勘察设计单位签订的合同。勘察设计单位负责工程的地质勘察和技术设计工作。

（3）供应合同。对由业主负责提供的材料和设备，必须与有关的材料和设备供应单位签订供应（采购）合同。

（4）工程施工合同，即业主与工程承包商签订的工程施工合同。一个或几个承包商承包或分别承包土建、机械安装、电气安装、装饰、通信等工程施工。

（5）贷款合同，即业主与金融机构签订的合同。后者向业主提供资金保证。按照资金来源的不同，可能有贷款合同、合资合同或 BOT（建设–经营–转让，Build–Operate–Transfer）合同等。

按照工程承包方式和范围的不同，业主可能订立几十份合同。例如，将工程分专业、分阶段委托，将材料和设备供应分别委托，也可能将上述委托以各种形式合并，如把土建和安装委托给一个承包商，把整个设备供应委托给一个成套设备供应企业。当然，业主还可以与一个承包商订立一全包合同（一揽子承包合同），由该承包商负责整个工程的设计、供应、施工，甚至管理等工作。因此一份合同的工程（工作）范围和内容会有很大区别。

2. 承包商的主要合同关系

承包商是工程施工的具体实施者，是工程承包合同的执行者。承包商通过投标接受业主的委托，签订工程承包合同。工程承包合同和承包商是任何建筑工程中都不可缺少的。承包商要完成承包合同的责任，包括由工程量表所确定的工程范围的施工、竣工和保修，为完成这些工程提供劳动力、施工设备、材料，有时也包括技术设计。任何承包商都不可能，也不必具备所有的专业工程的施工能力、材料和设备的生产及供应能力，同样必须将许多专业工作委托出去。所以承包商常常又有自己复杂的合同关系。

（1）分包合同。对于一些大的工程，承包商常常必须与其他承包商合作才能完成总承包合同责任。承包商把从业主那里承接到的工程中的某些分项工程或工作分包给另一承包商来完成，则与其签订分包合同。承包商在承包合同下可能订立许多分包合同，而分包商仅完成总承包商的工程，向承包商负责，与业主无合同关系。承包商仍向业主担负全部工程责任，负责工程的管理和所属各分包商工作之间的协调，以及各分包商之间合同责任界面的划分，同时承担协调失误造成损失的责任，向业主承担工程风险。在投标书中，承包商必须附上拟定的分包商名单，供业主审查。如果在工程施工中重新委托分包商，必须经过工程师（或业主代表）的批准。

（2）供应合同。承包商为工程所进行的必要的材料和设备的采购及供应，必须与供应商签订供应合同。

（3）运输合同。这是承包商为解决材料和设备的运输问题而与运输单位签订的合同。

（4）加工合同，即承包商将建筑构配件、特殊构件加工任务委托给加工承揽单位而签订的合同。

（5）租赁合同。在建筑工程中承包商需要许多施工设备、运输设备、周转材料。当有些设备、周转材料在现场使用率较低，或自己购置需要大量资金投入而自己又不具备这个经济实力时，可以采用租赁方式，与租赁单位签订租赁合同。

（6）劳务供应合同，即承包商与劳务供应商之间签订的合同，由劳务供应商向工程提供劳务。

（7）保险合同。承包商按施工合同要求对工程进行保险，与保险公司签订保险合同。

3. 其他情况的合同关系

在实际工程中还可能有如下情况：

（1）设计单位、各供应单位也可能存在各种形式的分包。

（2）承包商有时也承担工程（或部分工程）的设计（如设计—施工总承包），则其有时也必须委托设计单位，签订设计合同。

（3）如果工程付款条件苛刻，要求承包商带资承包，承包商就必须借款，与金融单位订立借（贷）款合同。

（4）在许多大工程中，尤其是在业主要求全包的工程中，承包商经常是几个企业的联营体，即联营承包。若干家承包商（最常见的是设备供应商、土建承包商、安装承包商、勘察设计单位）之间订立联营合同，联合投标，共同承接工程。联营承包已成为许多承包商经营战略之一，国内外工程中都很常见。

（5）在一些大工程中，分包商还可能将自己承包的工程或工作的一部分再分包出去。分包商需要材料和设备的供应，也可能租赁设备，委托加工，需要材料和设备的运输，需要劳务。所以分包商又有自己复杂的合同关系。

按照上述的分析和项目任务的结构分解，就得到不同层次、不同种类的合同，它们共同构成该工程的合同体系（见图 5-1）。

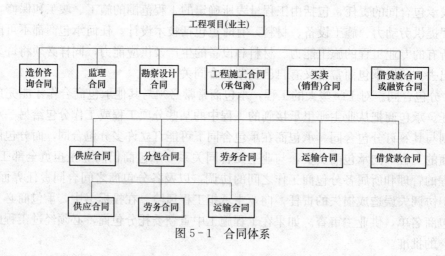

图 5-1　合同体系

在一个工程中，上述合同都是为了完成业主的工程项目目标，必须围绕这个目标签订和实施。由于这些合同之间存在着复杂的内部联系，构成了该工程的合同网络。其中，工程承包合同是最有代表性、最普遍，也是最复杂的合同类型，在工程项目的合同体系中处于主导地位，是整个工程项目合同管理的重点。

无论是业主、监理工程师或承包商都将承包合同作为合同管理的主要对象。深刻了解承包合同将有助于对整个项目合同体系以及对其他合同的理解。本书即以业主与承包商之间签订的工程承包合同作为主要研究对象。

工程项目的合同体系在项目管理中也是一个非常重要的概念。它从一个重要角度反映了项目的形象，对整个项目管理的运作有很大的影响：

（1）它反映了项目任务的范围和划分方式。

（2）它反映了项目所采用的管理模式，如监理制度、全包方式或平行承包方式。

（3）它在很大程度上决定了项目的组织形式。因为不同层次的合同，常常又决定了合同实施者在项目组织结构中的地位。

5.3　建设工程施工合同

5.3.1　施工合同的概念

施工合同即建筑安装工程承包合同，是发包人和承包人为完成商定的建筑安装工程，明确相互权利、义务关系的合同。依照施工合同，承包方应完成一定的建筑、安装工程任务，发包方应提供必要的施工条件并支付工程价款。施工合同是建设工程合同的一种，它与其他建设工程合同一样是一种双务合同，在订立的时候也应遵守自愿、公平、诚实信用等原则。

5.3.2　施工合同的特征

1. 合同标的的特殊性

施工合同的标的是建筑产品，而建筑产品和其他产品相比具有产品的固定性、单件性及形体庞大、生产的流动性、生产周期长及投资大等特点。这些特点决定了施工合同标的的特殊性。

2. 合同的内容繁杂

由于施工合同标的的特殊性，合同涉及的方面多，涉及多种主体及其法律、经济关系，这些方面和关系都要求施工合同内容尽量详细，导致了施工合同内容的繁杂。例如，施工合同除了应当具备合同的一般内容外，还应对安全施工、专利技术使用、发现地下障碍和文物、工程分包、不可抗力、工程变更、材料设备的供应、运输、验收等内容作出规定。

3. 合同履行期限长

由于工程建设的工期一般较长，再加上必要的施工准备时间和办理竣工结算及保修期的时间，决定了施工合同的履行期限具有长期性。

4. 合同监督严格

由于施工合同的履行对国家的经济发展、人民的工作和生活都有重大的影响，国家对施工合同实施非常严格的监督。在施工合同的订立、履行、变更、终止全过程中，除了要求合同当事人对合同进行严格的管理外，合同的主管机关（工商行政管理机构）、建设行政主管机关、金融机构等都要对施工合同进行严格的监督。

5.3.3　施工合同的订立

1. 订立施工合同应具备的条件

（1）施工图设计已经批准；

（2）工程项目已经列入年度建设计划；

（3）有能够满足施工需要的设计文件和有关技术资料；

（4）建设资金和主要建筑材料设备来源已经落实；

（5）对于招投标工程，中标通知书已经发出。

2. 订立施工合同的程序

施工合同作为合同的一种，其订立也应经过合同要约和承诺两个阶段，就是投标报价和商签合同。

（1）投标报价。这个阶段从取得招标文件开始，到开标为止。承包商首先必须通过业主的资格预审，获取招标文件；进行详细的环境调查，分析招标文件，确定工程实施方案；在此基础上进行工程报价编制。承包商必须提出有竞争力的、有利的报价，在招标文件规定的时间内，并按规定的要求递交投标书。这是业主和承包商之间的要约邀请和要约，是承包合同的初始阶段。

（2）商签合同。这个阶段是从开标到签订合同。对有的工程，这个阶段时间很短，但极为重要，不可忽视。该阶段通常分为两步：

1）开标后，业主对各投标书作初评，宣布一些不符合招标规定的投标书为废标；选择合理的评标方法，由评标委员会对投标书进行研究，对比分析；要求承包商澄清投标书中的问题。承包商通过公平竞争，战胜其他竞争对手，为业主选中。

2）合同谈判。在收到业主中标通知书后，业主和承包商可以进行进一步的合同谈判，对合同条件作修改和补充。最终双方达成一致，签订合同协议书。至此，一个有法律约束力的承包合同诞生了。

5.3.4　建设工程施工合同文本

1. 施工合同范本

2013 年 4 月，为规范建筑市场秩序，维护建设工程施工合同当事人的合法权益，住房城乡建设部、工商总局对《建设工程施工合同（示范文本）》（GF-1999-0201）进行了修订，制定了《建设工程施工合同（示范文本）》（GF-2013-0201），自 2013 年 7 月 1 日起执行，适用于土木工程，包括各类公用设施、民用住宅、工业厂房、交通设施及线路、管道施工和设备安装。

施工合同范本中的通用条款反映了工程实践的通常做法，除非当事人另有约定或明确排除适用，司法实践中经常将其当成交易习惯参照适用，以示范文本为基础谈判签约，有助于合同内容合法完备、责任明确、风险责任分担合理。实践中，示范文本的确起到了提升施工合同谈判效率和订立质量、减少缔约纠纷和履约纠纷的积极作用。当事人以示范文本为蓝本的订约内容，得到建设行政部门的行政规章及法院司法解释的充分支持。

2. 施工合同范本的组成内容

《建设工程施工合同（示范文本）》（GF－2013－0201）由协议书、通用条款、专用条款及附件构成。

（1）协议书。是总纲性文件，明确工程概况和双方最主要的权利义务，经双方签署盖章后，施工合同成立并生效。除非专用条款另有约定，直到施工合同成立当时的所有文件（合同成立后形成的补充协议除外）中，协议书具有最优先的解释效力。协议书共 13 条，包括工程概况、合同工期、质量标准、签约合同价和合同价格形式等重要内容，集中约定了合同当事人基本的合同权利义务。

（2）通用条款。根据法律规定，总结国内施工实践中的成功经验和失败教训，借鉴FIDIC 条件编制，在公平考虑发包人和承包人利益的原则下，规范双方权利义务的标准化合同条款，共计 20 条，是合同当事人就工程建设的实施及相关事项，对合同当事人的权利和义务作出的原则性约定。

（3）专用条款。考虑工程概况、承包范围等（在协议书中明确）不同，工期、造价等要素随之变动，施工的内部条件、外部环境等也有差异，需要对通用条款进行必要的具体化、补充或修改，专用条款的意义正在于此，即以提纲格式方式，为双方按法律规定，结合具体工程实际，协商洽谈订立个性化的合同条件提供指引。

（4）附件。包括 1 个协议书附件、10 个专用合同条款附件。

3. 施工合同文件及解释顺序

合同文件应能相互解释、互为说明。除专用条款另有约定外，组成施工合同的文件及解释顺序为：

（1）合同协议书；

（2）中标通知书；

（3）投标函及其附录；

（4）专用合同条款及其附件；

（5）通用合同条款；

（6）技术标准和要求；

（7）图纸；

（8）已标价工程量清单或预算书；

（9）其他合同文件。

慎重确定合同文件的组成及解释顺序，原则上无特别的要求，应尽量避免重新调整约定的合同文件解释顺序。对于在合同履行过程中形成的与合同有关的文件，合同当事人应谨慎对待，谨防因疏忽或专业知识的欠缺造成所签署的文件违背真实意思的表示。

5.3.5　施工合同双方的权利和义务

1. 施工合同双方的工作

在市场经济条件下，施工任务的最终确认是以施工合同为依据的，项目经理必须代表施工企业（承包人）完成应当由施工企业完成的工作。《建设工程施工合同（示范文本）》（GF-2013-0201）第 5 条～第 9 条规定了施工合同双方的一般工作内容及其权利和义务。

（1）发包人工作。发包人按专用条款约定的内容和时间完成以下工作：

1）办理土地征用、拆迁补偿、平整施工场地等工作，使施工场地具备施工条件，在开工后继续负责解决以上事项遗留问题；

2）将施工所需水、电、电信线路从施工场地外部接至专用条款约定地点，保证施工期间的需要；

3）开通施工场地与城乡公共道路的通道，以及专用条款约定的施工场地内的主要道路，满足施工运输的需要，保证施工期间的畅通；

4）向承包人提供施工场地的工程地质和地下管线资料，对资料的真实性和准确性负责；

5）办理施工许可证及其他施工所需证件、批件和临时用地、停水、停电、中断道路交通、爆破作业等的申请批准手续（证明承包人自身资质的证件除外）；

6）确定水准点与坐标控制点，以书面形式交给承包人，进行现场交验；

7）组织承包人和设计单位进行图纸会审和设计交底；

8）协调处理施工场地周围地下管线和邻近建筑物、构筑物（包括文物保护建筑）、古树名木的保护工作，承担有关费用；

9）发包人应做的其他工作，双方在专用条款内约定。

发包人可以上述部分工作委托承包人办理，双方在专用条款内约定，其费用由发包人承担。发包人未能履行上述条款各项义务，导致工期延误或给承包人造成损失的，发包人赔偿承包人有关损失，顺延延误的工期。

（2）承包人工作。承包人按专用条款约定的内容和时间完成以下工作：

1）根据发包人委托，在其设计资质等级和业务允许的范围内，完成施工图设计或与工程配套的设计，经工程师确认后使用，发包人承担由此发生的费用；

2）向工程师提供年、季、月度工程进度计划及相应进度统计报表；

3）根据工程需要，提供和维修非夜间施工使用的照明、围栏设施，并负责安全保卫；

4）按专用条款约定的数量和要求，向发包人提供施工场地办公和生活的房屋及设施，发包人承担由此发生的费用；

5）遵守政府有关主管部门对施工场地交通、施工噪声及环境保护和安全生产等的管理规定，按规定办理有关手续，并以书面形式通知发包人，发包人承担由此发生的费用，因承包人责任造成的罚款除外；

6）已竣工工程未交付发包人之前，承包人按专用条款约定负责已完工程的保护工作，保护期间发生损坏，承包人自费予以修复；发包人要求承包人采取特殊措施保护的工程部位和相应的追加合同价款，双方在专用条款内约定；

7）按专用条款约定做好施工场地地下管线和邻近建筑物、构筑物（包括文物保护建筑）、古树名木的保护工作；

8）保证施工场地清洁，符合环境卫生管理的有关规定，交工前清理现场达到专用条款约定的要求，承担因自身原因违反有关规定造成的损失和罚款；

9）承包人应做的其他工作，双方在专用条款内约定。

承包人未能履行上述条款各项义务，造成发包人损失的，承包人赔偿发包人有关损失。

2．工程师的产生和职责

（1）工程师的产生和易人。工程师包括监理单位委派的总监理工程师和发包人指定的履行合同的负责人。

1）实行工程监理的，发包人应在实施监理前将委托的监理单位名称、监理内容及监理权限以书面形式通知承包人。监理单位委派的总监理工程师在本合同中称工程师，其姓名、职务、职权由发包人和承包人在专用条款内写明。工程师按合同约定行使职权，发包人在专用条款内要求工程师在行使某些职权前需要征得发包人批准的，工程师应征得发包人批准。

2）发包人派驻施工场地履行合同的代表在本合同中也称工程师，其姓名、职务、职权由发包人在专用条款内写明，但职权不得与监理单位委派的总监理工程师职权相互交叉。双方职权发生交叉或不明确时，由发包人予以明确，并以书面形式通知承包人。工程师专指发包人派驻施工场地履行合同的代表，其具体职权由发包人在专用条款内写明。

3）工程师易人。工程师易人，发包人应至少在易人前7天以书面形式通知承包人，后任继续行使合同文件约定的权利和义务。

（2）工程师的职责。

1）工程师委派工程师代表。工程师可委派工程师代表，行使合同约定的自己的职权，并可在认为必要时撤回委派。委派和撤回均应提前7天以书面形式通知承包人，负责监理的工程师还应将委派和撤回通知以书面形式发给发包人。委派书和撤回通知作为本合同附件。

工程师代表在工程师授权范围内向承包人发出的任何书面形式的函件，与工程师发出的函件具有同等效力。承包人对工程师代表向其发出的任何书面形式的函件有疑问时，可将此函件提交工程师，工程师应进行确认。工程师代表发出指令有失误时，工程师应进行纠正。

2）工程师发布指令、通知。工程师的指令、通知由其本人签字后，以书面形式交给项目经理，项目经理在回执上签署姓名和收到时间后生效。确有必要时，工程师可发出口头指令，并在 48 h 内给予书面确认，承包人对工程师的指令应予执行。工程师不能及时给予书面确认的，承包人应于工程师发出口头指令后 7 天内提出书面确认要求。工程师在承包人提出确认要求后 48h 内不予答复的，视为口头指令已被确认。

承包人认为工程师指令不合理，应在收到指令后 24 h 内向工程师提出修改指令的书面报告，工程师在收到承包人报告后 24 h 内作出修改指令或继续执行原指令的决定，并以书面形式通知承包人。紧急情况下，工程师要求承包人立即执行的指令或承包人虽有异议，但工程师决定仍继续执行的指令，承包人应予执行。因指令错误发生的追加合同价款和给承包人造成的损失由发包人承担，延误的工期相应顺延。

上述规定同样适用于由工程师代表发出的指令、通知。

3）工程师完成自己的职责。工程师应按合同约定，及时向承包人提供所需指令、批准并履行约定的其他义务。由于工程师未能按合同约定履行义务造成工期延误，发包人应承担延误造成的追加合同价款，并赔偿承包人有关损失，顺延延误的工期。

4）工程师做出处理决定。在合同履行中，发生影响承、发包双方权利或义务的事件时，负责监理的工程师应做出公正的处理。为保证施工正常进行，承发包双方应尊重工程师的决定。承包人对工程师的处理有异议时，按照合同约定争议处理办法解决。

3. 项目经理的产生和职责

(1) 项目经理的产生。项目经理是由承包人单位法定代表人授权的，派驻施工场地的承包人的总负责人，他代表承包人负责工程施工的组织、实施。承包人施工质量、进度的好坏与承包人代表的水平、能力、工作热情有很大的关系，招标人一般都要求在投标书中明确其人选，并作为评标的一项内容。项目经理的姓名、职务在专用条款内约定。项目经理一旦确定后，承包人不能随意易人。

承包人如需更换项目经理，应至少提前 7 天以书面形式通知发包人，并征得发包人同意。后任继续行使合同文件约定的前任的职权，履行前任的义务。发包人可以与承包人协商，建议更换其认为不称职的项目经理。

(2) 项目经理的职责。承包人依据合同发出的通知，以书面形式由项目经理签字后送交工程师，工程师在回执上签署姓名和收到时间后生效。

项目经理按发包人认可的施工组织设计（施工方案）和工程师依据合同发出的指令组织施工。在情况紧急且无法与工程师联系时，项目经理应当采取保证人员生命和工程、财产安全的紧急措施，并在采取措施后 48 h 内向工程师送交报告。责任在发包人或第三人，由发包人承担由此发生的追加合同价款，相应顺延工期；责任在承包人，由承包人承担费用，不顺延工期。

5.4 其他建设工程合同

5.4.1 建设监理合同概述

1. 建设监理合同的概念

建设监理合同是业主与监理单位签订，为了委托监理单位承担监理业务而明确双方权利义务关系的协议。建设监理是依据法律、行政法规及有关技术标准、设计文件和建设工程合同，对承包单位在工程质量、建设工期和建设资金使用等方面，代表建设单位实施监督。建设监理可以是对工程建设的全过程进行监理，也可以分阶段进行设计监理、施工监理等，目前实践中监理大多是施工监理。

2. 建设监理合同的主体

建设监理合同的主体是合同确定的权利的享有者和义务的承担者，包括建设单位（业主）和监理单位。

在我国，业主是指全面负责项目投资、项目建设、生产经营、归还贷款和债券本息并承担投资风险的法人或个人。

监理单位是指取得监理资质证书，具有法人资格的监理公司、监理事务所和兼承监理业务的工程设备、科学研究及工程建设咨询的单位。监理单位的资质分为甲级、乙级和丙级。甲级监理单位可以跨地区、跨部门监理一、二、三等工程；乙级监理单位只能监理本地区、本部门二、三等工程；丙级监理单位只能监理本地区、本部门三等工程。

3. 《建设工程监理合同（示范文本）》简介

为规范建设工程监理活动，维护建设工程监理合同当事人的合法权益，住房和城乡建设部、国家工商行政管理总局对《建设工程委托监理合同（示范文本）》（GF-2000-2002）进行了修订，制定了《建设工程监理合同（示范文本）》（GF-2012-0202），于2012年3月27日执行。该合同文件包括"协议书""通用条件""专用条件"、附录A和附录B五部分组成。

4. 建设监理合同当事人的义务

（1）监理单位的义务。

1）向业主报送委派的总监理工程师及其监理机构成员名单、监理规划，完成监理合同专用条款中约定的监理工程范围内的监理业务。

2）监理机构在履行本合同的义务期间，应运用合理的技能，为业主提供与其监理机构水平相适应的咨询意见，认真、勤奋地工作，帮助业主实现合同预定的目标，公正地维护各方的合法权益。

3）监理机构使用业主提供的设施和物品属于业主的财产。在监理工作完成或终止时，应将其设施和剩余的物品库存清单提交给业主，并按双方约定的时间和方式移交此类设施和物品。

4）在本合同期内或合同终止后，未征得有关方同意，不得泄露与本工程、本合同业务活动有关的保密资料。

（2）业主的义务。

1）业主应当负责工程建设所有外部关系的协调，为监理工作提供外部条件。

2）业主应当在双方约定的时间内，免费向监理机构提供与工程有关的、为监理机构所需要的工程资料。

3）业主应当在约定的时间内，就监理单位书面提交并要求作出决定的一切事宜作出书面决定。

4）业主应当授权一名熟悉工程情况、能迅速作出决定的常驻代表，负责与监理单位联系。若更换常驻代表，要提前通知监理单位。

5）业主应当将授予监理单位的监理权力及监理机构成员的职能分工，及时书面通知已选定的第三方，并在与第三方签订的合同中予以明确。

6）业主应为监理机构提供协助，如获取本工程使用的原材料、构配件、机械设备等生产厂家的名录；提供与本工程有关的协作单位、配合单位的名录。

7）业主应免费向监理机构提供合同专用条款约定的设施，对监理单位自备的设施给予合理的经济补偿。

5. 建设监理合同当事人的权利

（1）监理单位的权利。

1）选择工程总设计单位和施工总承包单位的建议权。

2）选择工程设计分包单位和施工分包单位的确认权与否定权。

3）对工程建设有关事项包括工程规模，设计标准、规划设计、生产工艺设计和使用功能要求，向业主的建议权。

4）工程结构设计和其他专业设计中的技术问题，按照安全和优化的原则，自主向设计单位提出建议，并向业主提出书面报告；如果由于拟提出的建议会提高工程造价，或延长工期，应当事先取得业主的同意。

5）工程施工组织设计和技术方案，按照保质量、保工期和降低成本的原则，自主向承建商提出建议，并向业主提出书面报告；如果由于拟提出的建议会提高工程造价，或延长工期，应当事先取得业主的同意。

6）工程建设有关协作单位的组织协调的主持权，重要协调事项应当事先向业主报告。

7）报经业主同意后，发布开工令、停工令、复工令。

8）工程上使用的材料和施工质量的检验权。对于不符合设计要求及国家质量标准的材料设备，有权通知承建商停止使用；对于不符合规范和质量标准的工序、分项分部工程和不安全的施工作业，有权通知承建商停工整改或返工。承建商取得监理机构复工令后才能复工。发布停、复工令时应向业主报告。

9）工程施工进度的检查、监督权，以及工程实际竣工日期提前或超过工程承包合同规定的竣工期限的签认权。

10）在工程承包合同约定的工程价格范围内，工程款支付的审核和签认权，以及结算工程款的复核确认权与否定权。未经监理机构签字确认，业主不得支付工程款。

（2）业主的权利。

1）业主有选定工程总设计单位和总承包单位，以及与其订立合同的签订权。

2）业主有对工程规模、设计标准、规划设计、生产工艺设计和设计使用功能要求的认定权，以及对工程设计变更的审批权。

3）监理单位调换项目总监理工程师须经业主同意。

4）业主有权要求监理机构提交监理工作月度报告及监理业务范围内的专项报告。

5）业主有权要求监理单位更换不称职的监理人员，直到终止合同。

6. 建设监理合同的履行

建设监理合同的当事人应当严格按照合同的约定履行各自的义务。当然，最主要的是，监理单位应当完成监理工作，业主应当按照约定支付监理酬金。

（1）监理单位完成监理工作。监理单位在监理合同有效期内，应当履行监理合同中约定的义务，如因监理单位过失而产生质量事故，造成业主经济损失，应当向业主赔偿。如因监理单位的原因使工期延误，造成经济损失，应当向业主赔偿，如因业主的原因造成工期延误，业主应向监理单位补偿。

（2）监理酬金的支付。附加工作和额外工作的酬金，按照监理合同专用条款约定的方法计取，并按约定的时间和数额支付。支付监理酬金所采取的货币币种、汇率由合同专用条款约定。如果业主对监理单位提交的支付通知书中的酬金或部分酬金项目提出异议，应当在收到支付通知 24h 内向监理单位发出异议通知书，但业主不得拖延其他无异议酬金项目的支付。

（3）违约责任。监理工作的责任期即监理合同有效期。监理单位在责任期内，如果因过失而造成经济损失，要负监理失职的责任。在监理过程中，如果因工程进展的推迟或延误而超过议定的日期，双方应进一步商定相应延长的责任期，监理单位不对责任期以外发生的任何事件所引起的损失或损害负责，也不对第三方违反合同规定的质量要求和交工时限承担责任。

5.4.2　建设工程勘察、设计合同概述

1. 建设工程勘察、设计合同的概念

建设工程勘察、设计合同是委托人与承包人为完成一定的勘察、设计任务，明确双方权利和义务关系的协议。承包人应当完成委托人委托的勘察、设计任务，委托人则应接受符合约定要求的勘察、设计成果并支付报酬。

2. 建设工程勘察、设计合同示范文本简介

2000 年，建设部、国家工商行政管理总局修订《建设工程勘察设计合同管理办法》，制定了《建设工程勘察合同（示范文本）》和《建设工程设计合同（示范文本）》，印发建设〔2000〕第 50 号文件要求：凡在我国境内的建设工程，对其进行勘察、设计的单位，应当按照《建设工程勘察设计合同管理办法》，接受建设行政主管部门和工商行政管理部门对建设工程项目勘察设计合同的管理与监督。《建设工程勘察合同（示范文本）》共 10 条，内容包括：工程勘察范围、委托方应当向承包方提供的文件资料、承包方应当提交的勘察成果、取费标准及拨付办法、双方责任、违约责任、纠纷的解决、其他事宜等。《建设工程设计合同（示范文本）》共 7 条，内容包括：签订依据，设计项目的名称、阶段、规模、投资、设计内容及标准，委托方应当向承包方提供的文件资料，承包方应当提交的设计文件，取费标准及拨付办法，双方责任，其他事宜（包括纠纷的解决）等。

3. 建设工程勘察、设计合同的订立

建设工程勘察合同由建设单位、设计单位或有关单位提出委托，经双方同意即可签订。建设工程设计合同须具有上级机关批准的设计任务书方能签订。小型单项工程的设计合同须具有上级机关批准的文件方能签订。如单独委托施工图设计任务，应同时具有经有关部门批

准的初步设计文件方能签订。建设工程勘察、设计合同在当事人双方经过协商取得一致意见后，由双方负责人或指定代表签字并加盖公章后，方能有效。

建设工程勘察、设计合同的主要内容包括：

（1）委托方提交有关基础资料的期限；

（2）勘察、设计单位提交勘察、设计文件（包括概预算）的期限；

（3）勘察或者设计的质量要求；

（4）勘察、设计费用；

（5）双方的其他协作条件；

（6）违约责任。

4. 建设工程勘察、设计合同的履行

（1）勘察、设计合同的定金。按规定收取费用的勘察、设计合同生效后，委托方应向承包方付给定金。勘察、设计合同履行后，定金抵作勘察、设计费。设计任务的定金为估算设计费的 20%。

（2）勘察、设计合同双方的权利和义务。勘察、设计合同作为双务合同，当事人的权利和义务是相互的，一方的义务就是对方的权利。

1）委托方的义务。

a. 向乙方提交业经上级批准的设计任务书、工程选址报告，以及原料（或经过批准的资源报告）、燃料、水、电、运输等方面的协议文件和能满足初步设计要求的勘察资料，需要经过科研取得的技术资料。

b. 及时办理各设计阶段的设计文件审批工作。

c. 在工程开工前，甲方应组织有关施工单位，与乙方进行设计技术交底；工程竣工后，甲方应通知乙方参加竣工验收。

d. 在设计人员进入施工现场进行工作时，甲方应提供必要的工作条件，并在生活上予以方便。在设计和施工过程中因技术上的特殊需要进行试制试验，所需一切费用及为配合甲方到外地的差旅费均由甲方负责。

e. 甲方必须维护乙方的设计文件，不得擅自修改；未经乙方同意，甲方不得复制、重复使用或擅自扩大建设范围。甲方有义务保护乙方的设计版权，不得转让给第三方重复使用。

2）承包方的责任。大型建筑安装工程，甲乙双方可视具体情况分阶段进行设计，在具备设计条件时，双方签订阶段设计合同，具体规定甲方应提交各阶段设计资料的名称和日期，乙方交付设计文件的日期，作为合同的附件说明。乙方必须根据批准的设计任务书或上一阶段设计的批准文件，以及有关设计技术经济协议文件、设计标准、技术规范、规程、定额等提出勘察技术要求和进行设计，提交符合质量的设计文件。

初步设计经上级主管部门审查后，在原定任务书范围内的必要修改，乙方应负责承担。设计单位对所承担设计任务的建设项目应配合施工单位进行施工前技术交底，解决施工中的有关设计问题，负责设计变更和修改预算，参加隐蔽工程验收和工程竣工验收。

5. 建设工程勘察、设计合同的变更和解除

设计文件批准后，就具有一定的严肃性，不得任意修改和变更。如果必须修改，也需经有关部门批准，其批准权限根据修改内容所涉及的范围而定。

委托方因故要求中途停止设计时，应及时书面通知承包方，已付的设计费不退，并按该阶段实际所耗工时，增付和结清设计费，同时终止合同关系。

6. 建设工程勘察、设计合同的违约责任

（1）勘察、设计合同承包方的违约责任。由于乙方的原因，延误设计文件的交付时间，乙方应向甲方偿付违约金（甲方可在设计费中扣除）。因乙方设计质量低劣引起返工，应由乙方继续完善设计任务，并视造成的损失浪费大小减收或免收设计费。对于因乙方设计错误造成工程重大质量事故者，乙方除免收受损失部分的设计费外，还应支付与直接受损失部分设计费相等的赔偿金。

（2）勘察、设计合同发包方的违约责任。由于甲方不能按期、准确提供有关设计资料，致使乙方无法进行设计或造成设计返工，乙方除可将设计文件交付日期顺延外，还应由甲方按乙方实际损失工日，增付设计费。甲方不按照合同规定的时间向乙方支付定金和设计费，应根据银行关于延期付款的规定，向乙方偿付违约金。

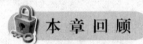 **本 章 回 顾**

（1）建设工程合同是经济合同的一种，是广义承揽合同中的一种，它是一种诺成合同、有偿合同，是承包人按照发包人的要求完成工程建设，交付竣工工程，发包人向承包人付报酬的合同。

（2）业主与承包商所签订的合同，按计价方式不同，可划分为固定价合同、可调价合同和成本加酬金合同三大类型。

（3）施工合同即建筑安装工程承包合同，是发包人和承包人为完成商定的建设安装工程，明确相互权利、义务关系的合同。

（4）施工合同的特征有合同标的的特殊性、合同的内容繁杂、合同履行期限长、合同监督严格。

（5）订立施工合同应具备的条件：施工图设计已经批准；工程项目已经列入年度建设计划；有能够满足施工需要的设计文件和有关技术资料；建设资金和主要建筑材料设备来源已经落实；对于招投标工程，中标通知书已经发出。

（6）《建设工程施工合同（示范文本）》（GF-2013-0201）由协议书、通用条款、专用条款及11个附件构成。

（7）合同文件应能相互解释、互为说明。除专用条款另有约定外，组成施工合同的文件及解释顺序为：①合同协议书；②中标通知书；③投标函及其附录；④专用合同条款及其附件；⑤通用合同条款；⑥技术标准和要求；⑦图纸；⑧已标价工程量清单或预算书；⑨其他合同文件。

（8）建设监理合同是业主与监理单位签订，为了委托监理单位承担监理业务而明确双方权利和义务关系的协议。

（9）建设工程勘察、设计合同是委托人与承包人为完成一定的勘察、设计任务，明确双方权利和义务关系的协议。承包人应当完成委托人委托的勘察、设计任务，委托人则应接受符合约定要求的勘察、设计成果并支付报酬。

思考与讨论

1. 什么是建设工程施工合同？该合同订立应具备什么条件？
2. 什么是建设工程监理合同？其合同的主体是什么？
3. 建设工程监理合同当事人（业主和监理单位）有何义务和权利？
4. 什么是建设工程勘察、设计合同？它包括哪些主要内容？
5. 建设工程勘察、设计合同当事人有何义务和权利？

 练　一　练

1. 合同法律关系是指合同法律规范调整的当事人在民事流转过程中形成的（　　）关系。

 A. 债权人与债务人　　　　　　　　B. 代理人与被代理人

 C. 权利与义务　　　　　　　　　　D. 法人与自然人

2. 施工企业的项目经理指挥失误，给建设单位造成损失的，建设单位应当要求（　　）赔偿。

 A. 施工企业　　　　　　　　　　　B. 施工企业的法定代表人

 C. 施工企业的项目经理　　　　　　D. 具体的施工人员

3. 根据专用条款约定的内容和时间，不属于发包人的工作范畴的是（　　）。

 A. 办理土地征用，拆迁补偿、平整施工场地等工作，使施工场地具备施工条件，并在开工后继续解决以上事项的遗留问题

 B. 向承包人提供施工场地的工程地质和地下管线资料，保证数据真实，位置准确

 C. 提供年、季、月工程进度计划及相应进度统计报表

 D. 确定水准点与坐标控制点，以书面形式交给承包人，并进行现场交验

4. 设计人的设计工作进展不到委托设计任务的一半时，发包人由于项目建设资金的筹措发生问题而决定停建该项目，单方发出解除合同的通知。按照设计范本的规定，设计人应（　　）。

 A. 没收全部定金补偿损失

 B. 要求发包人支付双倍的定金

 C. 要求发包人补偿实际发生的损失

 D. 要求发包人付给合同约定设计费用的 50%

5. 施工合同的合同工期是判定承包人提前或延误竣工的标准。订立合同时约定的合同工期概念应为，从（　　）的日历天数计算。

 A. 合同签字日起按投标文件中承诺

 B. 合同签字日起按招标文件中要求

 C. 合同约定的开工日起按投标文件中承诺

 D. 合同约定的开工日起按招标文件中要求

第6章 建设工程合同管理

 **技能目标**

要求学生了解施工合同管理的特点，施工合同管理组织的建立；熟悉施工合同管理的工作内容，工程招标投标阶段合同管理的基本任务，能对招标文件进行分析，预防风险的发生；掌握施工合同履行过程中合同分析的内容和方法，合同实施过程中的管理内容、管理程序、管理方法，合同变更管理的程序和内容。

 任务项目引入

某厂房建设场地原为农田。按设计要求在厂房建造时，厂房地坪范围内的耕植土应清除，基础必须埋在老土层下 2.00m 处。为此，业主在"三通一平"阶段就委任土方施工公司清除了耕植土并用好土回填压实至一定设计标高，故在施工招标文件中指出，施工单位无须再考虑清除耕植土问题。然而，开工后，施工单位在开挖基坑（槽）时发现，相当一部分基础开挖深度虽已达到设计标高，但仍未见老土，且在基础和场地范围内仍有一部分深层的耕植土和池塘淤泥等必须清除。

问题：

1. 在工程中遇到地基条件与原设计所依据的地质资料不符时，承包商应该怎么办？

2. 根据修改的设计图纸，基础开挖要加深加大。为此，承包商提出了变更工程价格和展延工期的要求。请问承包商的要求是否合理？为什么？

3. 对于工程施工中出现变更工程价款和工期的事件之后，甲乙双方需要注意哪些时效性问题？

4. 对合同中未规定的承包商义务，合同实施过程又必须进行的工作，应如何处理？

 任务项目实施分析

因地基条件变化引起的设计修改属于工程变更的一种。该案例主要考核承包方遇到工程地质条件发生变化时的工作程序，建设工程施工合同文本对工程变更的有关规定，特别要注意有关时效性的规定。

问题1：

答：第一步，根据建设工程施工合同文本的规定，在工程中遇到地基条件与原设计所依据的地质资料不符时，承包方应立刻通知甲方，要求对原设计进行变更，并由甲方取得以下批准：①超过原设计标准和规模时，须经原设计和规划审查部门批准；②送原设计单位审查，取得相应的图纸和说明。第二步，在建设工程施工合同文件规定的时限内，向甲方提出设计变更价款和工期顺延要求。甲方如确认，则调整合同；甲方如不同意，应由甲方在合同规定的时限内，通知乙方就变更价格协商；若协商不成，提请工程造价管理部门裁定。裁定结果无异议，修改合同，如果仍有异议，按工程承包合同协议的方法处理。

问题 2：

答：承包商的要求合理。因为，工程地质条件的变化，不是一个有经验的承包商能够合理预见的，属于业主风险。基础开挖加深加大必然增加费用和延长工期。

问题 3：

答：在出现变更工程价款和工期事件之后，主要应注意：①乙方提出变更工程价款和工期的时间；②甲方确认的时间；③双方对变更工程价款和工期不能达成一致意见时的解决办法和时间。

问题 4：

答：可按工程变更处理，其处理程序参见问题 1 的答案。

教学内容

6.1 建设工程合同管理概述

6.1.1 建设工程合同管理的概念与职能

建设工程合同管理是指各级工商行政管理机关、建设行政主管部门和金融机构，以及业主、承包商、监理单位依据法律和行政法规、规章制度，采取法律的、行政的手段，对建设工程合同关系进行组织、指导、协调及监督，保护工程合同当事人的合法权益，处理工程合同纠纷，防止和制裁违法行为，保证工程合同的贯彻实施等一系列活动。

合同确定工程项目的价格（成本）、工期和质量（功能）等目标，规定着合同双方责权利关系。所以合同管理必然是工程项目管理的核心。广义地说，建筑工程项目的实施和管理全部工作都可以纳入合同管理的范围。

合同管理贯穿于工程实施的全过程和工程实施的各个方面。它作为其他工作的指南，对整个项目的实施起总控制和总保证作用。在现代工程中，没有合同意识，则项目整体目标不明；没有合同管理，则项目管理难以形成系统，难以有高效率，不可能实现项目的目标。

在项目管理中，合同管理是一个较新的管理职能。在国外，从 20 世纪 70 年代初开始，随着工程项目管理理论研究和实际经验的积累，人们越来越重视对合同管理的研究。在发达国家，80 年代前人们较多地从法律方面研究合同；在 80 年代，人们较多地研究合同事务管理；从 80 年代中期以后，人们开始更多地从项目管理的角度研究合同管理问题。近十几年来，合同管理已成为工程项目管理的一个重要的分支领域和研究热点。它将项目管理的理论研究和实际应用推向新阶段。

在现代建筑工程中不仅需要专职的合同管理人员和部门，而且要求参与建筑工程项目管理的其他各种人员（或部门）都必须精通合同，熟悉合同管理和索赔工作。所以合同管理在土木工程、工程管理及相关专业的教学中具有十分重要的地位。

6.1.2 我国合同管理问题的提出

近十几年来，合同、合同管理和索赔在我国工程管理界，特别在建筑企业受到普遍的重视。其原因是，我国建筑业正面临市场经济和与国际接轨的挑战。这具体体现在：

（1）我国经济体制改革的基本目标是建立社会主义市场经济体制，逐步完善市场经济法规，建立市场经济运行秩序。这一切表明，今后我国市场经济运行秩序将会逐步好转，建筑市场也将逐步法制化、规范化。在这个过程中，合同和合同管理是规范市场行为的主要手段。

（2）随着我国进一步改革开放和加入 WTO，我国的工程项目管理将逐渐与国际接轨，逐渐按国际惯例进行管理。现在我国建设投资已呈多元化，国内的外资项目（包括世界银行项目、亚洲银行项目、中外合资项目、外商独资项目）均已按国际惯例进行管理，如采用 FIDIC 合同条件，实行严格的合同管理。目前我国已经实行建设监理制度，按国际惯例，监理工程师的职责就是进行严格的合同管理，这对建筑企业是一股强大的压力。不提高合同管理水平，工程中双方整体管理水平就不平衡，承包商就会处于更为不利的地位。

（3）目前建筑市场过于向买方倾斜，竞争更加激烈，工程合同价格中包括的利润逐渐减少，合同风险增大，条件苛刻。承包商如果没有有力的合同管理，很难取得工程盈利，稍有不慎即会造成工程亏损。市场竞争越激烈，越要重视合同和合同管理。竞争只有靠管理水平、靠信誉，而利用其他手段都不是长久之计，很容易将企业经营管理引入误区。

（4）我国建筑企业已面向国际市场，参与国际竞争。但合同管理仍然是我国国际承包工程管理中最薄弱的环节之一。在改革开放以来的 20 多年中，我国的许多建筑企业走出国门承包国际工程。国外许多承包商到中国来承包工程。在许多工程中，我国的承包商、业主和分包商由于合同和合同管理失误造成许多损失。所以我国的建筑企业要想适应市场经济的要求，面向国际市场，参与国际竞争，没有高水平的合同管理是不行的。对此我国的建筑工程管理界已有充分的认识。

6.1.3　合同管理的目标

合同管理直接为项目总目标和企业总目标服务，保证项目总目标和企业总目标的实现。所以合同管理不仅是工程项目管理的一部分，而且又是企业管理的一部分。具体地说，合同管理目标包括：

（1）保证项目三大目标的实现，使整个工程在预定的成本（投资）、预定的工期范围内完成，达到预定的质量和功能目标。由于合同中包括进度要求、质量标准、工程价格，以及双方的责权利关系，因此合同管理贯穿了项目的三大目标。在一个建筑工程项目中，有几份、十几份甚至几十份互相联系、互相影响的合同，一份合同至少涉及两个独立的项目参加者。通过合同管理可以保证各方面都圆满地履行合同责任，进而保证项目的顺利实施。最终业主按计划获得一个合格的工程，实施投资目的；承包商获得合理的价格和利润。

（2）一个成功的合同管理，还要在工程结束时使双方都感到满意，合同争执较少，合同各方面能互相协调。业主对工程、对承包商、对双方的合作感到满意；承包商不仅取得了利润，而且赢得了信誉，建立双方友好合作的关系。工程问题的解决公平合理，符合惯例。这是企业经营管理和发展战略对合同管理的要求。在一个工程中要能同时达到上述目标是十分困难的。

6.1.4　建筑工程合同管理的特点

（1）由于建筑工程项目是一个渐进的过程，工程持续时间长，这使得相关的合同，特别是工程承包合同生命期长。它不仅包括施工期，而且包括招标投标和合同谈判及保修期，所以一般至少 2 年，长的可达 5 年或更长的时间。合同管理必须在这么长时间内连续地、不间断地进行，从领取标书直到合同完成并失效。

（2）由于工程价值量大，合同价格高，使合同管理对工程经济效益影响很大。合同管理得好，可使承包商避免亏本，赢得利润，否则，承包商要蒙受较大的经济损失。这已为许多工程实践所证明。在现代工程中，由于竞争激烈，合同价格中包括的利润减少，合同管理中稍有失误即会导致工程亏本。

（3）由于工程过程中内外的干扰事件多，合同变更频繁，常常一个稍大的工程，合同实施中的变更能有几百项。合同实施必须按变化的情况不断地调整，这要求合同管理必须是动态的，必须加强合同控制和合同变更管理工作。

（4）合同管理工作极为复杂、繁琐，是高度准确、严密和精细的管理工作，主要有以下几方面原因：

1）现代工程体积庞大，结构复杂，技术标准、质量标准高，要求相应的合同实施的技术水平和管理水平高。

2）由于现代工程资金来源渠道多，有许多特殊的融资方式和承包方式，使工程项目合同关系越来越复杂。

3）现代工程合同条件越来越复杂，这不仅表现在合同条款多，所属的合同文件多，而且还表现在与主合同相关的其他合同多。例如，在工程承包合同范围内可能有许多分包、供应、劳务、租赁、保险合同，它们之间存在极为复杂的关系，形成一个严密的合同网络。复杂的合同条件和合同关系要求高水平的项目管理，特别是合同管理水平相配套，否则合同条件没有实用性，项目不能顺利实施。

4）工程的参加单位和协作单位多，即使一个简单的工程就涉及业主、总包、分包、材料供应商、设备供应商、设计单位、监理单位、运输单位、保险公司等十几家甚至几十家。各方面责任界限的划分、合同的权利和义务的定义异常复杂，合同文件出错和矛盾的可能性加大。合同在时间上和空间上的衔接及协调极为重要，同时又极为复杂和困难。

5）合同实施过程复杂，从购买标书到合同结束必须经历许多过程。签约前要完成许多手续和工作，签约后进行工程实施，有许多次落实任务、检查工作、会办和验收。要完整地履行一个承包合同，必须完成几百个甚至几千个相关的合同事件，从局部完成到全部完成。在整个过程中，稍有疏忽就会前功尽弃，导致经济损失。所以必须保证合同在工程的全过程和每个环节上都顺利实施。

6）在工程过程中，合同相关法律规范文件、各种工程资料汗牛充栋，在合同管理中必须取得、处理、使用、保存这些文件和资料。

（5）由于工程实施时间长，涉及面广，合同管理受外界环境的影响大，风险大，如经济条件、社会条件、法律和自然条件的变化等，承包商难以预测这些因素，不能控制，从而会妨碍合同的正常实施，造成经济损失。有人把它作为国际工程承包商失败的主要原因之一。合同本身常常隐藏着许多难以预测的风险。由于建筑市场竞争激烈，不仅导致报价降低，而且业主常常提出一些苛刻的合同条款，如单方面约束性条款和责权利不平衡条款，甚至有的发包商包藏祸心，在合同中用不正常手段坑人。承包商对此必须有高度的重视，并采取对策，否则必然会导致工程失败。

（6）在工程项目管理中，合同管理作为一项管理职能，有它自己的职责和任务。但它又有特殊性：

1）由于合同中包括项目的整体目标，因此合同管理对项目的进度控制、质量管理、成本管理有总控制和总协调作用，它是工程项目管理的核心和灵魂。所以它又是综合性的全面的高层次的管理工作。

2）合同管理要处理与业主及其他方面的经济关系，必须服从企业经营管理，服从企业战略，特别在投标报价、合同谈判、制定合同执行战略和处理索赔问题时，更要注意这个问题。

6.2　建设工程施工合同管理

6.2.1　建设工程施工合同管理概述

建设工程施工合同管理，是指有关的行政管理机关及合同当事人，依据法律、法规，采取法律的、行政的手段，对施工合同关系进行组织、指导、协调及监督，保护施工合同当事人的合法权益，处理施工合同纠纷，防止和制裁违法行为，保证施工合同顺利实施的一系列活动。建筑工程施工合同管理分为质量控制、进度控制、投资控制和监督管理。

建筑工程施工合同的全过程管理包括：

1. 合同管理的准备及投标阶段

确定合同模式，并分析边勘测、边设计、边施工"三边工程"的合同管理模式；定位各方关系，分析责任法人、代建制、发包模式、挂靠关系等相关问题；从进度管理与造价管理方面，确定合同框架；从无效合同、四证（国有土地使用证、建设用地规划许可证、建设工程规划许可证、建筑工程施工许可证）效力、行为无效、条款无效等方面，分析合同效力；确定投标基础，理清招标文件，分析承包商合理的要求，风险分摊的评估。

2. 合同管理的开工阶段

开工的种类、计划开工日及实际开工日的合同效果分析；开工条件的意义、种类及合同效果分析；业主通知开工后无法施工的合同问题分析；业主不开工或是迟延开工的合同问题分析；取得出入现场的权利、提供施工现场、提供施工条件等问题分析。

3. 合同管理的履约阶段

工期管理所涉及的施工障碍、时间关联费用及赶工等问题；费用管理涉及的清单计价、合同价款与造价组成的问题；工程变更、删减损失、合理化建议、重复试验、替代品等问题分析；缺项、数量差异、项目特征不符、总价项目等问题解析；措施费、安全文明施工费、暂估价、暂列金额、总包服务费等问题解析。

4. 合同管理的结算阶段

基本竣工原则与甩项协议签订的相关问题解析；先行使用、部分验收、不验收或迟延验收、减价验收、验收不合格、工程试车等问题解析；竣工的意义、种类、范围、标准等问题解析；工程接收、缺陷责任期与保修期等问题分析；工程结算程序、迟延结算、不结算等问题分析；解约与不可抗力的结算问题解析。

《建设工程施工合同（示范文本）》（GF－2013－0201）出来以后，对新版本执行的新的合同管理制度是有必要的。具体更新内容如下：

1. 完善合同要素结构

合同要素由原 11 个增加为 20 个，并力求系统化，且配置合理的权利义务，有利于引导工程建设市场的健康发展。2013 版合同要素 20 个：一般约定、发包人、承包人、监理人、工程质量、安全文明施工与环境保护、工期和进度、材料与设备、试验与检验、变更、价格调整、合同价格、计量与支付、验收和工程试车、竣工结算、缺陷责任与保修、违约、不可抗力、保险、索赔和争议解决。

2. 强调合同履行程序

建立以监理人为施工管理和文件传递核心的合同体系，提高施工管理的合理性和科学性。增加了程序性条款，细化了合同当事人及合同参与主体的责任和义务。

3. 完善合同类型

完善合同价格类型，适应工程计价模式发展和工程管理实践需要。2013 版施工合同按照价格形式将合同分为单价合同、总价合同及其他价格形式合同。

4. 创设八项合同管理新制度

《建设工程施工合同（示范文本）》（GF-2013-0201），借鉴国际菲迪克合同（FIDIC）创设的八项合同管理新制度：

（1）通用条款第 2.5、3.7 款确定承发包双方的双方互为担保制度；

（2）通用条款第 11.1 款确定价格市场波动的合理调价制度；

（3）通用条款第 14.4 确定逾期付款的双倍利息制度；

（4）通用条款第 13.2 和 15.2 款规定两项工程移交证书制度；

（5）通用条款第 15.2 款规定保修金返还的缺陷责任定期制度；

（6）通用条款 18 条确定风险防范的工程系列保险制度；

（7）通用条款第 19.1 和 19.3 款规定的索赔过期作废制度；

（8）通用条款第 20.3 款规定前置程序的争议过程评审制度。

5. 注重对发承包人施工实践的引导

体现指引和自由竞争双重目标，如在通用合同条款中配置专用合同条款的指向，以充分尊重自由约定；体现对常见违法行为的约束，如增加承诺性条款和项目管理具体措施，防范阴阳合同、违法转包、违法分包等行为，促进建筑市场的有序健康发展；体现对停工、支付、移交、保修等重要合同行为的规范，包括其条件、程序、责任等方面；体现对发包人和承包人权利义务的合理配置，如双向担保、合理调价、不利物质条件等；体现对争议解决的及时性，避免合同履行陷入僵局。

6. 实现与现行法律和其他文本的衔接

反映现行法律法规的精神和要求，如条例、司法解释等方面内容。充分借鉴九部委标准施工招标文件、国家有关部委发布行业标准文件、FIDIC 合同文本。包括法律及《建设工程质量管理条例》《建设工程安全生产管理条例》《建设工程勘察设计管理条例》《招标投标法实施条例》《建设工程价款结算暂行办法》《房屋建筑工程质量保修办法》《建设工程质量保证金管理暂行办法》。

6.2.2 建设工程施工合同的质量控制

工程施工中的质量控制是合同履行中的重要环节。施工合同的质量控制涉及许多方面的因素，任何一个方面的缺陷和疏漏都会使工程质量无法达到预期的标准。

1. 标准、规范

在专用合同条款内约定适用国家标准、规范的名称；没有国家标准、规范但有行业标准、规范的，使用行业标准、规范；没有国家和行业标准、规范的，约定适用工程所在地的地方标准、规范。发包人应当按照专用条款约定的时间向承包人提供一式两份约定的标准、规范。

国内没有相应的标准、规范时，可以由合同当事人约定工程适用的标准。首先，应由发包人按照约定的时间向承包人提出施工技术要求，承包人按照约定的时间和要求提出施工工艺，经发包人认可后执行；若发包人要求工程使用国外标准、规范时，发包人应负责提供中文译本。因购买、翻译和制定标准、规范或制定施工工艺所发生的费用，由发包人承担。

2. 图纸

建设工程施工应当按照图纸进行。在施工合同管理中的图纸是指由发包人提供或由承包人提供经工程师批准、满足承包人施工需要的所有图纸（包括配套说明和有关资料）。按时、按质、按量提供施工所需图纸，也是保证工程施工质量的重要方面。

（1）发包人提供图纸。在我国目前的建设工程管理体制中，施工中所需图纸主要由发包人提供（发包人通过设计合同委托设计单位设计）。在对图纸的管理中，发包人应当完成以下工作：

1）发包人应当按照专用条款约定的日期和套数，向承包人提供图纸。

2）承包人如果需要增加图纸套数，发包人应当代为复制。发包人代为复制意味着发包人应当为图纸的正确性负责。

3）如果对图纸有保密要求，应当承担保密措施费用。

对于发包人提供的图纸，承包人应当完成以下工作：

1）在施工现场保留一套完整图纸，供工程师及其有关人员进行工程检查时使用。

2）如果专用条款对图纸提出保密要求，承包人应当在约定的保密期限内承担保密义务。

3）承包人如果需要增加图纸套数，复制费用由承包人承担。

使用国外或者境外图纸，不能满足施工需要时，双方应在专用条款内约定复制、重新绘制、翻译、购买标准图纸等责任及费用承担情况。工程师在对图纸进行管理时，重点是按照合同约定按时向承包人提供图纸，同时根据图纸检查承包人的工程施工情况。

（2）承包人提供图纸。有些工程，施工图纸的设计或者与工程配套的设计有可能由承包人完成。如果合同中有这样的约定，则承包人应当在其设计资质允许的范围内，按工程师的要求完成这些设计，经工程师确认后使用，发生的费用由发包人承担。在这种情况下，工程师对图纸的管理重点是审查承包人的设计。

3. 材料设备供应的质量控制

工程建设的材料设备供应的质量控制，是整个工程质量控制的基础。建筑材料、构配件生产及设备供应单位对其生产或者供应的产品质量负责。材料设备的需方则应根据买卖合同的规定进行质量验收。

（1）材料生产和设备供应单位应具备法定条件。建筑材料、构配件生产及设备供应单位必须具备相应的生产条件、技术装备和质量保证体系，具备必要的检测人员和设备，把好产品看样、订货、储存、运输和核验的质量关。

（2）材料设备质量应符合的要求。

1）符合国家或者行业现行有关技术标准规定的合格标准和设计要求；

2）符合在建筑材料、构配件及设备或其包装上注明采用的标准，符合以建筑材料、构配件及设备说明、实物样品等方式表明的质量状况。

（3）材料设备或者其包装上的标识应符合的要求。

1）有产品质量检验合格证明；

2）有中文标明的产品名称、生产厂家厂名和厂址；

3）产品包装和商标样式符合国家有关规定和标准要求；

4）设备应有产品详细的使用说明书，电气设备还应附有线路图；

5）实施生产许可证或使用产品质量认证标志的产品，应有许可证或质量认证的编号、批准日期和有效期限。

（4）发包人供应材料设备时的质量控制。

1）对于由发包人供应的材料设备，双方应当约定发包人供应材料设备的一览表，作为合同附件，一览表的内容应当包括材料设备种类、规格、型号、数量、单价、质量等级、提供的时间和地点，发包人按照一览表的约定提供材料设备。

2）发包人应当向承包人提供其供应材料设备的产品合格证明，并对这些材料设备的质量负责。发包人应在其所供应的材料设备到货前24h，以书面形式通知承包人，由承包人派人与发包人共同清点。

3）发包人供应的材料设备经双方共同验收后由承包人妥善保管，发包人支付相应的保管费用。因承包人的原因发生材料设备损坏丢失，由承包人负责赔偿。发包人不按规定通知承包人验收，发生的材料设备损坏丢失由发包人负责。

4）发包人供应的材料设备与约定不符时，应当由发包人承担有关责任，具体按照下列情况进行处理：

a. 材料设备单价与合同约定不符时，由发包人承担所有差价。

b. 材料设备种类、规格、型号、数量、质量等级与合同约定不符时，承包人可以拒绝接收保管，由发包人运出施工场地并重新采购。

c. 发包人供应材料的规格、型号与合同约定不符时，承包人可以代为调剂，发包人承担相应的费用。

d. 到货地点与合同约定不符时，发包人负责运至合同约定的地点。

e. 供应量少于合同约定的数量时，发包人将数量补齐；多于合同约定的数量时，发包人负责将多出部分运出施工场地。

f. 到货时间早于合同约定时间，发包人承担因此发生的保管费用；到货时间迟于合同约定的供应时间，由发包人承担相应的追加合同价款，发生延误，相应顺延工期，发包人赔偿由此给承包人造成的损失。

5）发包人供应的材料设备进入施工现场后需要在使用前检验或者试验的，由承包人负责，费用由发包人负责。即使在承包人检验通过之后，如果又发现材料设备有质量问题的，发包人仍应承担重新采购及拆除重建的追加合同价款，并相应顺延由此延误的工期。

（5）承包人采购材料设备的质量控制。对于合同约定由承包人采购的材料设备，应当由承包人选择生产厂家或者供应商，发包人不得指定生产厂家或供应商。

1）承包人根据专用条款的约定及设计和有关标准要求采购工程需要的材料设备，并提供产品合格证明。承包人在材料设备到货前24h通知工程师验收。这是工程师的一项重要职责，工程师应当严格按照合同约定有关标准进行验收。

2）承包人采购的材料设备与设计或者标准要求不符时，工程师可以拒绝验收，由承包人按照工程师要求的时间运出施工场地，重新采购符合要求的产品，并承担发生的费用，由此延误的工期不予顺延。工程师发现材料设备不符合设计或者标准要求时，应要求承包人负责修复、拆除或并重新采购，并承担发生的费用，由此造成的工期延误不予顺延。

3）承包人需要使用代用材料时，须经工程师认可后方可使用，由此增减的合同价款由双方以书面形式议定。

4）承包人采购的材料设备在使用前，承包人应按工程师的要求进行检验或试验，不合格的不得使用，检验或试验费用由承包人承担。

4. 施工企业的质量管理

施工企业的质量管理是工程师进行质量控制的出发点和落脚点。工程师应当协助和监督施工企业建立有效的质量管理体系。

建设工程施工企业的经理，要对本企业的工程质量负责，并建立有效的质量保证体系，施工企业的总工程师和技术负责人要协助经理管好质量工作。施工企业应当逐级建立质量责任制，项目经理要对本施工现场内所有单位工程的质量负责；栋号工长要对单位工程质量负责；生产班组要对分项工程质量负责；现场施工员、工长、质量检验员和关键工种工人必须经过考核取得岗位证书后，方可上岗。企业内各级职能部门必须按企业规定对各自的工作质量负责。

5. 工程验收的质量控制

工程验收是一项以确认工程是否符合施工合同规定目的的行为，是质量控制的最重要的环节。

（1）工程质量标准。工程质量应当达到协议书约定的质量标准，质量标准的评定以国家或者专业的质量检验评定标准为依据。发包人对部分或者全部工程质量有特殊要求的，应支付由此增加的追加合同价款，对工期有影响的应给予相应顺延。达不到约定标准的工程部分，工程师一经发现，可要求承包人返工，承包人应当按照工程师的要求返工，直到符合约定标准。因承包人的原因达不到约定标准，由承包人承担返工费用，工期不予顺延。因发包人的原因达不到约定标准，由发包人承担返工的追加合同价款，工期相应顺延。因双方原因达不到约定标准，责任由双方分别承担。

双方对工程质量有争议，由专用条款约定的工程质量监督部门鉴定，所需费用及因此造成的损失由责任方承担。双方均有责任，由双方根据其责任大小分别承担。

（2）施工过程中的检查和返工。在施工过程中，对工程的检查检验是工程师及其委派人员的一项日常性工作和重要职能。

承包人应认真按照标准、规范和设计要求及工程师依据合同发出的指令施工，随时接受工程师及其委派人员的检查检验，为检查检验提供便利条件。工程质量达不到约定标准的部分，工程师一经发现，可要求承包人拆除和重新施工，承包人应按工程师及其委派人员的要求拆除和重新施工，承担由于自身原因导致拆除和重新施工的费用，工期不予顺延。

工程检查检验合格后，又发现因承包人引起的质量问题，由承包人承担责任，赔偿发包人的直接损失，工期不应顺延。检查检验不应影响施工正常进行，否则，检查检验不合格时，影响正常施工的费用由承包人承担。除此之外影响正常施工的追加合同价款由发包人承担，相应顺延工期。

因工程师指令失误和其他非承包人原因发生的追加合同价款，由发包人承担。

（3）隐蔽工程和中间验收。隐蔽工程在施工中一旦完成隐蔽，很难再对其进行质量检查，因此必须在隐蔽前进行检查验收。对于中间验收，合同双方应在专用合同条款中约定需要进行中间验收的单项工程和部位的名称、验收的时间和要求，以及发包人应提供的便利条件。

工程具体隐蔽条件和达到专用条数约定的中间验收部位，承包人进行自检，并在隐蔽和中间验收前48h以书面形式通知工程师验收，通知包括隐蔽和中间验收的内容、验收时间和地点。承包人准备验收记录，若验收合格，工程师在验收记录上签字后，承包人可进行隐蔽和继续施工。若验收不合格，承包人在工程师限定的时间内修改后重新验收。

工程质量符合标准、规范和设计图纸等的要求，验收24h后，若工程师不在验收记录上签字，视为工程师已经批准，承包人可进行隐蔽或者继续施工。

（4）重新检验。工程师不能按时参加验收，须在开始验收前24h向承包人提出书面延期要求，延期不能超过48h。工程师未能按以上时间提出延期要求，不参加验收，承包人可自行组织验收，工程师应承认验收记录。

无论工程师是否参加验收，当其提出对已经隐蔽的工程重新检验的要求时，承包人应按要求进行剥露或开孔，并在检验后重新覆盖或者修复。若检验合格，发包人承担由此发生的全部追加合同价款，赔偿承包人损失，并相应顺延工期。若检验不合格，承包人承担发生的全部费用，工期不予顺延。

（5）试车。

1）对于设备安装工程，应当组织试车。试车内容应与承包人承包的安装范围相一致。

a. 单机无负荷试车。设备安装工程具备单机无负荷试车条件，由承包人组织试车。只有单机试运转达到规定要求，才能进行联试。承包人应在试车前48h书面通知工程师，通知包括试车内容、时间、地点。承包人准备试车记录，发包人根据承包人要求为试车提供必要条件。试车通过，工程师在试车记录上签字。

b. 联动无负荷试车。设备安装工程具备无负荷联动试车条件，由发包人组织试车，并在试车前48h书面通知承包人。通知内容包括试车内容、时间、地点和对承包人的要求，承包人按要求做好准备工作和试车记录。试车通过，双方在试车记录上签字。

c. 投料试车。投料试车，应当在工程竣工验收后由发包人全部负责。如果发包人要求承包方配合或在工程竣工验收前进行，应当征得承包人同意，另行签订补充协议。

2）试车的双方责任。

a. 由于设计原因试车达不到验收要求，发包人应要求设计单位修改设计，承包人按修改后的设计重新安装。发包人承担修改设计、拆除及重新安装全部费用和追加合同价款，工期相应顺延。

b. 设备制造原因试车达不到验收要求的，由该设备采购方负责重新购置和修理，承包方负责拆除和重新安装。设备由承包人采购，由承包人承担修理或重新购置、拆除及重新安装的费用，工期不予顺延；设备由发包人采购的，发包人承担上述各项追加合同价款，工期相应顺延。

c. 承包人施工原因试车达不到验收要求的，承包人按工程师要求重新安装和试车，承担重新安装和试车的费用，工期不予顺延。

d. 试车费用除已包括在合同价款之内或者专用合同条款另有约定外，均由发包人承担。

e. 工程师未在规定时间内提出修改意见，或试车合格而不在试车记录上签字，试车结束 24h 后，记录自行生效，承包人可继续施工或办理竣工手续。

工程师不能按时参加试车，须在开始试车前 24h 向承包人提出书面延期要求，延期不能超过 48h，工程师未能按以上时间提出延期要求，不参加试车，承包人可自行组织试车，发包人应当承认试车记录。

(6) 竣工验收。

1) 竣工交付使用的工程必须符合下列基本要求：

a. 完成工程设计和合同中规定的各项工作内容，达到国家规定的竣工条件。

b. 工程质量应符合国家现行有关法律、法规、技术标准、设计文件及合同规定的要求，并经质量监督机构核定为合格。

c. 工程所用的设备和主要建筑材料、构件应具有产品质量出厂检验合格证明及技术标准规定必要的进场试验报告。

d. 具有完整的工程技术档案和竣工图，已办理工程竣工交付使用的有关手续。

e. 已签署工程保修证书。

2) 竣工验收中承发包双方的具体工作程序和责任。

a. 工程具备竣工验收条件，承包人按国家工程竣工验收有关规定，向发包人提供完整竣工资料及竣工验收报告。双方约定由承包人提供竣工图，应当在专用合同条款内约定提供的日期和份数。

b. 发包人收到竣工验收报告后 28 天内组织有关部门验收，并在验收后 14 天内给予认可或提出修改意见。承包人按要求修改。由于承包人原因，工程质量达不到约定的质量标准，承包人承担违约责任。因特殊原因，发包人要求部分单位工程或者工程部位须甩项竣工时，双方另行签订甩项竣工协议，明确各方责任和工程价款的支付办法。建设工程未经验收或验收不合格，不得交付使用。发包人强行使用的，由此发生的质量问题及其他问题，由发包人承担责任。但在这种情况下发包人主要是对强行使用直接产生的质量问题及其他问题承担责任，不能免除承包人对工程的保修等责任。

6. 保修

建设工程办理交工验收手续后，在规定的期限内，因勘察、设计、施工、材料等原因造成的质量缺陷，应当由施工单位负责维修。质量缺陷是指工程不符合国家或行业现行的有关技术标准、设计文件及合同中对质量的要求。

承包人应当在工程竣工验收之前，与发包人签订质量保修书，作为合同附件。质量保修书的主要内容包括质量保修项目内容及范围、质量保证期、质量保修责任、质量保修金的支付方法。

工程质量保修范围包括地基基础工程、主体结构工程、屋面防水工程和双方约定的其他土建工程及电气管线、上下水管线的安装工程，供热、供冷系统工程项目。工程质量保修范围是国家强制性的规定，合同当事人不能约定减少国家规定的工程质量保修范围。工程质量保修的内容由当事人在合同中约定。

(1) 质量保证期从工程竣工验收合格之日算起。分单项竣工验收的工程，按单项工程分别计算质量保证期。合同双方可以根据国家有关规定，结合具体工程约定质量保证期，但双方的约定不得低于国家规定的最低质量保证期。《建设工程质量管理条例》和《房屋建筑工程质量保修办法》对正常使用条件下，建设工程的最低保修期限分别规定为：

1）地基基础工程和主体结构工程为设计文件规定的该工程合理使用年限。

2）屋面防水工程、有防水要求的卫生间、房间和外墙面的防渗漏，为5年。

3）供热与供冷系统为2个采暖期和供冷期。

4）电气管线和给排水管道、设备安装和装修工程为2年。

（2）保修工作程序。建设工程在保修范围和保修期限内发生质量问题时，发包人或房屋建筑所有人向施工承包人发出保修通知。承包人接到保修通知后，应在保修书约定的时间内及时到现场核查情况，履行保修义务。发生涉及结构安全或严重影响使用功能的紧急抢修事故时，应在接到保修通知后立即到达现场抢修。若发生涉及结构安全的质量缺陷，发包人或房屋建筑所有人应当立即向当地建设行政主管部门报告，并采取相应的安全防范措施。原设计单位或具有相应资质等级的设计单位提出保修方案后，施工承包人实施保修，由原工程质量监督机构负责对保修的监督。保修完成后，发包人或房屋建筑所有人组织验收。涉及结构安全的质量保修，还应按当地建设行政主管部门备案。

（3）保修责任。

1）在工程质量保修书中应当明确建设工程的保修范围、保修期限和保修责任。如果因使用不当或者第三方造成的质量缺陷，以及不可抗力造成的质量缺陷，则不属于保修范围。保修费用由质量缺陷的责任方承担。

2）若承包人不按工程质量保修书约定履行保修义务或拖延履行保修义务，经发包人申告后由建设行政主管部门责令改正，并处以10万元以上20万元以下的罚款。发包人也有权另行委托其他单位保修，由承包人承担相应责任。

3）保修期限内因工程质量缺陷造成工程所有人、使用人或第三方人身、财产损害时，受损害方可向发包人提出赔偿要求。发包人赔偿后向造成工程质量缺陷的责任方追偿。

4）因保修不及时造成新的人身、财产损害，由造成拖延的责任方承担赔偿责任。

5）建设工程超过合理使用年限后，承包人不再承担保修的义务和责任。若需要继续使用，产权所有人应当委托具有相应资质等级的勘察、设计单位进行鉴定。根据鉴定结果采取相应的加固、维修等措施后，重新界定使用期限。

6.2.3 施工合同的进度控制

进度控制是施工合同管理的重要组成部分。合同当事人应当在合同规定的工期内完成施工任务，发包人应当按时做好准备工作，承包人应当按照施工进度计划组织施工。为此，工程师应当落实进度控制部门的人员、具体的控制任务和管理职能分工；承包人也应当落实具体的进度控制人员，并且编制合理的施工进度计划并控制其执行，即在工程进展全过程中进行计划进度与实际进度的比较，对出现的偏差及时采取措施。施工合同的进度控制可以分为施工准备阶段、施工阶段和竣工验收阶段的进度控制。

1. 施工准备阶段的进度控制

施工准备阶段的许多工作都对施工的开始和进度有直接的影响，具体包括如下几点：

（1）合同双方约定合同工期。施工合同工期是指施工工程从开工起到完成施工合同专用条款双方约定的全部内容工程达到竣工验收标准所经历的时间。合同工期是施工合同的重要内容之一，故《建设工程施工合同（示范文本）》（GF-2013-0201）要求双方在协议书中作出明确约定。约定的内容包括开工日期、竣工日期和合同工期的总日历天数。合同工期是按总日历天数计算的，包括法定节假日在内的承包天数。合同当事人应当在开工日期前做好一切开工的准备工作，承包人则应按约定的开工日期开工。

（2）承包人提交进度计划。承包人应当在专用合同条款约定的日期，将施工组织设计和工程进度计划提交工程师。群体工程中采取分阶段进行施工的单项工程，承包人则应按照发包人提供的图纸及有关资料的时间按单项工程编制进度计划，分别向工程师提交。

（3）工程师对进度计划予以确认或者提出修改意见。工程师接到承包人提交的进度计划后，应当予以确认或者提出修改意见，时间限制则由双方在专用合同条款中约定。如果工程师逾期不确认也不提出书面意见，则视为已经同意。工程师对进度计划予以确认或提出修改意见，并不免除承包人对施工组织设计和工程进度计划本身的缺陷所应承担的责任。工程师对进度计划予以确认的主要目的，是为工程师对进度进行控制提供依据。

（4）其他准备工作。在开工前，合同双方还应当做好其他各项准备工作。如发包人应当按照专用合同条款的规定使施工现场具备施工条件、开通施工现场与公共道路，承包人应当做好施工人员和设备的调配工作。对于工程师而言，特别需要做好水准点与坐标控制点的交验，按时提供标准、规范。为了能够按时向承包人提供设计图纸，工程师可能还需要做好设计单位的协调工作，按照专用合同条款的约定组织图纸会审和设计交底。

（5）延期开工。《建设工程施工合同（示范文本）》（GF－2013－0201）明确，除专用合同条款另有约定外，承包人应按照施工组织设计约定的期限，向监理人提交工程开工报审表，经监理人报发包人批准后执行。监理人应在计划开工日期前 7 天向承包人发出开工通知，工期自开工通知中载明的开工日期起算。除专用合同条款另有约定外，因发包人原因造成监理人未能在计划开工日期之日起 90 天内发出开工通知的，承包人有权提出价格调整要求，或者解除合同。发包人应当承担由此增加的费用和（或）延误的工期，并向承包人支付合理利润。

发包人应积极落实开工所需的准备工作，尤其是获得开工所需的各项行政审批和许可手续，避免因工程建设手续的欠缺，影响工程合法性。承包人在合同签订后，应积极准备各项开工准备工作，签订材料、周转材料等的采购合同，确定劳动力、材料、机械的进场安排，避免因准备不足，影响正常开工。发包人在计划开工日期前无法完成开工准备工作的，应通知承包人，以便于承包人及时调整开工准备工作，减少因延迟开工所造成的损失。在发包人无法按照合同约定完成开工准备工作的情况下，承包人应采取有效措施，避免损失的扩大。

因发包人原因迟延开工达 90 天以上的，合同当事人应先行就合同价格调整协商，达成一致的应签订补充协议或备忘录。无法达成一致的，承包人有权解除合同。监理人发出开工通知后，因发包人原因不能按时开工的，应以实际具备开工条件日为开工日期并顺延竣工日期。

2. 施工阶段的进度控制

工程开工后，合同履行即进入施工阶段，直至工程竣工。这一阶段进度控制的任务是控制施工任务在协议书规定的合同工期内完成。

（1）监督进度计划的执行。开工后，承包人必须按照工程师确认的进度计划组织施工，接受工程师对进度的检查、监督。这是工程师进行进度控制的一项日常性工作，检查、监督的依据是已经确认的进度计划。一般情况下，工程师每月检查一次承包人的进度计划执行情况，由承包人提交一份上月进度计划实际执行情况和本月的施工计划。同时，工程师还应进行必要的现场实地检查。

　　工程实际进度与进度计划不符时，承包人应当按照工程师的要求提出改进措施，经工程师确认后执行。但是对于因承包人自身的原因造成工程实际进度与经确认的进度计划不符的，所有的后果都应由承包商自行承担，工程师也不对改进措施的效果负责。如果采用改进措施后，经过一段时间工程实际进度赶上了进度计划，则仍可按原进度计划执行。如果采用改进措施一段时间后，工程实际进度仍明显与进度计划不符，则工程师可以要求承包人修改原进度计划，并经工程师确认。但是，这种确认并不是工程师对工程延期的批准，而仅仅是要求承包人在合理的状态下施工。因此，如果修改后的进度计划不能按期完工，承包人仍应承担相应的违约责任。工程师应当随时了解施工进度计划执行过程中所存在的问题，并帮助承包人予以解决特别是承包人无力解决的内外关系协调问题。

　　（2）暂停施工。在施工过程中，有些情况会导致暂停施工。暂停施工当然会影响工程进度，作为工程师应当尽量避免暂停施工。暂停施工的原因是多方面的，但归纳起来有以下三个方面：

　　1）工程师要求的暂停施工。工程师在主观上是不希望暂停施工的，但有时继续施工会造成更大的损失。工程师在确有必要时，应当以书面形式要求承包人暂停施工，不论暂停施工的责任在发包人还是在承包人，工程师应当在提出暂停施工要求后 48h 内提出书面处理意见。承包人应当按照工程师的要求停止施工，并妥善保护已完工工程。承包人实施工程师作出的处理意见，可提出书面复工要求，工程师应当在 48h 内给予答复。工程师未能在规定时间内提出处理意见，或收到承包人复工要求后 48h 内未予答复，承包人可以自行复工。如果停工责任在发包人，由发包人承担所发生的追加合同价款，赔偿承包商由此造成的损失，相应顺延工期；如果停工责任在承包人，由承包人承担发生的费用，工期不予顺延。因为工程师不及时作出答复，导致承包人无法复工，由发包人承担违约责任。

　　2）由于发包人违约，承包人主动暂停施工。当发包人出现某些违约情况时，承包人可以暂停施工。这是承包人保护自己权益的有效措施。如发包人不按合同规定及时向承包人支付工程预付款，发包人不按合同规定及时向承包人支付工程进度款且双方未达成延期付款协议，在承包人发出要求付款通知后仍不付款，经过一定时间后，承包人均可暂停施工。这时发包人应当承担相应的违约责任。出现这种情况时，工程师应当尽量督促发包人履行合同，以求减少双方的损失。

　　3）意外情况导致的暂停施工。在施工过程中出现一些意外情况，如果需要暂停施工，则承包人应暂停施工。在这些情况下，工期是否给予顺延应视风险责任的承担情况确定。如发现有价值的文物、发生不可抗力事件等，风险责任应当由发包人承担，故应给予承包人工期顺延。

　　（3）变更。在施工过程中如果发生设计变更，将对施工进度产生很大的影响。因此工程师在其可能的范围内应尽量减少设计变更。如果必须对设计进行变更，应当严格按照国家的规定和合同约定的程序进行。能够构成设计变更的事项包括：更改有关部分的标高、基线、位置和尺寸；增减合同中约定的工程量；改变有关工程的施工时间和顺序；其他有关工程变更需要的附加工作。由于发包人对原设计进行变更，以及经工程师同意的、承包人要求进行的设计，变更导致合同价款的增减及造成的承包人损失，由发包人承担，延误的工期相应顺延。

施工中发包人如果需要对原工程设计进行变更,应不迟于变更前 14 天以书面形式向承包人发出变更通知,变更超过原设计标准或者批准的建设规模时,须经原规划管理部门和其他有关部门审批批准,并由原设计单位提供变更的相应的图纸和说明。

承包人应当严格按照图纸施工,不得随意变更设计。施工中承包人提出合理化建议涉及对设计图纸进行变更,须经工程师同意。工程师同意变更后,也须经原规划管理部门和其他有关部门审查批准,并由原设计单位提供变更的相应的图纸和说明。承包人未经工程师同意不得擅自变更设计,否则因擅自变更设计发生的费用和由此导致发包人的直接损失,由承包人承担,延误的工期不予顺延。

变更是施工合同履行过程中常见的现象,也是合同当事人极易引起合同履行争议、引发合同履行障碍的活动。《建设工程施工合同(示范文本)》(GF - 2013 - 0201)从长期以来的施工合同实践和国内外施工合同对变更的处理惯例出发,对变更范围、变更权、变更程序、变更估价进行了规范。

(4)工期延误。承包人应当按照合同约定完成工程施工,如果由于其自身的原因造成工期延误,应当承担违约责任。但是在有些情况下工期延误后,竣工日期可以相应顺延。经工程师确认工期相应顺延的情况有:发包人不能按专用合同条款的约定提供开工条件;发包人不能按约定日期支付工程预付款、进度款,致使工程不能正常进行;工程师未按合同约定提供所需指令、批准等致使施工不能正常进行;设计变更和工程量增加;一周内非承包人原因停水、停电、停气造成停工累计超过 8h;不可抗力;专用合同条款中约定或工程师同意工期顺延的其他情况。

工期顺延的确认程序。发包人在工期可以顺延的情况发生后 14 天内,应将延误的工期向工程师提出书面报告。工程师在收到报告后 14 天内予以确认答复,逾期不予答复,视为报告要求已经被确认。当然工程师确认的工期顺延期限应当是事件造成的合理延误,由工程师根据发生事件的具体情况和工期定额、合同等规定确认。经工程师确认的顺延的工期应纳入合同工期,作为合同工期的一部分。如果承包人不同意工程师的确认结果,则按合同规定的争议解决方式处理。

3. 竣工验收阶段的进度控制

竣工验收,是发包人对工程的全面检验,是保修期外的最后阶段。在竣工验收阶段,工程师进度控制的任务是督促承包人完成工程扫尾工作,协调竣工验收中的各方关系,参加竣工验收。

工程应当按期竣工。工程按期竣工有两种情况:承包人按照协议书约定的竣工日期或者工程师同意顺延的工期竣工。工程如果不能按期竣工,承包人应当承担违约责任。具体竣工验收程序如下:

(1)承包人提交竣工验收报告。当工程按合同要求全部完成后,工程具备了竣工验收条件,承包人按国家工程竣工验收的有关规定,向发包人提供完整的竣工资料和竣工验收报告,并按专用合同条款要求的日期和份数向发包人提交竣工图。

(2)发包人组织验收。发包人在收到竣工验收报告后 28 天内组织有关部门验收,并在验收 14 天内给予认可或者提出修改意见。承包人应当按要求进行修改,并承担由自身原因造成修改的费用。竣工日期为承包人送交竣工验收报告日期。需修改后才能达到验收要求的,竣工日期为承包人修改后提请发包方验收日期。中间交工工程的范围和竣工时间,由双方在专用合同条款内约定。其验收程序与上述规定相同。

（3）发包人不按时组织验收的后果。发包人收到承包人送交的竣工验收报告后 28 天内不组织验收，或者在验收后 14 天内不提出修改意见，则视为竣工验收报告已经被认可。发包人收到承包人送交的竣工验收报告后 28 天内不组织验收，从第 29 天起承担工程保管及一切意外责任。

（4）在施工中，发包人如果要求提前竣工，应当与承包人进行协商，协商一致后应签订提前竣工协议。发包人应为赶工提供方便条件。提前竣工协议应包括：提前的时间；承包人采取的赶工措施；发包人为赶工提供的条件；承包人为保证工程质量采取的措施；提前竣工所需的追加合同价款。

（5）甩项工程。通常而言，甩项竣工为原合同内容工作并未全部完成，但发包人需要使用已完工程，且不影响已完工程具备单位工程使用功能，发包人要求承包人先进行验收并进行相应结算。

甩项竣工实质为合同变更。发包人要求甩项竣工的，合同当事人应当就甩项工作产生的影响进行分析，并就工作范围、工期、造价等协商，签订甩项竣工协议。甩项竣工应当符合法律行政法规的强制性规定，甩项竣工应当以完成主体结构工程为前提，甩项的工作内容不应包括主体结构和重要的功能与设备工程，同时甩项工作应以不影响工程整体的正常使用为前提。

6.2.4　施工合同的投资控制

1. 关于计量

《建设工程施工合同（示范文本）》（GF‐2013‐0201）约定，首先应当按法律规定和合同约定的工程量计算规则、图纸及变更指示进行计算。工程计量规则应以相关的国家标准、行业标准等为依据，具体可以由合同当事人在专用合同条款中约定。关于计量周期，合同默认为按月进行计量。关于计量的具体内容，施工合同分单价合同和总价合同两类分别进行了程序性约定。

2. 暂估价

鉴于《招标投标法实施条例》对暂估价作出了专门规定，同时为避免引起暂估价项目的操作混乱和合同纠纷，《建设工程施工合同（示范文本）》（GF‐2013‐0201）对不同暂估价项目分别予以规范。

依法必须招标的暂估价项目的确定方式有：由承包人招标，发包人审批招标方案、中标候选人等方式。由发包人和承包人共同招标选择的方式。此外，合同当事人也可以在专用合同条款中另行约定其他可以选择的方式。

不属于依法必须招标的暂估价项目的确定方式：不存在法定选择方式的约束，施工合同推荐且默认"依法必须招标的暂估价项目"中"由承包人招标，发包人审批招标方案、中标候选人等方式"。

因发包人原因导致暂估价合同订立和履行迟延的，由此增加的费用和（或）延误的工期由发包人承担，并支付承包人合理的利润。因承包人原因导致暂估价合同订立和履行迟延的，由此增加的费用和（或）延误的工期由承包人承担。

合同当事人在使用本条款时应注意：发包人在招标投标和订立合同过程中，应首先确定是否存在暂估价项目，明确暂估价项目中的依法必须招标项目和非依法必须招标项目，继而确定暂估价项目的具体实施方式。

3. 工程预付款

双方应当在专用合同条款内约定发包人向承包人预付工程款的时间和数额，开工后按约定的时间和比例逐次扣回。预付时间应不迟于约定的开工日期前 7 天。发包人不按约定预付时，承包人在约定预付时间 7 天后向发包人发出要求预付的通知，发包人收到通知后仍不能按要求预付，承包人可在发出通知后 7 天停止施工，发包人应从约定应付之日起向承包人支付应付款的贷款利息，并承担违约责任。

4. 工程款（进度款）支付

《建设工程施工合同（示范文本）》（GF－2013－0201）对工程进度款的计量周期与支付周期、支付流程、支付分解表的编制等方面进行了规范。

（1）工程量的确认。对承包人已完成工程量的核实确认，是发包人支付工程款的前提。其具体的确认程序如下：

1）承包人向工程师提交已完成工程量的报告。承包人应按专用合同条款约定的时间，向工程师提交已完工程量的报告。该报告应当由《完成工程量报审表》和作为其附件的《完成工程量统计报表》组成。承包人应当写明项目名称、申报工程量及简要说明。

2）工程师计量。工程师接到报告后 7 天内按设计图纸核实已完工程量（简称计量），并在计量的 24h 内通知承包人，承包人为计量提供便利条件并派人参加。如果承包人不参加计量，发包人自行进行，计量结果有效，作为工程价款支付的依据。工程师收到承包人报告后 7 天内未进行计量，从第 8 天起，承包人报告中开列的工程量即视为已被确认，作为工程价款支付的依据。工程师不按约定时间通知承包人，使承包人不能参加计量，计量结果无效。工程师对承包人超出设计图纸范围和（或）因自身原因造成返工的工程量，不予计量。

（2）工程款（进度款）结算方式。

1）按月结算。这种结算办法实行周末或月中预支，月末结算，竣工后清算的办法。跨年度施工的工程，在年终进行工程盘点，办理年度结算。

2）竣工后一次结算。建设项目或单项工程全部建筑安装工程建设期较短或施工合同价较低的，可以实行工程价款每月月中预支，竣工后一次结算。

3）分段结算。这种结算方式要求当年开工、当年不能竣工的单项工程或单位工程按照工程形象进度，划分不同阶段进行结算。分段的划分标准，由各部门和省、自治区、直辖市、计划单列市规定，分段结算可以按月预支工程款。实行竣工后一次结算和分段结算的工程，当年结算的工程应与年度完成工程量一致，年终不另清算。

4）其他结算方式。结算双方可以约定采用并经开户银行同意的其他结算方式。

《建设工程施工合同（示范文本）》（GF－2013－0201）在通用合同条款中默认付款周期与计量周期一致，即按月支付，也可以另行约定。

（3）工程款（进度款）支付的程序和责任。发包人应在双方计量确认后 14 天内，向承包人支付工程款（进度款）。同期用于工程上的发包人供应材料设备的价款，以及按约定时间发包人应按比例扣回的预付款，与工程款（进度款）同期结算。合同价款调整、设计变更调整的合同价款及追加的合同价款，应与工程款（进度款）同期调整支付。

发包人超过约定的支付时间不支付工程款（进度款），承包人可向发包人发出要求付款的通知，发包人在收到承包人通知后仍不能按要求支付，可与承包人协商签订延期付款协议，经承包人同意后可以延期支付。协议须明确延期支付时间和从结果确认计量后第15天起计算应付款的贷款利息。发包人不按合同约定支付工程款（进度款），双方又未达成延期付款协议，导致施工无法进行，承包人可停止施工，由发包人承相违约责任。

（4）变更价款的确定。设计变更发生后，承包人在工程设计变更确定后14天内，提出变更工程价款的报告，经工程师确认后调整合同价款。承包人在确定变更后14天内不向工程师提出变更工程价款报告时，视为该项设计变更不涉及合同价款的变更。工程师在收到变更工程价款报告之日起14天内，予以确认。工程师无正当理由不确认时，自变更价款报告送达之日起14天后变更工程价款，报告自行生效。工程师不同意承包人提出的变更价格，按照合同约定的争议解决方式处理。

变更价款的确定方法如下：

1）合同中已有适用于变更工程的价格，按合同已有的价格计算、变更合同价款；

2）合同中只有类似于变更工程的价格，可以参照此价格确定变更价格，变更合同价款；

3）合同中没有适用或类似于变更工程的价格，由承包人提出适当的变更价格，经工程师确认后执行。

5. 施工中涉及的其他费用

（1）安全施工方面的费用。承包人按工程质量、安全及消防管理有关规定组织施工，采取严格的安全防护措施，承担由于自身的安全措施不力造成事故的责任和因此发生的费用。非承包人责任造成安全事故，由责任方承担责任和发生的费用。

发生重大伤亡及其他安全事故，承包人应按有关规定立即上报有关部门并通知工程师，同时省政府有关部门要求处理，发生的费用由事故责任方承担。发包人应对其在施工现场的工作人员进行安全教育，并对他们的安全负责。承包人在动力设备、输电线路、地下管道、密封防震车间、易燃易爆地段及临街交通要道附近施工时，施工开始前应向工程师提出安全保护措施，经工程师认可后实施，防护措施费用由发包人承担。实施爆破作业，在放射性、毒害性环境中施工（含存储、运输）及使用毒害性、腐蚀性物品施工时，承包人应在施工前14天内以书面形式通知工程师，并提出相应的安全保护措施，经工程师认可后实施。安全保护措施费用由发包人承担。

（2）专利技术及特殊工艺涉及的费用。发包人要求使用专利技术或特殊工艺，须负责办理相应的申报手续，承担申报、试验、使用等费用，承包人按发包人要求使用，并负责试验等有关工作。承包人提出使用专利技术或特殊工艺，报工程师认可后实施。承包人负责办理申报手续并承担有关费用。擅自使用专利技术侵犯他人专利权，责任者依法承担相应责任。

（3）文物和地下障碍物。在施工中发现古墓、古建筑遗址等文物及化石或其他有考古、地质研究等价值的物品时，承包人应立即保护好现场并于4h内以书面形式通知工程师，工程师在收到书面通知后24h内报告当地文物管理部门，并按有关管理部门要求采取妥善保护措施。发包人承担由此发生的费用，延误的工期相应顺延。

施工中发现影响施工的地下障碍物时，承包人应于8h内以书面形式通知工程师，同时提出处置方案，工程师收到处置方案后8h内予以认可或提出修改方案。发包人承担由此发生的费用，延误的工期相应顺延。

所发现的地下障碍物有归属单位时，发包人报请有关部门协同处置。

6. 竣工结算

（1）承包人递交竣工结算报告及违约责任。工程竣工验收报告经发包人认可后，承发包双方应当按协议书约定的合同价款及专用合同条款约定的合同价款调整方式，进行工程竣工结算。工程竣工验收报告经发包人认可后28天内，承包人向发包人递交竣工结算报告及完整的结算资料。工程竣工验收报告经发包人认可后28天内承包人未能向发包人递交竣工结算报告及完整的结算资料，造成工程竣工结算不能正常进行或工程竣工结算价款不能及时支付，发包人要求交付工程的，承包人应当交付；发包人不要求交付工程的，承包人承担保管责任。

（2）发包人的核实和支付。发包人自收到竣工结算报告及结算资料后28天内进行核实，确认后支付工程竣工结算价款。承包人收到竣工结算价款后14天内将竣工工程交付发包人。

（3）发包人不支付结算价款的违约责任。发包人收到竣工结算报告及结算资料后28天内无正当理由不支付工程竣工结算价款，从第29天起按承包人同期向银行贷款利率支付拖欠工程价款的利息，并承担违约责任。

发包人收到竣工结算报告及结算资料后28天内不支付工程竣工结算价款，承包人可以催告发包人支付结算价款。发包人在收到竣工结算报告及结算资料后56天内仍不支付的，承包人可以与发包人协议将该工程折价，也可以由承包人申请人民法院将该工程依法拍卖，承包人就该工程折价或者拍卖的价款优先受偿。目前在建设领域，拖欠工程款的情况十分严重，承包方采取有力措施，保护自己的合法权益是十分重要的。但对工程的折价或者拍卖，尚需其他相关部门的配合。

7. 质量保修金

（1）质量保修金的支付。保修金由承包人向发包人支付，也可由发包人从应付承包人工程款内预留。质量保修金的比例及金额由双方约定，但不应超过施工合同价款的3%。

（2）质量保修金的结算与返还。工程的质量保证期满后，发包人应当及时结算和返还（如有剩余）质量保修金。发包人应当在质量保证期满后14天内，将剩余保修金和按约定利率计算的利息返还承包人。

6.2.5 施工合同监督管理

施工合同的监督管理，是指各级工商行政管理机关、建设行政主管机关和金融机构，以及工程发包单位、监理单位、承包单位依据法律和行政法规、规章制度，采取法律的、行政的手段，对施工合同关系进行组织、指导、协调及监督，保护施工合同当事人的合法权益，调解施工合同纠纷，防止和制裁违法行为，保证施工合同法规的贯彻实施等一系列法定活动。

1. 不可抗力、保险和担保的管理

（1）不可抗力。不可抗力是指合同当事人不能预见、不能避免并不能克服的客观情况。建设工程施工中的不可抗力包括因战争、动乱、空中飞行物坠落或其他非发包人责任造成的爆炸、火灾，以及专用合同条款约定的风、雨、雪、洪水、地震等自然灾害。在合同订立时应当明确不可抗力的范围。

不可抗力事件发生后，承包人应在力所能及的条件下迅速采取措施，尽量减少损失，并在不可抗力事件结束后 48h 内向工程师通报受害情况和损失情况及预计清理和修复的费用。发包人应协助承包人采取措施。不可抗力事件继续发生，承包人应每隔 7 天向工程师报告一次受害情况，并于不可抗力事件结束后 14 天内向工程师提交清理和修复费用的正式报告及有关资料。

因不可抗力事件导致的费用及延误的工期由双方按以下方法分别承担：

1）工程本身的损害、因工程损害导致第三方人员伤亡和财产损失，以及运至施工场地用于施工的材料和待安装的设备的损害，由发包人承担。

2）承发包双方人员伤亡由其所在单位负责，并承担相应费用。

3）承包人机械设备损坏及停工损失，由承包人承担。

4）停工期间，承包人应工程师要求留在施工场地的必要的管理人员及保卫人员的费用由发包人承担。

5）工程所需清理、修复费用，由发包人承担。

6）延误的工期相应顺延。

因合同一方迟延履行合同后发生不可抗力的，不能免除迟延履行方的相应责任。

（2）保险。工程项目参加保险的情况随着项目法人责任制的推行，将会越来越多。保险事故发生时，承发包双方有责任尽力采取必要的措施，防止或者减少损失。我国工程保险双方的保险义务分担如下：

1）工程开工前，发包人应当为建设工程和施工场地内的发包人员及第三方人员生命财产办理保险，支付保险费用。发包人可以将上述保险事项委托承包人办理，但费用由发包人承担。

2）承包人必须为从事危险作业的职工办理意外伤害保险，并为施工场地内自有人员生命财产和施工机械设备办理保险，支付保险费用。

3）运至施工场地内用于工程的材料和待安装设备，不论由承发包双方任何一方保管，都应由发包人（或委托承包人）办理保险，并支付保险费用。

（3）担保。承发包双方为了全面履行合同，应互相提供以下担保：

1）发包人向承包人提供履约担保，按合同约定支付工程价款及履行合同约定的其他义务。

2）承包人向发包人提供履约担保，按合同约定履行自己的各项义务。

承发包双方的履约担保一般都是以履约保函的方式提供的，实际上是担保方式中的保证。履约保函往往是由银行出具的，即以银行为保证人。一方违约后，另一方可要求提供担保的第三方（如银行）承担相应责任。当然，履约担保也不排除其他担保人出具的担保书，但由于其他担保人的信用低于银行，因此担保金额往往较高。

提供担保的内容、方式和相关责任，承发包双方除在专用条款中约定外，被担保方与担保方还应签订担保合同，作为施工合同的附件。

2. 工程转包与分包

施工企业的施工力量、技术力量、人员素质、信誉好坏等，对工程质量、投资控制、进度控制等有直接影响。发包人是在经过了一系列考察及资格预审、投标和评标等活动之后选中承包人的，签订合同不仅意味着双方对报价、工期等可定量化因素的认可，也意味着发包人对承包人的信任。因此在一般情况下，承包人应当以自己的力量来完成施工任务或者主要施工任务。

（1）工程转包。工程转包，是指不行使承包人的管理职能，不承担技术经济责任，将所承包的工程倒手转给他人承包的行为。承包人不得将其承包的全部工程转包给他人，也不得将其承包的全部工程肢解后以分包的名义分别转包给他人。工程转包，不仅违反合同，也违反我国有关法律和法规的规定。

属于工程转包的行为有：承包人将承包的工程全部包给其他施工单位，从中提取回扣者；承包人将工程的主要部分或群体工程（指结构技术要求相同的）中半数以上的单位工程包给其他施工单位者；分包单位将承包的工程再次分包给其他施工单位者。

（2）工程分包。工程分包，是指经合同约定和发包单位认可，从工程承包人承担的工程中承包部分工程的行为。承包人按照有关规定对承包的工程进行分包是允许的。

承包人必须自行完成建设项目（或单项、单位工程）的主要部分，其非主要部分或专业性较强的工程可分包给营业条件符合该工程技术要求的建筑安装单位。结构和技术要求相同的群体工程，承包人应自行完成半数以上的单位工程。

承包人按专用合同条款的约定分包所承包的部分工程，并与分包单位签订分包合同。非经发包人同意，承包人不得将承包工程的任何部分分包。

分包合同签订后，发包人与分包单位之间不存在直接的合同关系。分包单位应对承包人负责，承包人对发包人负责。

工程分包不能解除承包人任何责任与义务。承包人应在分包场地派驻相应监督管理人员，保证合同的履行。分包单位的任何违约行为、安全事故或疏忽导致工程损害或给发包人造成其他损失，承包人承担连带责任。分包工程价款由承包人与分包单位结算。发包人未经承包人同意不得以任何名义向分包单位支付各种工程款项。

3．违约责任

（1）发包人违约。发包人应当完成合同约定应由己方完成的义务。如果发包人不履行合同义务或不按合同约定履行义务，则应承担相应的民事责任。发包人的违约行为包括：发包人不按时支付工程预付款；发包人不按合同约定支付工程款；发包人无正当理由不支付工程竣工结算价款；发包人其他不履行合同义务或者不按合同约定履行合同义务的情况。

发包人承担违约责任的方式如下：

1）赔偿损失。赔偿损失是发包人承担违约责任的主要方式，其目的是补偿因违约给承包人造成的经济损失。承发包双方应当在专用合同条款内约定发包人赔偿承包人损失的计算方法。损失赔偿额应相当于因违约所造成的损失，包括合同履行后发包人可以获得的利益，但不得超过发包人在订立合同时预见或者应当预见到的因违约可能造成的损失。

2）支付违约金。支付违约金的目的是补偿承包人的损失，双方也可在专用合同条款中约定违约金的数额或计算方法。

3）顺延工期。对于因为发包人违约而延误的工期，应当相应顺延。

4）继续履行。承包人要求继续履行合同的，发包人应当在承担上述违约责任后继续履行施工合同。

（2）承包人的违约。承包人的违约行为包括：因承包人原因不能按照协议书约定的竣工日期或工程师同意顺延的工期竣工；因承包人原因工程质量达不到协议书约定的质量标准；其他承包商不履行合同义务或不按合同约定履行义务的情况。

承包人承担违约责任的方式：

1）赔偿损失。承发包双方应当在专用合同条款内约定承包人赔偿发包人损失的计算方法。损失赔偿额应相当于违约所造成的损失，包括合同履行后发包人可以获得的利益，但不得超过承包人在订立合同时预见或者应当预见到的因违约可能造成的损失。

2）支付违约金。双方可以在专用合同条款内约定承包人应当支付违约金的数额或计算方法。

3）采取补救措施。对于施工质量不符合要求的违约，发包人有权要求承包人采取返工、修理、更换等补救措施。

4）继续履行。如果发包人要求继续履行合同的，承包人应当在承担上述违约责任后继续履行施工合同。

（3）担保方承担责任。在施工合同中，一方违约后，另一方可按双方约定的担保条款，要求提供担保的第三方承担相应责任。

4. 合同争议的解决

合同当事人在履行施工合同时发生争议，可以和解或者要求合同管理及其他有关主管部门调解。和解或调解不成的，双方可以在专用合同条款内选择一种方式解决争议，双方达成仲裁协议，向约定的仲裁委员会申请仲裁或向有管辖权的人民法院起诉。

如果当事人选择仲裁，应当在专用合同条款中明确请求仲裁的意思表示、仲裁事项、选定的仲裁委员会。在施工合同中直接约定仲裁，关键是要指明仲裁委员会，因为仲裁没有法定管辖，而是依据当事人的约定确定由哪一个仲裁委员会仲裁。请求仲裁的意思表示和仲裁事项则可在专用合同条款中以隐含的方式实现。当事人选择仲裁的，仲裁机构作出的裁决是终局的，具有法律效力，当事人必须执行。如果一方不执行，另一方可向有管辖权的人民法院申请强制执行。

如果当事人选择诉讼，则施工合同的纠纷一般应由工程所在地的人民法院管辖。当事人只能向有管辖权的人民法院起诉作为解决争议的最终方式。

发生争议后，在一般情况下，双方都应继续履行合同，保持施工连续，保护好已完工程。只有出现下列情况时，当事人方可停止履行施工合同：单方违约导致合同确已无法履行，双方协议停止施工；调解要求停止施工，且为双方接受；仲裁机关要求停止施工；法院要求停止施工。

5. 合同解除

施工合同订立后，当事人应当按照合同的约定履行。但是，在一定条件下，合同没有履行或者没有完全履行，当事人也可以解除合同。可以解除合同的情形如下：

（1）合同的协商解除。施工合同当事人协商一致，可以解除。这是在合同成立以后、履行完毕以前，双方当事人通过协商而同意终止合同关系的解除。

（2）发生不可抗力时合同的解除。因为不可抗力或并非合同当事人的原因，造成工程停建或缓建，致使合同无法履行，合同双方可以解除合同。

（3）当事人违约时合同的解除。发包人不按合同约定支付工程款（进度款），双方又未达成分期付款协议，导致施工无法进行，承包人停止施工超过 56 天，发包人仍不支付工程款，承包人有权解除合同。

承包人将其承包的全部工程转包给他人，或者肢解后以分包的名义分别转包给他人，发包人有权解除合同。

合同当事人一方的其他违约致使合同无法履行，合同双方可以解除合同。

当事人一方主张解除合同的程序：应向对方发出解除合同的书面通知，并在发出通知前7 天告知对方。通知到达对方时解除合同。对解除合同有异议的，按照解决合同争议程序处理。

合同解除后，当事人双方约定的结算和清理条款仍然有效。承包人应当妥善做好已完工程和已购材料、设备的保护和移交工作，按照发包人要求，将自有械设备和人员撤出施工场地。发包人应为承包人撤出提供必要条件，支付以上所发生的费用，并按合同约定支付已完工程价款。已经订货的材料、设备由订货方负责退货或解除订货合同，不能退还货款和退货，解除订货合同发生的费用由发包人承担。但未及时退货造成的损失由责任方承担。有过错的一方应当赔偿因合同解除给对方造成的损失，赔偿的金额按照解决合同争议的方式处理。

6.3 FIDIC 土木工程施工合同条件

6.3.1 概述

FIDIC 是指国际咨询工程师联合会（Federation Internation Des Ingenieurs Conseils，法文缩写 FIDIC），该联合会是被世界银行认可的咨询服务机构，总部设在瑞士洛桑。它的成员在每个国家只有一个，中国于 1996 年正式加入。

FIDIC 于 1913 年成立，现已有全球各地 60 多个国家和地区的成员加入了 FIDIC，是最具有权威性的咨询工程师组织。其目标是共同促进各成员协会的专业影响，它推动了全球范围内的高质量的工程咨询服务业的发展。

FIDIC 下设五个长期性的专业委员会：业主咨询工程师关系委员会（CCRC）、合同委员会（CC）、风险管理委员会（RMC）、质量管理委员会（QMC）和环境委员会（ENVC）。FIDIC 的各专业委员会编制了许多规范性的文件，这些文件 FIDIC 成员国采用世界银行、亚洲开发银行、非洲开发银行的招标样本也常常采用其中最常用的《土木工程施工合同条件》《电气和机械工程合同》《业主/咨询工程师标准服务协议书》《设计—建造与交钥匙工程合同条件》（国际上分别通称为 FIDIC "红皮书" "黄皮书" "白皮书" 和 "橘皮书"）及《土木工程施工分包合同条件》。1999 年，FIDIC 又出版了《施工合同》《合同工程设备和设计—施工合同》《EPC（设计采购）采购交钥匙工程合同条件》4 本新的合同标准格式。

6.3.2 FIDIC 合同条件的发展历程

由于全球一体化进程快速推进，国际工程建设的快速发展，工程建设规模不断扩大、风险增加，这给当事人签订合同时再作约定带来一定的困难，需要对当事人的权利和义务有更明确详细的约定。在客观上，国际工程界需要一种标准合同文本，能在工程项目建设中普遍使用或稍加修改即可使用。而标准合同文本在工程的费用、进度、质量、当事人的权利和义务方面都有明确而详细的规定。FIDIC 合同条件正是顺应这一要求而产生的。

1957 年，FIDIC 与欧洲建筑工程联合会（FIDIC）一起在英国土木工程师协会（ICE）编写的《标准合同》基础上，制定了 FIDIC 合同条件第一版。第一版主要沿用英国的传统做法和法律体系，包括一般条件和特殊条件两部分。1969 年修订的第二版 FIDIC 合同条件，没有修改第一版的内容，只是增加了适用疏浚工程的特殊条件。1977 年修订的第三版 FIDIC 合同条件，则对第二版做了较大修改，同时还出版了《土木工程合同文件注释》。1987 年 FIDIC 合同条件第四版出版，此后于 1988 年出版了第四版修订版。第四版出版后，为指导应用，FIDIC 于 1989 年出版了更加详细的《土木工程施工合同条件应用指南》，1999 年 FIDIC 出版了新的《施工合同条件》，这是目前正在使用的合同条件版本。

我国在 FIDIC 合同模式探索上比加入国际咨询工程师联合会要早。1986 年陕西西安至三原的公路项目、1987 年的京津塘高速公路项目都采用了第 3 版 FIDIC 合同条件，此后济青高速公路、成渝高速公路等世界银行贷款公路项目则采用了第 4 版 FIDIC 合同条件。财政部于 20 世纪 80 年代向世界银行提出编写符合我国国情的 FIDIC 条款的报告得到批准，1990 年 6 月出版了《世界银行贷款项目土木工程采购与招标文件范本》，并用于杭甬高速公路、深汕高速公路等项目中。交通部于 1992、1995 年分别组织专家编写了《公路国际招标文件范本》和《公路工程国内招标文件范本》，2003 年对《公路工程国内招标文件范本》进行了修订。

6.3.3　FIDIC 合同条件的构成

FIDIC 合同条件由通用合同条件和专用合同条件两部分构成。

1. FIDIC 通用合同条件

FIDIC 通用合同条件是固定不变的，工程建设项目只要是属于土木工程施工，如工业与民用建筑工程、水电工程、路桥工程、港口工程等建设项目均可适用。通用条件共分 20 条 247 款。20 条分别是：一般规定，雇主，工程师，承包商，指定的分包商，员工，工程设备，材料和工艺，开工、延误和暂停，竣工检验，雇主接受，缺陷责任，测量和估价，变更和调整，合同价款和支付，由雇主终止，由承包商暂停和终止，风险与职责，保险，不可抗力，索赔、争端和仲裁。在通用条件中还有附录及程序规则。

通用合同条件是可以适用于所有土木工程的，条款也非常具体而明确。但不少条款还需要前后串联、对照才能最终明确其全部含义，或与其专用合同条件相应序号的条款联系起来，才能构成一条完整的内容。FIDIC 条款属于双方合同，即施工合同的签约双方（业主和承包商）都承担风险，又各自分享一定的权益。因此，其大量的条款明确地规定了在工程实施某一具体问题上双方的权利和义务。

2. FIDIC 专用合同条件

基于不同地区、不同行业的土建类工程施工共性条件而编制的通用合同条件，已是分门别类、内容详尽的合同文件范本。但有这些是不够的，具体到某一工程项目，有些条款应进一步明确，有些条款还必须考虑工程的具体特点和所在地区情况予以必要的变动。FIDIC 专用合同条件就是为了实现这个目的。通用合同条件和专用合同条件，构成了决定一个具体工程项目各方的权利和义务的内容。

专用合同条件的编制原则是：根据具体工程的特点，针对通用条件中的不同条款进行选择、补充或修正，使由通用合同条件和专用合同条件这两部分相同序号组成的条款内容更为完备。因此，专用合同条件并不像通用合同条件那样，条款序号依次排列，以及每一序号下都有具体的条款内容，而是视通用合同条款内容是否需要修改、取代或补充，而决定相应序号的专用条款是否需要修改、取代或补充，从而决定相应序号的专用条款是否存在。

6.3.4　FIDIC合同条件下的建设项目工作程序

在FIDIC合同条件下，建设项目的工作大致按以下程序进行：

（1）进行项目立项，筹措资金。

（2）通过工程监理招标投标选择工程师，签订工程监理委托合同。

（3）通过竞争性勘察设计招标确定或直接委托勘察设计单位对工程项目进行勘察设计，也可委任工程师对此进行监理。

（4）通过竞争性招标，确定承包商。

（5）业主与承包商签订施工承包合同，作为FIDIC合同文件的组成部分。

（6）承包商按合同要求的履约担保、预付款保函、保险等事项，并取得业主的批准。

（7）业主支付预付款。在国际工程中，一般情况下，业主在合同签订后、施工前支付给承包商一定数额的资金（无息），以供承包商进行施工人员的组织、材料设备的购置及进入现场、完成临时工程等准备工作，这笔资金称工程预付款。预付款的有关事项，如数量、支付时间和方式、支付条件、扣还方式等，应在专用合同条件或投标书附件中明确，一般为合同价款的10%～15%。

（8）承包商提交工程师所需的施工组织设计、施工技术方案、施工进度计划和现金流量估算。

（9）准备工作就绪后，由工程师下达开工令，业主同时移交工地占有权。

（10）承包商根据合同的要求进行施工，工程师则进行日常的监理工作。这一阶段是承包商与工程师的主要工作阶段，也是FIDIC合同条件要规范的主要内容。

（11）根据承包商的申请，工程师进行竣工检验。若工程合格，颁发接收证书，业主归还部分保留金。

（12）承包商提交竣工报表，工程师签发支付证书。

（13）在缺陷通知期内，承包商应完成剩余工作并修补工程缺陷。

（14）缺陷期满后，经工程师检验，证明承包商已根据合同履行了施工、竣工及修补所有的工程缺陷的义务，工程质量达到了工程师满意的程度，则由工程师颁发履约证书，业主应归还履约保证金及剩余保留金。

（15）承包商提出最终报表，工程师签发最终支付证书，业主与承包商结清余款。随后，业主与承包商的权利、义务关系即告终结。

6.3.5　FIDIC合同条件下合同文件的组成及优先次序

在FIDIC合同条件下，合同文件除合同条件外，还包括其他对业主、承包商都有约束力的文件，如中标函、投标书、各种规范、施工图纸和标准图集、资料表及构成合同组成部分的其他文件。构成合同的这些文件应该是互相补充、互相说明的，但是这些文件有时会产生冲突或含义不清。此时，工程师进行解释，其解释应根据合同文件的内容按以下先后顺序进行：

1. 合同协议书

合同协议书有业主和承包商的签字，有对合同文件组成的约定，是使合同文件对业主和承包商产生约束力的法律形式和手续。

2. 中标函

中标函是由业主签署的正式接受投标函的文件，即业主向中标的承包商发出的中标通知书。其内容除明确中标的承包商外，还明确项目名称、中标标价、工期、质量等事项。

3. 投标函

投标函是由承包商填写的，提交给业主的对其具有法律约束力的文件。其主要内容是工程报价，同时保证按合同条件规范、图纸工程量表、其他资料表、所附的附录及补充文件的要求，实施并完成招标工程并修补其任何缺陷；保证中标后，在规定的开工日期后尽早地开工，并在规定的竣工日期内完成合同中规定的全部工作。

4. 合同条件的专用部分条款

这部分的效力高于通用条款，有可能对通用条款进行修改。

5. 合同条件的通用条款

这部分内容若与专用条款冲突，应以专用条款为准。

6. 规范

规范包括强制性标准和一般性规范。它是指对工程范围、特征、功能和质量的要求及施工方法、技术要求的说明书，对承包商提供的材料的质量和工艺标准、样品和试验、施工顺序和时间安排等都要做出明确规定。一般技术规范还包括计量、支付方法的规定。

规范是招标文件中的重要组成部分。编写规范时可引用某一通用国外规范，但一定要结合工程的具体环境和要求来选用，同时还包括按照合同根据具体工程的要求对选用规范的补充和修改内容。

7. 图纸

图纸是指合同中规定的工程图纸、标准图集，也包括在工程实施过程中对图纸进行的修改和补充。这些修改补充的图纸均须经工程师签字后正式下达，才能作为施工及结算的依据。另外，招标时提供的地质钻孔柱状图、探坑展示图等地质、水文图纸也是投标人的参考资料。

8. 资料表

资料表包括工程量表、数据、表册、费率或价格表等。标价的工程量表是由招标人和投标人共同完成的。作为招标文件的工程量表中有工程的每一类目或分项工程的名称、估计数量及计量单位，但留出单价和合价的空格，这些空格由投标人填写。投标人填入单价和合价后的工程量表称为"标价的工程量表"，是投标文件的重要组成部分。

本 章 回 顾

（1）合同管理贯穿于工程实施的全过程和工程实施的各个方面，作为其他工作的指南，对整个项目的实施起总控制和总保证作用。在现代工程中，没有合同意识则项目整体目标不明；没有合同管理，则项目管理难以形成系统，难以有高效率，不可能实现项目的目标。

（2）建筑工程施工合同管理，是指有关的行政管理机关及合同当事人，依据法律、法规，采取法律的、行政的手段，对施工合同关系进行组织、指导、协调及监督，保护施工合同当事人的合法权益，处理施工合同纠纷，防止和制裁违法行为，保证施工合同顺利实施的一系列活动。

（3）在市场经济条件下，施工任务的最终确认是以施工合同为依据的，项目经理必须代表施工企业（承包人）完成应当由施工企业完成的工作。《建设工程施工合同（示范文本）》第 5 条~第 9 条规定了施工合同双方的一般工作内容及其权利和义务。

(4) 工程师易人，发包人应至少在易人前 7 天以书面形式通知承包方，后任继续行使合同文件约定的权利和义务。

(5) 工程师的指令、通知由其本人签字后，以书面形式交给项目经理，项目经理在回执上签署姓名和收到时间后生效。确有必要时，工程师可发出口头指令，并在 48h 内给予书面确认，承包人对工程师的指令应予执行。工程师不能及时给予书面确认的，承包人应于工程师发出口头指令后 7 天内提出书面确认要求。工程师在承包人提出确认要求后 48h 内不予答复的，视为口头指令已被确认。

(6) 项目经理按发包人认可的施工组织设计（施工方案）和工程师依据合同发出的指令组织施工。在情况紧急且无法与工程师联系时，项目经理应当采取保证人员生命和工程、财产安全的紧急措施，并在采取措施后 48h 内向工程师送交报告。责任在发包人或第三人，由发包人承担由此发生的追加合同价款，相应顺延工期；责任在承包人，由承包人承担费用，不顺延工期。

(7) 工程施工中的质量控制是合同履行中的重要环节。施工合同的质量控制涉及许多方面的因素，任何一个方面的缺陷和疏漏都会使工程质量无法达到预期的标准。

(8) 进度控制是施工合同管理的重要组成部分。合同当事人应当在合同规定的工期内完成施工任务，发包人应当按时做好准备工作，承包人应当按照施工进度计划组织施工。为此，工程师应当落实进度控制部门的人员、具体的控制任务和管理职能分工；承包人也应当落实具体的进度控制人员，并且编制合理的施工进度计划并控制其执行，即在工程进展全过程中进行计划进度与实际进度的比较，对出现的偏差及时采取措施。施工合同的进度控制可以分为施工准备阶段、施工阶段和竣工验收阶段的进度控制。

(9) 变更价款的规定：设计变更发生后，承包人在工程设计变更确定后 14 天内，提出变更工程价款的报告，经工程师确认后调整合同价款。承包人在确定变更后 14 天内不向工程师提出变更工程价款报告时，视为该项设计变更不涉及合同价款的变更。工程师在收到变更工程价款报告之日起 14 天内，予以确认。工程师无正当理由不确认时，自变更价款报告送达之日起 14 天后变更工程价款，报告自行生效。工程师不同意承包人提出的变更价格，按照合同约定的争议解决方式处理。

(10) 施工合同的监督管理，是指各级工商行政管理机关、建设行政主管机关和金融机构，以及工程发包单位、监理单位、承包单位依据法律和行政法规、规章制度，采取法律的、行政的手段，对施工合同关系进行组织、指导、协调及监督，保护施工合同当事人的合法权益，调解施工合同纠纷，防止和制裁违法行为，保证施工合同法规的贯彻实施等一系列法定活动。

(11) FIDIC 下设五个长期性的专业委员会：业主咨询工程师关系委员会（CCRC）、合同委员会（CC）、风险管理委员会（RMC）、质量管理委员会（QMC）和环境委员会（ENVC）。FIDIC 的各专业委员会编制了许多规范性的文件中最常用的有《土木工程施工合同条件》《电气和机械工程合同》《业主/咨询工程师标准服务协议书》《设计—建造与交钥匙工程合同条件》（国际上分别通称为 FIDIC "红皮书" "黄皮书" "白皮书" 和 "橘皮书"）及《土木工程施工分包合同条件》。1999 年，FIDIC 又出版了《施工合同》《合同工程设备和设计—施工合同》《EPC（设计采购）采购交钥匙工程合同条件》4 本新的合同标准格式。

思考与讨论

1. 风险及风险管理的含义各是什么？在工程项目中有哪些主要风险？

2. 论述工程合同控制和其他目标控制之间的关系。

3. 工程变更包括哪些内容，其程序是什么？

4. FIDIC 合同条件下合同文件的优先次序是怎样的？

5. 某综合办公大楼项目，在施工设计图纸没有完成前，建设单位通过招标选择了某施工单位进行该项目施工。由于设计工作尚未完成，承包范围内待实施的工程虽然性质明确，但工程量还难以确定，双方商定拟采用总价合同形式签订施工合同，以减少双方的风险。《建设工程施工合同》其中包括如下条款：

（1）合同文件的组成与解释顺序依次为：①合同协议书；②招标文件；③投标书及其附件；④中标通知书；⑤施工合同通用条款；⑥施工合同专用条款；⑦图纸；⑧工程量清单；⑨标准、规范与有关技术文件；⑩工程报价单或预算书；⑪合同履行过程的洽商、变更等书面协议或文件。

（2）承包人必须按工程师批准的进度计划组织施工，接受工程师对进度的检查监督。工程实际进度与计划进度不符时，承包人应按工程师的要求提出改进措施，经工程师确认后执行。承包人有权就改进措施提出追加合同价款。

（3）工程师应对承包人提交的施工组织计划进行审批或提出修改意见。

（4）发包人向承包人提供施工场地的工程地质和地下主要管网线路资料，供承包人参考使用。

（5）承包人不能将工程转包，但允许分包，也允许分包单位将分包的工程再次分包给其他施工单位。

（6）无论工程时是否进行验收，当其要求对已经隐蔽的工程重新检验时，承包人应按要求进行剥离或开孔，并在检查后重新覆盖或修复。检验合格，发包人承担由此发生的全部追加合同价款，赔偿承包人损失，并相应顺延工期。检验不合格，承包人承担发生的全部费用，工期予以顺延。

（7）承包人应按协议条款约定的时间向工程师提交实际完成工程量的报告。工程师接到报告 3 天内按承包人提供的实际完成的工程量报告核实工程量（计量），并在计量 24h 前通知承包人。

（8）工程未经竣工验收或验收未通过的，发包人不得使用。发包人强行使用时，发生的质量问题及其他问题，由发包人负责。

（9）因不可抗力事件导致的费用及延误的工期由双方共同承担。

问题：

1）业主与施工单位选择的总价合同形式是否恰当？为什么？

2）请逐条指出上述合同条款中的不妥之处，并提出如何改正。

6. 某施工单位根据领取的某 2000m² 两层厂房工程项目招标文件和全套施工图纸，采用低报价策略编制了投标文件，并获得中标。该施工单位（乙方）于某年某月某日与建设单位（甲方）签订了该工程项目的固定价格施工合同。合同工期为 8 个月。甲方在乙方进入施工现场后，因资金紧缺，口头要求乙方暂停施工一个月。乙方也口头答应。工程按合同规定期限验收时，甲方发现工程质量有问题，要求返工。两个月后，返工完毕。结算时甲方认为乙方迟延交付工程，应按合同约定偿付逾期违约金。乙方认为临时停工是甲方要求的。乙方为抢工期，加快施工进度才出现了质量问题，因此迟延交付的责任不在乙方。甲方则认为临时停工和不顺延工期是当时乙方答应的。乙方应履行承诺，承担违约责任。

问题：

（1）该工程采用固定价格合同是否合适？

（2）该施工合同的变更形式是否妥当？此合同争议根据合同法律规范应如何处理？

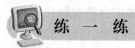 练 一 练

1. 施工合同中，承包人按照工程师提出的施工进度计划修改建议进行了修改，由于修改后的计划不合理而导致的窝工损失应当由（　　）承担。

A. 发包人

B. 承包人

C. 工程师

D. 发包人与承包人共同

2. 工程师要求暂停施工的赔偿与责任的说法错误的是（　　）。

A. 停工责任在发包人，由发包人承担所发生的追加合同价款，赔偿承包商由此造成的损失，相应顺延工期

B. 停工责任在承包人，由承包人承担发生的费用，相应顺延工期

C. 停工责任在承包人，因为工程师不及时做出答复，导致承包人无法复工，由发包人承担违约责任

D. 停工责任在承包人，由承包人承担发生的费用，工期不予顺延

3. 材料采购在交货清点数量时发现，交货数量少于订购的数量，但数量的短少在合同约定的允许偏差范围内。采购方应（　　）。

A. 拒付货款并索赔

B. 按照订购数量及时付款

C. 按照实际交货数量及时付款

D. 待供货方补足数量后再付

4. 在进度控制中，（　　）不属工程师的任务。

A. 督促承包人完成工程扫尾工作

B. 向有关部门递交竣工申请

C. 协调竣工验收中的各方关系

D. 参加竣工验收

5. 北京碧溪公司与上海浦东公司订立了一份书面合同，碧溪公司签字、盖章后邮寄给浦东公司签字、盖章。该合同于何时成立？（　　）

A. 自碧溪公司与浦东公司口头协商一致并签订备忘录时成立

B. 自碧溪公司签字、盖章时成立

C. 自碧溪公司将签字、盖章的合同交付邮寄时成立

D. 自浦东公司签字、盖章时成立

第7章 建设工程合同索赔

 技能目标

掌握建设工程合同索赔的相关知识；掌握建设工程合同索赔的程序；能进行合同分析和合同控制，解决合同变更和风险及索赔事件，能解决合同管理方面的纠纷，处理一般的合同管理事故。

 任务项目引入

某建筑公司（乙方）于某年4月20日与某厂（甲方）签订了修建建筑面积为3000m²工业厂家（带地下室）的施工合同。乙方编制的施工方案和进度计划已获监理工程师批准。该工程的基坑开挖土方量为4500m³，假设直接费单价为4.2元/m²，综合费率为直接费的20%。该基坑施工方案规定：土方工程采用租赁一台斗容量为1m³的反铲挖掘机施工（租赁费为450元/台班）。甲、乙双方合同约定5月11日开工，5月20日完工。在实际施工中发生了如下几项事件：①因租赁的挖掘机大修，晚开工2天，造成人员窝工10个工日；②施工过程中，因遇软土层，接到监理工程师5月15日停工的指令，进行地质复查，配合用工15个工日；③5月19日接到监理工程师于5月20日复工令，同时提出基坑开挖深度加深2m的设计变更通知单，由此增加土方开挖量900m³；④5月20～22日，因下大雨迫使基坑开挖暂停，该大雨级别达到专用合同条款中约定的不可抗力条件，造成人员窝工10个工日；⑤5月23日用30个工日修复冲坏的永久道路，5月24日恢复挖掘工作，最终基坑于5月30日挖坑完毕。

问题：

（1）建筑公司对上述哪些事件可以向厂方要求索赔，哪些事件不可以要求索赔，并说明原因。

（2）每项事件工期索赔各是多少天？总计工期索赔是多少天？

（3）假设人工费单价为23元/工日，因增加用工所需的管理费为增加人工费的30%，则合理的费用索赔总额是多少？

 任务项目实施分析

确定哪些事件可以要求索赔，必须对每个事件进行分析，分析基础为实际情况和合同状态。找出干扰事件的原因，收集证据，提出索赔要求。由于工期延误，要找到每项事件对工期造成的影响，分析各项影响因素归于哪方面原因，找出不属于建筑公司原因的工期延误进行索赔计算。对于费用索赔，首先要分析造成费用增加的原因，收集费用索赔计算的依据，详细计算，合理索赔。

答案：问题（1）：事件①索赔不成立。因为租赁的挖土机大修延迟开工属于承包商的

自身责任。

　　事件②索赔成立。因为施工地质条件变化是一个有经验的承包商所无法合理预见的。

　　事件③索赔成立。因为这是由设计变更引起的，应由业主承担责任。

　　事件④索赔成立。这是因特殊反常的恶劣天气造成的工程延误，业主应承担责任。

　　事件⑤索赔成立。因恶劣的自然条件或不可抗力引起的工程损坏及修复应由业主承担责任。

　　问题（2）：事件② 可索赔工期 5 天；

　　事件③ 可索赔工期 2 天：$900m^3/(4500m^3/10 天)=2$ 天

　　事件④ 可索赔工期 3 天（20～22 日）。

　　事件⑤ 可索赔工期 1 天（23 日）。

　　共计索赔工期 $5+2+3+1=11$ 天。

　　问题（3）：事件② 人工费$=15$ 工日$×23$ 元/工日$×(1+30\%)=448.5$ 元。

　　　　　　　　机械费$=450$ 元/台班$×5$ 天$=2250$ 元，

　　事件③ $(900m^3×4.2$ 元/$m^3)×(1+20\%)=4536$ 元。

　　事件⑤ 人工费$=30$ 工$×23$ 元/工日$×(1+30\%)=897$ 元。

　　　　　　机械费$=450$ 元/台班$×1$ 天$=450$ 元。

　　可索赔费用总额为　$448.5+2250+4536+897+450=8581.5$ 元。

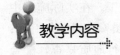

教学内容

7.1　建设工程施工索赔概述

7.1.1　建设工程索赔的概念

　　建设工程索赔通常是指在工程合同履行过程中，合同当事人一方因对方不履行或未能正确履行合同或者由于其他非自身因素而受到经济损失或权利损害，通过合同规定的程序向对方提出经济或时间补偿要求的行为。这包括两种情况：承包方向发包方提出的，称为施工索赔；发包方向承包方提出的称为反索赔。

　　在工程建设阶段，都可能发生索赔。但发生索赔最集中、处理难度最复杂的情况发生在施工阶段，因此，通常说的工程建设索赔主要是指工程施工的索赔。

　　合同执行的过程中，如果一方认为另一方没能履行合同义务或妨碍了自己履行合同义务或是当发生合同中规定的风险事件后，结果造成经济损失，此时受损方通常会提出索赔要求。显然，索赔是一个问题的两个方面，是签订合同的双方各自应该享有的合法权利，实际上是业主与承包商之间在分担工程风险方面的责任再分配。

　　索赔是合同执行阶段一种避免风险的方法，同时也是避免风险的最后手段。工程建设索赔在国际建筑市场上是承包商保护自身正当权益、弥补工程损失、提高经济效益的重要手段。许多工程项目通过成功地索赔，能使工程收入的改善达到工程造价的 10%～20%，有些工程的索赔甚至超过了工程合同额本身。在国内，索赔及其管理还是工程建设管理中一个相对薄弱的环节。

　　索赔是一种正当的权利要求，它是业主、监理工程师和承包商之间一项正常的、大量发生而普遍存在的合同管理业务，是一种以法律和合同为依据、合情合理的行为。

7.1.2　索赔的起因

与其他行业相比，建筑业是一个索赔多发的行业，它是由建筑产品、建筑生产过程、建筑产品市场经营方式决定的。在现代承包工程中，特别在国际承包工程中，索赔经常发生。这主要是由如下几方面原因造成的：

（1）现代承包工程的特点决定。工程本身和工程的环境有许多不确定性，它们在工程实施中会有很大变化。最常见的有：地质条件的变化、建筑市场和建材市场的变化、货币的贬值、城建和环境保护部门对工程新的建议和要求或干涉、自然条件的变化等。它们形成对工程实施的内外部干扰，直接影响工程设计和计划，进而影响工期和成本。

（2）承包合同在工程开始前签订，是基于对未来情况的预测上。对如此复杂的工程和环境，合同不可能对所有的问题作出预见和规定，对所有工程作出准确的说明。工程承包合同条件越来越复杂，合同中难免有考虑不周的条款、缺陷和不足之处，如措词不当、说明不清楚、有二义性，技术设计也可能有许多错误。这会导致在合同实施中双方对责任、义务和权力的争执。而这一切往往都与工期、成本、价格相联系。

（3）业主要求的变化导致大量的工程变更。如建筑的功能、形式、质量标准、实施方式和过程、工程量、工程质量的变化；业主管理的疏忽、未履行或未正确履行合同责任。而合同工期和价格是以业主招标文件确定的要求为依据，同时以业主不干扰承包商实施过程、业主圆满履行合同责任为前提的。

（4）工程参加单位多，关系错综复杂，互相联系又互相影响。各方面技术和经济责任的界面常常很难明确分清。在实际工作中，管理上的失误是不可避免的。但一方失误不仅会造成自己的损失，而且会殃及其他合作者，影响整个工程的实施。当然，在总体上，应按合同原则平等对待各方利益，坚持"谁过失，谁赔偿"。索赔是受损失者的正当权利。

（5）合同双方对合同理解的差异。由于合同文件十分复杂、数量多、分析困难，再加上双方的立场、角度不同，会造成对合同权利和义务的范围、界限的划定理解不一致，造成合同争执。

在国际承包工程中，由于合同双方来自不同的国度，使用不同的语言，适应不同的法律参照系，有不同的工程习惯。双方对合同责任理解的差异是引起索赔的主要原因之一。合同确定的工期和价格是相对于投标时的合同条件、工程环境和实施方案，即"合同状态"。由于上述这些内部的和外部的干扰因素引起"合同状态"中某些因素的变化，打破了"合同状态"，造成工期延长和额外费用的增加；由于这些增量没有包括在原合同工期和价格中，或承包商不能通过合同价格获得补偿，则产生索赔要求。

上述这些原因在任何工程承包合同的实施过程中都不可避免，所以无论采用什么合同类型，也无论合同多么完善，索赔是不可避免的。承包商为了取得工程经济效益，不能不重视研究索赔问题。

7.1.3　索赔的原则和条件

（1）索赔的根本目的在于保护自身利益，追回损失（报价低也是一种损失），避免亏本，因此是不得已而用之。要取得索赔的成功，索赔要求必须符合如下基本原则：

1）必须以合同为依据。

2）及时、合理地处理索赔，以完整、真实的索赔证据为基础。

3）加强主动控制，减少索赔。

索赔条件，又称干扰事件，是指那些使实际情况与合同规定不符合，最终引起工期和费用变化的各类事件，通常承包商可以索赔的事件有：发包人违反合同给承包人造成时间和费用的损失；因工程变更（含设计变更、发包人提出的工程变更、监理工程师提出的工程变更，以及承包人提出并经监理工程师批准的变更）造成时间和费用的损失；发包人提出提前完成项目或缩短工期而造成承包人的费用增加；发包人延期支付期限造成承包人的损失；非承包人的原因导致工程的暂时停工；物价上涨，法规变化及其他。

（2）索赔的前提条件。

1）与合同对照，事件造成了承包人工程项目成本的额外支出，或直接工期损失。

2）造成费用增加或工期损失的原因，按合同约定不属于承包人的行为责任或风险责任。

3）承包人按合同规定的程序和时间提交索赔意向通知和索赔报告。

7.1.4　索赔的分类

从不同的角度，按不同的标准，索赔有如下几种分类方法：

1. 按照干扰事件的性质分类

（1）工期拖延索赔。由于业主未能按合同规定提供施工条件，如未及时交付设计图纸、技术资料、场地、道路等；或非承包商原因业主指令停止工程实施；或其他不可抗力因素作用等原因，造成工程中断，或工程进度放慢，使工期拖延。承包商对此提出索赔。

（2）不可预见的外部障碍或条件索赔。如在施工期间，承包商在现场遇到一个有经验的承包商通常不能预见到的外界障碍或条件，例如，地质与预计的（业主提供的资料）不同、出现未预见到的岩石、淤泥或地下水等。

（3）工程变更索赔。由于业主或工程师指令修改设计、增加或减少工程量、增加或删除部分工程、修改实施计划、变更施工次序，造成工期延长和费用损失。

（4）工程终止索赔。由于某种原因，如不可抗力因素影响，业主违约，使工程被迫在竣工前停止实施，并不再继续进行，使承包商蒙受经济损失，因此提出索赔。

（5）其他索赔。如货币贬值、汇率变化、物价、工资上涨、政策法令变化、业主推迟支付工程款等原因引起的索赔。

2. 按所签订的合同的类型分类

（1）总承包合同索赔，即承包商和业主之间的索赔。

（2）分包合同索赔，即总承包商和分包商之间的索赔。

（3）联营合同索赔，即联营成员之间的索赔。

（4）劳务合同索赔，即承包商与劳务供应商之间的索赔。

（5）其他合同索赔，如承包商与设备材料供应商、保险公司、银行等之间的索赔。

3. 按索赔要求分类

（1）工期索赔，即要求业主延长工期，推迟竣工日期。

（2）费用索赔，即要求业主补偿费用损失，调整合同价格。

4. 按索赔的起因分类

（1）业主违约。包括业主和监理工程师没有履行合同责任；没有正确地行使合同赋予的权力，工程管理失误，不按合同支付工程款等。

（2）合同缺陷。如合同条文不全、错误、矛盾、有二义性，设计图纸、技术规范错误等。

（3）合同变更。如双方签订新的变更协议、备忘录、修正案，业主下达工程变更指令等。

（4）工程环境变化。包括法律、市场物价、货币兑换率、自然条件的变化。

（5）不可抗力因素。如恶劣的气候条件、地震、洪水、战争状态、禁运等。

5. 按索赔所依据的理由分类

（1）合同内索赔。指发生了合同规定给承包商以补偿的干扰事件，承包商根据合同规定提出索赔要求。这是最常见的索赔。

（2）合同外索赔。指工程过程中发生的干扰事件的性质已经超过合同范围。在合同中找不出具体的依据，一般必须根据适用于合同关系的法律解决索赔问题。例如，工程施工过程中发生重大的民事侵权行为造成承包商损失。

（3）道义索赔。承包商索赔没有合同理由，例如对干扰事件业主没有违约，或业主不应承担责任。可能是由于承包商失误（如报价失误、环境调查失误等），或发生承包商应负责的风险，造成承包商重大的损失。这将极大地影响承包商的财务能力、履约积极性、履约能力，甚至危及承包企业的生存。承包商提出要求，希望业主从道义或从工程整体利益的角度给予一定的补偿。

6. 按索赔的处理方式分类

（1）单项索赔。是针对某一干扰事件提出的。索赔的处理是在合同实施过程中，干扰事件发生时，或发生后立即进行。它由合同管理人员处理，并在合同规定的索赔有效期内向工程师提交索赔意向书和索赔报告，由工程师审核后交业主，再由业主作答复。

单项索赔通常原因单一，责任单一，分析比较容易，处理起来比较简单。例如，业主的工程师指令将某分项工程素混凝土改为钢筋混凝土，对此只需提出与钢筋有关的费用索赔即可（如果该项变更没有其他影响）。但有些单项索赔额可能很大，处理起来很复杂，如工程延期、工程中断、工程终止事件引起的索赔。

（2）总索赔。总索赔，又叫一揽子索赔或综合索赔。这是在国际工程中经常采用的索赔处理和解决方法。一般在工程竣工前，承包商将工程过程中未解决的单项索赔集中起来，提出一份总索赔报告。合同双方在工程交付前或交付后进行最终谈判，以一揽子方案解决索赔问题。

7.2　索　赔　管　理

7.2.1　索赔管理的任务

在承包工程项目管理中，索赔管理的任务是索赔和反索赔。索赔和反索赔是矛和盾的关系，进攻和防守的关系。有索赔，必有反索赔。在业主和承包商、总包和分包、联营成员之间都可能有索赔和反索赔。在工程项目管理中它们又有不同的任务。

1. 索赔的任务

索赔的作用是对已经受到的损失进行追索，其任务有：

（1）预测索赔机会。虽然干扰事件产生于工程施工中，但它的根由却在招标文件、合同、设计、计划中，所以，在招标文件分析、合同谈判（包括在工程实施中双方召开变更会议、签署补充协议等）中，承包商应对干扰事件有充分的考虑和防范，预测索赔的可能。预测索赔机会又是合同风险分析和对策的内容之一。对于一个具体的承包合同，具体的工程和工程环境，干扰事件的发生有一定的规律性。承包商对索赔必须有充分的估计和准备，在报价、合同谈判、作实施方案和计划中考虑索赔的影响。

（2）在合同实施中寻找和发现索赔机会。在任何一个工程中，干扰事件是不可避免的，问题是承包商能否及时发现并抓住索赔机会。承包商应对索赔机会有敏锐的感觉，可以通过对合同实施过程进行监督、跟踪、分析和诊断，以寻找和发现索赔机会。

（3）处理索赔事件，解决索赔争执。一经发现索赔机会，则应迅速作出反应，进入索赔处理过程。在这个过程中有大量的、具体的、细致的索赔管理工作和业务，包括：向工程师和业主提出索赔意向；事态调查、寻找索赔理由和证据、分析干扰事件的影响、计算索赔值、起草索赔报告；向业主提出索赔报告，通过谈判、调解或仲裁最终解决索赔争执，使自己的损失得到合理补偿。

2. 反索赔的任务

反索赔着眼于对损失的防止，它有两个方面的含义：

（1）反驳对方不合理的索赔要求。对对方（业主、总包或分包）已提出的索赔要求进行反驳，推卸自己对已产生的干扰事件的合同责任，否定或部分否定对方的索赔要求，使自己不受或少受损失。

（2）防止对方提出索赔。通过有效的合同管理，使自己完全按合同办事，处于不被索赔的地位，即着眼于避免损失和争执的发生。

在工程实施过程中，合同双方都在进行合同管理，都在寻求索赔机会。所以，如果承包商不能进行有效的索赔管理，不仅容易丧失索赔机会，使自己的损失得不到补偿，而且可能反被对方索赔，蒙受更大的损失。

7.2.2 索赔的处理

1. 索赔工作的特点

与工程项目的其他管理工作不同，索赔的处理和解决有如下特点：

（1）对一特定干扰事件的索赔没有预定的统一标准解决。要达到索赔的目的需要许多条件。它的主要影响因素有合同背景，业主及工程师的信誉、公正性和管理水平，承包商的工程管理水平，承包商的索赔业务能力，合同双方的关系。

（2）索赔和律师打官司相似，索赔的成败常常不仅在于事件本身的实情，而且在于能否找到有利于自己的书面证据，能否找到为自己辩护的法律（合同）条款。但由于分包商没有书面证据，尽管有实物证据，索赔就不能成立。合同和事实根据书面证据是索赔的两个最重要的影响因素。

（3）对干扰事件造成的损失，承包商只有"索"，业主才有可能"赔"，不"索"则不"赔"。如果承包商自己放弃索赔机会，例如，没有索赔意识，不重视索赔，或不懂索赔；不精通索赔业务，不会索赔；或对索赔缺乏信心，怕得罪业主，失去合作机会，或怕后期合作困难，不敢索赔，则任何业主都不可能主动提出赔偿。一般情况下，工程师也不会提示或主动要求承包商向业主索赔。所以索赔完全在于承包商自己，必须有主动性和积极性。

（4）索赔是以利益为原则，而不是以立场为原则，不以辨明是非为目的。承包商追求的是，通过索赔，当然也可以通过其他形式或名目，使自己的损失得到补偿，获得合理的收益。在整个索赔的处理和解决过程中，承包商必须牢牢把握这个方向。由于索赔要求只有最终获得业主、工程师或调解人、仲裁人等认可才有效，最终获得赔偿才算成功，因此索赔的技巧和策略极为重要，承包商应考虑采用不同的形式、手段，采取各种措施争取索赔的成功，同时又不损害双方的友谊，又不损害自己的声誉。

（5）由于合同管理注重实务，因此对案例的研究是十分重要的。在国际工程中，许多合同条款的解释和索赔的解决要符合通常大家公认的一些案例，甚至可以直接引用过去典型案例的解决结果作为索赔理由。但对索赔事件的处理和解决又要具体问题具体分析，不可盲目照搬以前的案例，或一味凭经验办事。所以人们更应注重索赔管理的方法、程序、处理问题的原则，从一些案例中吸取经验和教训。

2. 索赔工作程序

索赔工作是指对一个（或一些）具体的干扰事件进行索赔所涉及的工作。它包括许多工作内容和过程。从总体上分析，承包商的索赔工作包括如下两个方面：

（1）承包人索赔。根据合同约定，承包人认为有权得到追加付款和（或）延长工期的，应按以下程序向监理人提出索赔：

1）承包人应在知道或应当知道索赔事件发生后 28 天内，向监理人递交索赔意向通知书，并说明发生索赔事件的事由；承包人未在前述 28 天内发出索赔意向通知书的，丧失要求追加付款和（或）延长工期的权利。

2）承包人应在发出索赔意向通知书后 28 天内，向监理人正式递交索赔报告；索赔报告应详细说明索赔理由及要求追加的付款金额和（或）延长的工期，并附必要的记录和证明材料。

3）索赔事件具有持续影响的，承包人应按合理时间间隔继续递交延续索赔通知，说明持续影响的实际情况和记录，列出累计的追加付款金额和（或）工期延长天数。

4）在索赔事件影响结束后 28 天内，承包人应向监理人递交最终索赔报告，说明最终要求索赔的追加付款金额和（或）延长的工期，并附必要的记录和证明材料。

对承包人索赔的处理如下：

1）监理人应在收到索赔报告后 14 天内完成审查并报送发包人。监理人对索赔报告存在异议的，有权要求承包人提交全部原始记录副本。

2）发包人应在监理人收到索赔报告或有关索赔的进一步证明材料后的 28 天内，由监理人向承包人出具经发包人签认的索赔处理结果。发包人逾期答复的，则视为认可承包人的索赔要求。

3）承包人接受索赔处理结果的，索赔款项在当期进度款中进行支付；承包人不接受索赔处理结果的，按照通用合同条款的争议解决约定处理。

承包人工作索赔程序如图 7 - 1 所示。

（2）发包人索赔。根据合同约定，发包人认为有权得到赔付金额和（或）延长缺陷责任期的，监理人应向承包人发出通知并附有详细的证明。发包人应在知道或应当知道索赔事件发生后 28 天内通过监理人向承包人提出索赔意向通知书，发包人未在前述 28 天内发出索赔意向通知书的，丧失要求赔付金额和（或）延长缺陷责任期的权利。发包人应在发出索赔意向通知书后 28 天内，通过监理人向承包人正式递交索赔报告。注意增加发包人索赔期限制度。

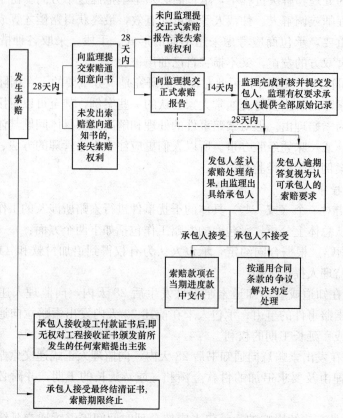

图 7-1 承包人索赔工作程序

对发包人索赔的处理如下：

1) 承包人收到发包人提交的索赔报告后，应及时审查索赔报告的内容、查验发包人证明材料。

2) 承包人应在收到索赔报告或有关索赔的进一步证明材料后 28 天内，将索赔处理结果答复发包人。如果承包人未在上述期限内作出答复的，则视为对发包人索赔要求的认可。

3) 承包人接受索赔处理结果的，发包人可从应支付给承包人的合同价款中扣除赔付的金额或延长缺陷责任期；发包人不接受索赔处理结果的，按照通用合同条款的争议解决约定处理。

发包人索赔工作程序如图 7-2 所示。

3. 寻找索赔机会

在合同实施过程中经常会发生一些非承包商责任的，而且承包商不能影响的干扰事件。它们不符合"合同状态"，造成施工工期的拖延和费用的增加，是承包商的索赔机会。承包商必须对索赔机会有敏锐的感觉。寻找和发现索赔机会是索赔的第一步，是合同管理人员的工作重点之一。一经发现索赔机会就应进行索赔处理，不能有任何拖延。在承包合同的实施中，索赔机会通常表现为如下现象：

(1) 业主或其代理人、工程师等有明显的违反合同，或未正确地履行合同责任的行为。

(2) 承包商自己的行为违约，已经或可能完不成合同责任范围内的工作，但究其原因却

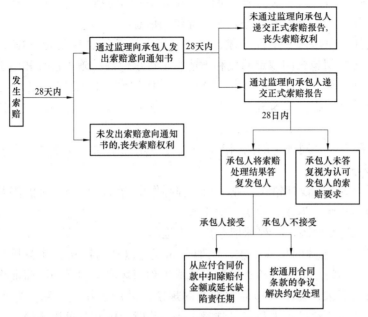

图7-2 发包人索赔工作程序

在业主、工程师或其代理人等。由于合同双方的责任是互相联系，互为条件的，如果承包商违约的原因是业主造成的，同样是承包商的索赔机会。

（3）工程环境与"合同状态"的环境不一样，与原标书规定不一样，出现"异常"情况和一些特殊问题。

（4）合同双方对合同条款的理解发生争执，或发现合同缺陷、图纸出错等。

（5）业主和工程师作出变更指令，双方召开变更会议，双方签署了会谈纪要、备忘录、修正案、附加协议。

（6）在合同监督和跟踪中承包商发现工程实施偏离合同，如月形象进度与计划不符、成本大幅度增加、资金周转困难、工程停滞、质量标准提高、工程量增加、施工计划被打乱、施工现场紊乱、实际的合同实施不符合合同事件表中的内容，存在差异等。

4. 干扰事件

索赔机会常常表现为具体的干扰事件。干扰事件是索赔处理的对象，事态调查、索赔理由分析、影响分析、索赔值计算等都针对具体的干扰事件。在承包工程中（特别在国际工程中），常见的可以提出索赔的干扰事件有：

（1）业主没有按合同规定的要求交付设计资料、设计图纸，使工程延期。例如，推迟交付，提供的资料出错，合同规定一次性交付，而实际上分批交付等；业主提供的设备、材料不合格，或业主未在规定的时间内提供。

（2）业主没按合同规定的日期交付施工场地、交付行驶道路、接通水电等，使承包商的施工人员和设备不能进场，工程不能及时开工，延误工期。

（3）工程地质与合同规定的不一样，出现异常情况，如土质与勘探资料不同，发现未预见到的地下水，图纸上未标明的管线、古墓或其他文物，按工程师指令进行特殊处理，或采取加固地基的措施，或采用新的开挖方案。

（4）合同缺陷，如合同条款不全、错误，或文件之间矛盾、不一致、有二义性。双方就合同理解发生争执，招标文件不完备，业主提供的信息有错误。

（5）业主或其工程师指令工程停建、缓建，指令改变原合同规定的施工顺序和施工部署。业主和其工程师超越合同规定的权利不适当干扰承包商的施工过程和施工方案。

（6）工程变更。业主和其工程师指令增加，减少或删除部分工程，指令提高工程质量标准，如提高装饰标准、提高建筑五金标准等。业主删除部分工程，而将它委托给其他承包商来完成。

（7）附加工程。在合同规定的范围内，业主指令增加附加工程项目，要求承包商提供合同责任以外的服务项目。

（8）由于设计变更，设计错误，业主和工程师作出错误的指令，提供错误的数据、资料等造成工程修改、报废、返工、停工、窝工等。

（9）由于非承包商原因，工程师指令暂停工程施工。

（10）业主和其工程师的特殊要求，例如合同规定以外的钻孔、勘探开挖；对材料、工程设备、工艺作合同规定以外的检查试验，造成工程损坏或费用增加，而最终证明承包商的工程质量符合合同要求；要求承包商完成合同规定以外的工作或工程，为业主及其他承包商、工作人员、任何合法机构人员提供临时工程、临时设施和各种服务等。

（11）业主拖延合同责任范围内的工作，如拖延图纸批准、拖延隐蔽工程验收、拖延对承包商问题的答复，不及时下达指令、决定，造成工程停工。

（12）业主要求加快工程进度，指令承包商采取加速措施。这只有在如下两种情况下才能提出索赔：已发生的工期延长责任完全非承包商引起，业主已认可承包商的工期索赔；实际工期没有拖延，而业主希望工程提前竣工，及早投入使用。

（13）进口材料海运时间过长或在港口停置时间过长，造成工程停工待料。

（14）业主没按合同规定的时间和数量支付工程款。

（15）物价大幅度上涨，造成材料价格、人工工资大幅度上涨。

（16）国家法令的修改，如提高工资税、提高海关税、颁布新的外汇管制法等。

（17）货币贬值，使承包商蒙受较大的汇率损失。

（18）不可抗力因素，如反常的气候条件、洪水、暴乱、内战、政局变化、战争、经济封锁、禁运、罢工和其他一个有经验的承包商无法预见的任何自然力作用等使工程中断或合同终止。

（19）在保修期间，由于业主使用不当或其他非承包商责任造成损坏，业主要求承包商予以修理；业主在验收前或交付使用前，擅自使用已完或未完工程，造成工程损坏。

5. 索赔证据

证据作为索赔文件的一部分，关系到索赔的成败。证据不足或没有证据，索赔是不能成立的。证据又是对方反索赔攻击的重点之一，所以承包商必须有足够的证据证明自己的索赔要求。证据在合同签订和合同实施过程中产生，主要为合同资料、日常的工程资料和合同双方信息沟通资料等。

在一个正常的项目管理系统中，应有完整的工程实施记录。一旦索赔事件发生，自然会收集到许多证据，如果项目信息流通不畅，文档散杂零乱，不成系统或对合同事件的发生未记文档，待提出索赔文件时再收集证据，就要浪费许多时间，可能丧失索赔机会（超过索赔有效期限），甚至为他人索赔和反索赔提供可能。因为人们对过迟提交的索赔文件和证据容易产生怀疑。

（1）索赔证据的基本要求。

1）真实性。索赔证据必须在实际工程过程中产生，完全反映实际情况，能经得住对方的推敲。由于在工程过程中合同双方都在进行合同管理，收集工程资料，所以双方应有相同的证据。使用不实的或虚假证据是违反商业道德甚至法律的。

2）全面性。所提供的证据应能说明事件的全过程。索赔报告中所涉及的干扰事件、索赔理由、影响、索赔值等都应有相应的证据，不能零乱和支离破碎，否则业主将退回索赔报告，要求重新补充证据。这会拖延索赔的解决，损害承包商在索赔中的有利地位。

3）法律证明效力。索赔证据必须有法律证明效力，特别对准备递交仲裁的索赔报告更要注意这一点：证据必须是当时的书面文件，一切口头承诺、口头协议不算；合同变更协议必须由双方签署，或以会谈纪要的形式确定，且为决定性决议。一切商讨性、意向性的意见或建议不算；工程中的重大事件、特殊情况的记录应由工程师签署认可。

4）及时性。这里包括两方面内容：证据是工程活动或其他活动发生时的记录或产生的文件，除了专门规定外（如按 FIDIC 合同，对工程师口头指令的书面确认），后补的证据通常不容易被认可。干扰事件发生时，承包商应有同期记录，这对以后提出索赔要求，支持其索赔理由是必要的。而工程师在收到承包商的索赔意向通知后，应对这份同期记录进行审查，并可指令承包商保持合理的同期记录，在这里承包商应邀请工程师检查上述记录，并请工程师说明是否需做其他记录。按工程师要求作记录，这对承包商来说是有利的；证据作为索赔报告的一部分，一般和索赔报告一起交付工程师和业主。FIDIC 规定，承包商应向工程师递交一份说明索赔款额及提出索赔依据的"详细材料"。

（2）证据的种类。在合同实施过程中，资料很多，面很广。在索赔中要考虑，工程师、业主、调解人和仲裁人需要哪些证据，哪些证据最能说明问题，最有说服力。这需要有索赔工作经验。通常在干扰事件发生后，可以征求工程师的意见，在工程师的指导下，或按工程师的要求收集证据。在工程施工过程中常见的索赔证据有：

1）招标文件、合同文本及附件，其他的各种签约（备忘录、修正案等），业主认可的工程实施计划，各种工程图纸（包括图纸修改指令），技术规范等。承包商的报价文件，包括各种工程预算和其他作为报价依据的资料，如环境调查资料、标前会议和澄清会议资料等。

2）来往信件，如业主的变更指令，各种认可信、通知、对承包商问题的答复信等。这里要注意，商讨性的和意向性的信件通常不能作为变更指令或合同变更文件。在合同实施过程中，承包商对业主和工程师的口头指令及对工程问题的处理意见要及时索取书面证据。尽管相距很近，天天见面，也应以信件或其他书面方式交流信息。这样有根有据，对双方都有利。来信的信封也要留存，信封上的邮戳记载着发信和收信的准确日期，起证明作用。承包商的回信都要复印留底。所有信件都应建立索引，存档，直到工程全部竣工，合同结束。

3）各种会谈纪要。在标前会议上和在决标前的澄清会议上，业主对承包商问题的书面答复，或双方签署的会谈纪要；在合同实施过程中，业主、工程师和各承包商定期会商，以研究实际情况，作出的决议或决定。它们可作为合同的补充。但会谈纪要须经各方签署才有法律效力。通常，会谈后，按会谈结果起草会谈纪要交各方面审查，如有不同意见或反驳须在规定期限内提出（该期限由工程参加者各方在项目开始前商定）。超过这个期限不作答复即被作为认可纪要内容处理。所以，对会谈纪要也要像对待合同一样认真审查，及时答复，及时反对表达不清、有偏见的或对自己不利的会议纪要。一般的会谈或谈话单方面的记录，只要对方承认，也能作为证据，但它的法律证明效力不足。但通过对它的分析可以得到当时讨论的问题，遇到的事件，各方面的观点意见，可以发现干扰事件发生的日期和经过，作为寻找其他证据和分析问题的引导。

4）施工进度计划和实际施工进度记录。包括总进度计划，开工后业主工程师批准的详细的进度计划、每月进度修改计划、实际施工进度记录、月进度报表等。这里对索赔有重大影响的，不仅是工程的施工顺序、各工序的持续时间，而且还包括劳动力、管理人员、施工机械设备、现场设施的安排计划和实际情况，材料的采购订货、运输、使用计划和实际情况等。它们是工程变更索赔的证据。

5）施工现场的工程文件，如施工记录、施工备忘录、施工日报、工长或检查员的工作日记、监理工程师填写的施工记录和各种签证等。它们应能全面反映工程施工中的各种情况，如劳动力数量与分布、设备数量与使用情况、进度、质量、特殊情况及处理。各种工程统计资料，如周报、旬报、月报。在这些报表通常包括本期中及至本期末的工程实际和计划进度对比、实际和计划成本对比及质量分析报告、合同履行情况评价等。

6）工程照片。照片作为证据最清楚和直观。照片上应注明日期。索赔中常用的有表示工程进度的照片、隐蔽工程覆盖前的照片、业主责任造成返工和工程损坏的照片等。

7）气候报告。如果遇到恶劣的天气，应作记录，并请工程师签证。

8）工程中的各种检查验收报告和各种技术鉴定报告。工程水文地质勘探报告、土质分析报告、文物和化石的发现记录、地基承载力试验报告、隐蔽工程验收报告、材料试验报告、材料设备开箱验收报告、工程验收报告等。它们能证明承包商的工程质量。

9）工地的交接记录（应注明交接日期，场地平整情况，水、电、路情况等），图纸和各种资料交接记录。工程中送停电、送停水、道路开通和封闭的记录及证明。它们应由工程师签证。合同双方在工程过程中各种文件和资料的交接都应有一定的手续，要有专门的记录，防止在交接中出现漏洞和"说不清楚"的情况。

10）建筑材料和设备的采购、订货、运输、进场，使用方面的记录、凭证和报表等。

11）市场行情资料，包括市场价格、官方的物价指数、工资指数、中央银行的外汇比率等公布材料。

12）各种会计核算资料。包括：工资单、工资报表、工程款账单，各种收付款原始凭证，总分类账、管理费用报表，工程成本报表等。

13）国家法律、法令、政策文件。如因工资税增加，提出索赔，索赔报告中只需引用文号、条款号即可，而在索赔报表后附上复印件。

6. 索赔报告

索赔报告是向对方提出索赔要求的书面文件，是承包商对索赔事件处理的结果。业主的反应——认可或反驳——就是针对索赔报告。调解人和仲裁人只有通过索赔报告了解和分析合同实施情况和承包商的索赔要求，评价它的合理性，并据此作出决议。所以索赔报告的表达方式对索赔的解决有重大影响。索赔报告应具有说服力，合情合理，有根有据，逻辑性强，能说服工程师、业主、调解人和仲裁人，同时它又应是有法律效力的正规的书面文件。

（1）索赔报告的具体内容，随该索赔事件的性质和特点而有所不同。但从报告的必要内容与文字结构方面而论，一个完整的索赔报告应包括以下四个部分：

1）总论部分。一般包括序言、索赔事项概述、具体索赔要求、索赔报告编写及审核人员名单。文中首先应概要地论述索赔事件的发生日期与过程；施工单位为该索赔事件所付出的努力和附加开支；施工单位的具体索赔要求。在总论部分最后，附上索赔报告编写组主要人员及审核人员的名单，注明有关人员的职称、职务及施工经验，以表示该索赔报告的严肃性和权威性。

2）依据部分。该部分主要是说明自己具有的索赔权利，这是索赔能否成立的关键。根据部分的内容主要来自该工程项目的合同文件，并参照有关法律规定。该部分中施工单位应引用合同中的具体条款，说明自己理应获得经济补偿或工期延长。一般地说，包括索赔事件的发生情况、已递交索赔意向书的情况、索赔事件的处理过程、索赔要求的合同根据、所附的证据资料。

3）计算部分。索赔计算的目的，是以具体的计算方法和计算过程，说明自己应得经济补偿的款额或延长时间。切忌采用笼统的计价方法和不实的开支款额。

4）证据部分。证据部分包括该索赔事件所涉及的一切证据资料，以及对这些证据的说明。对重要的证据资料最好附以文字证明或确认件。

（2）索赔报告如果起草不当，会损害承包商在索赔中的有利地位和条件，使正当的索赔要求得不到应有的妥善解决。起草索赔报告需要实际工作经验。对重大的索赔或一揽子索赔最好在有经验的律师或索赔专家的指导下起草。索赔报告的一般要求有：

1）索赔事件应是真实的。这是整个索赔的基本要求。这关系到承包商的信誉和索赔的成败，不可含糊，必须保证。如果承包商提出不实的、不合情理，缺乏根据的索赔要求，工程师会立即拒绝。这还会影响对承包商的信任和以后的索赔。索赔报告中所指出的干扰事件必须有得力的证据来证明。这些证据应附于索赔报告之后。对索赔事件的叙述必须清楚、明确，不包含任何估计和猜测，也不可用估计和猜测式的语言，诸如"可能""大概""也许"等。这会使索赔要求苍白无力。

2）责任分析应清楚，准确。一般索赔报告中所针对的干扰事件都是由对方责任引起的，应将责任全部推给对方。不可用含混的字眼和自我批评式的语言，否则会丧失自己在索赔中的有利地位。

3）在索赔报告中应特别强调：干扰事件的不可预见性和突然性，即使一个有经验的承包商对它也不可能有预见或准备，对它的发生承包商无法制止，也不能影响；在干扰事件发生后承包商已立即将情况通知工程师，听取并执行工程师的处理指令，或承包商为了避免和减轻干扰事件的影响及损失尽了最大努力，采取了能够采取的措施；由于干扰事件的影响，使承包商的工程施工过程受到严重干扰，使工期拖延，费用增加。应强调，干扰事件、对方责任、工程受到的影响和索赔值之间有直接的因果关系；承包商的索赔要求应有合同文件的支持，可以直接引用相应合同条款。

4）索赔报告通常很简洁，条理清楚，各种结论、定义准确，有逻辑性。但索赔证据和索赔值的计算应很详细和精确。索赔报告的逻辑性，主要在于将索赔要求工期延长和费用增加与干扰事件、责任、合同条款、影响连成一条打不断的逻辑链。承包商应尽力避免索赔报告中出现用词不当、语法错误、计算错误、打字错误等问题；否则，会降低索赔报告的可信度，使人觉得承包商不严肃、轻率或弄虚作假。

5）用词要婉转。特别作为承包商，在索赔报告中应避免使用强硬的不友好的抗议式的语言。

7.2.3　索赔值的计算

1. 工期索赔成立的条件

在工程施工中，常常会发生一些未能预见的干扰事件使施工不能顺利进行，使预定的施工计划受到干扰，结果造成工期延长。工期延长对合同双方都会造成损失：业主因工程不能及时交付使用，投入生产，不能按计划实现投资目的，失去盈利机会，并增加各种管理费的开支；承包商因工期延长增加支付现场工人工资、机械停置费用、工地管理费、其他附加费用支出等，最终还可能要支付合同规定的误期违约金。

工期索赔成立的条件通常有两个：发生了非承包商自身的原因的索赔事件；索赔事件造成了总工期的延误。

2. 工期索赔的原则

工程拖延可分为"可原谅拖期"和"不可原谅拖期"两种情况，见表7-1。

表7-1　　　　　　　　　　　　　　　工期索赔的处理原则

拖期性质	拖期原因	责任者	处理原则	索赔结果
可原谅拖期	（1）修改设计。 （2）施工条件变化。 （3）业主原因。 （4）工程师原因	业主/工程师	可准予延长工期和给以经济补偿	工期延长＋经济补偿
	不可抗力（如天灾、社会动乱，以及非为业主、工程师或承包商原因造成的拖期）等	客观原因	依据《建设工程施工合同（示范文本）》（GF-2013-0201）第39.3款确定	工期可延长，经济补偿依据《建设工程施工合同（示范文本）》（GF-2013-0201）第39.3款确定
不可原谅拖期	由承包商原因造成的拖期	承包商	不延长工期，不给予经济补偿，竣工结算时业主和扣除合同规定竣工误期违约赔偿金	无权索赔

3. 工期索赔的计算方法

工期索赔的依据主要有：合同规定的总工期计划；合同签订后由承包商提交的并经过工程师同意的详细的进度计划；合同双方共同认可的对工期的修改文件，如认可信、会谈纪要、来往信件等；业主、工程师和承包商共同商定的月进度计划及其调整计划；受干扰后实际工程进度，如施工日记、工程进度表、进度报告等。

工期索赔的计算主要有比例计算法和网络图分析法两种。

（1）网络图分析法。是利用进度计划的网络图，分析其关键线路。如果延误的工作为关键工作，则延误的时间为索赔的工期；如果延误的工作为非关键工作，当该工作由于延误超过时限而成为关键工作时，可以索赔延误时间与时差的差值；若该工作延误后仍为非关键工作，则不存在工期索赔问题。

可以看出，网络分析要求承包商切实使用网络技术进行进度控制，才能依据网络计划提出工期索赔。按照网络分析得出的工期索赔值是科学合理的，容易得到认可。

由于非承包商自身的原因的事件造成关键线路上的工序暂停施工

工期索赔天数＝关键线路上的工序暂停施工的日历天数

由于非承包商自身的原因的事件造成非关键线路上的工序暂停施工

工期索赔天数＝工序暂停施工的日历天数－该工序的总时差天数（＝0或<0时，工期不能索赔）

（2）比例计算法。网络分析法虽然比较复杂，也是最合理的，但实际工程中，干扰事件常常仅影响某些单项工程、单位工程或分部分项工程的工期，分析它们对总工期的影响可以采用更简单的比例计算法，即以某个技术经济指标作为比较基础，计算出工期索赔值。

比例计算法的公式为：

对于已知部分工程的延期的时间

$$工期索赔值＝\frac{受干扰部分工程的合同价×该受干扰部分工期拖延时间}{原合同总价}$$

对于已知额外增加工程量的价格

$$工期索赔值＝\frac{额外增加的工程量的价格×原合同总工期}{原合同总价}$$

比例计算法一般可分为按合同价所占比例计算和按单项工程工期拖延的平均值计算两种方法。

1）按合同价所占比例计算。

【例7-1】 某工程施工中，业主改变办公楼工程基础设计图纸的标准，使单项工程延期10周，该单项工程合同价为80万美元，而整个工程合同总价为400万美元，则承包商提出工期索赔值可按下式计算

$$总工期索赔值＝\frac{受干扰事件影响的那部分工程的价值}{整个工程的合同总价}×该部分工程受干扰后的工期拖延$$

即 总工期索赔值 $\Delta T＝（80/400）×10＝2$（周）

2）按单项工程工期拖延的平均值计算。

【例7-2】 某工程有A、B、C、D、E五个单项工程，合同规定业主提供水泥。在实际工程中，业主没有按合同规定的日期供应水泥，造成停工待料。根据现场工程资料和合同双方的通信等证据证明，由于业主水泥提供不及时对工程造成如下影响：

单项工程A：500m³ 混凝土基础推迟21天；

单项工程B：850m³ 混凝土基础推迟7天；

单项工程C：225m³ 混凝土基础推迟10天；

单项工程D：480m³ 混凝土基础推迟10天；

单项工程E：120m³ 混凝土基础推迟27天。

承包商在一揽子索赔中，对业主材料供应不及时造成工期延长提出索赔要求如下：

总延长天数＝21＋7＋10＋10＋27＝75天

平均延长天数＝75/5＝15天

工期索赔值＝15＋5＝20天（加5天是考虑了单项工程的不均匀性对部分工期的影响）

实际运用中，也可按其他指标，如按劳动力投入量、实物工程量等变化计算。比例计算法虽然计算简单、方便，不需要复杂网络分析，在意义上也容易接受，但也有其不合理、不

科学的地方。例如，从网络分析可以看出，关键线路上工作的拖延方为总工期的延长，非关键线路上的拖延通常对总工期没有影响，但比例计算法对此并不考虑，而且此种方法对有些情况也不适用，例如业主变更施工次序，业主指令采取加速施工措施等不能采用这种方法，最好采用网络分析法，否则会得到错误的结果。

4. 经济索赔的计算方法

经济索赔的计算方法主要有总费用法、修正的总费用法和分项法。

（1）总费用法和修正的总费用法总费用法又称总成本法，计算公式为

索赔费用额＝工程已实际开支的总费用－投标报价时的成本费用

修正总费用法是指对难以用实际总费用进行审核的，可以考虑是否能计算出与索赔事件有关的单项工程的实际总费用和该单项工程的投标报价，即

索赔的金额＝单项工程的实际费用－报价

总费用法并不十分科学，但仍被经常采用，原因是对于某些索赔事件，难以精确地确定它们导致的各项费用增加额。

一般认为在具备以下条件时采用总费用法是合理的：

1）已开支的实际总费用经过审核，认为是比较合理的；

2）承包商的原始报价是比较合理的；

3）费用的增加是由于对方原因造成的，其中没有承包商管理不善的责任；

4）由于索赔事件的性质及现场记录的不足，难以采用更精确的计算方法。

（2）分项法。分项法是将索赔的损失的费用分项进行计算，其内容主要包括人工费索赔、材料费索赔、施工机械费索赔、现场管理费索赔计算、总部管理费索赔计算、融资成本、利润与机会利润损失的索赔。

1）人工费索赔。人工费索赔包括额外雇佣劳务人员、加班工作、人员闲置、工资上涨和劳动生产率降低的费用。

额外增加工人和加班

人工费索赔额＝增加的工时（日）×人工单价

人员闲置费用索赔

人工费索赔额＝闲置工时（日）×人工单价×0.75（折算系数）

工资上涨是指由于工程变更，使承包商的大量人力资源的使用从前期推到后期，而后期工资水平上调，因此应得到相应的补偿。

劳动生产率降低的费用的计算有如下几种情况：

a. 实际成本和预算成本比较法。这种方法是对受干扰影响工作的实际成本与合同中的预算成本进行比较，索赔其差额。这种方法需要有正确合理的估价体系和详细的施工记录。

例如，某工程的现场混凝土模板制作，原计划为 20 000m²，估计人工工时为 20 000h，直接人工成本为 32 000 美元。因业主未及时提供现场施工的场地占有权，使承包商被迫在雨季进行该项工作，实际人工工时为 24 000h，人工成本为 38 400 美元，使承包商造成生产率降低的损失为 6400 美元。这种索赔，只要预算成本和实际成本计算合理，成本的增加确属业主的原因，其索赔成功的把握是很大的。

b. 正常施工期与受影响期比较法。这种方法是在承包商的正常施工受到干扰，生产率下降，通过比较正常条件下的生产率和干扰状态下的生产率，得出生产率降低值，以此为基

础进行索赔。

例如，某工程吊装浇筑混凝土，施工机械 2 台，台班费为 300 元/台班，前 5 天工作正常，第 6 天起业主架设临时电线，共有 6 天时间使吊车不能在正常角度下工作，导致吊运混凝土的方量减少。承包商有未受干扰时正常施工记录和受干扰时施工记录，见表 7-2 和表 7-3。

表 7-2　　　　　　　　　　　　　　　未受干扰时正常施工记录　　　　　　　　　　　　m³/h

时间（天）	1	2	3	4	5	平均值
平均劳动生产率	7	6	6.5	8	6	6.7

表 7-3　　　　　　　　　　　　　　　　受干扰时施工记录　　　　　　　　　　　　　　m³/h

时间（天）	1	2	3	4	5	平均值
平均劳动生产率	5	5	4	4.5	4	4.75

通过以上施工记录比较，劳动生产率降低值为

$$6.7-4.75=1.95 \ (\text{m}^3/\text{h})$$

索赔费用的计算公式为

$$索赔费用 = 计划台班 \times (劳动生产率降低值/预期劳动生产率) \times 台班单价$$
$$= 2 \times (1.95/6.7) \times 300 = 174.63 \ (元)$$

2）材料费索赔。

a. 材料消耗量增加的索赔

$$索赔额 = \sum 新增的工程量 \times 某种材料的预算消耗定额 \times 该种材料单价$$

b. 材料单位成本增加的索赔

$$索赔额 = 材料用量 \times (实际材料单位成本 - 投标材料单位成本)$$

3）施工机械费索赔。

a. 增加机械台班使用数量的索赔

$$索赔额 = \sum 增加的某种机械台班的数量 \times 该机械的台班费$$

b. 机械闲置的索赔

$$索赔额 = \sum 某种机械闲置台班 \times (该种机械行业标准台班费$$
$$\times 折减系数) 该种机械定额标准台班费$$

4）现场管理费索赔计算。现场管理费包括工地的临时设施费、通信费、办公费、现场管理人员和服务人员的工资等。现场管理费索赔计算的方法一般为

$$现场管理费索赔值 = 索赔的直接成本费用 \times 现场管理费率$$

现场管理费率的确定选用下面的方法：

a. 合同百分比法。管理费比率在合同中规定。

b. 行业平均水平法。采用公开认可的行业标准费率。

c. 原始估价法。采用投标报价时确定的费率。

d. 历史数据法。采用以往相似工程的管理费率。

5）总部管理费索赔计算。总部管理费是承包商的上级部门提取的管理费，如公司总部办公楼折旧、总部职员工资、交通差旅费、通信费、广告费等。一般仅在工程延期和工程范

围变更时才允许索赔总部管理费。企业管理费索赔包括企业管理费、财务费用和其他费用的索赔，也可将利润损失计算在内。索赔值的计算方法主要有企业管理费率计算法和国际上通用的埃尺利公式计算法两种。

a. 企业管理费率计算法

$$企业管理费索赔额＝施工项目成本费用索赔额×企业管理费率$$

式中：企业管理费率可采用确定现场管理费率的四种方法之一确定。

b. 延期索赔的埃尺利公式

$$延期合同应分摊的管理费（A）＝\frac{被延期合同原价}{同期公司所有合同价之和}×同期公司计划企业管理费$$

$$单位时间（周或日）应分摊的管理费（B）＝\frac{A}{计划合同期（周或日）}$$

$$企业管理费索赔额（C）＝B×延期时间（周或日）$$

说明：由于延期，使承包商的合同直接成本和合同总值减少而损失的管理费应予补偿。

c. 工作范围变更索赔的埃尺利公式

$$索赔合同应分摊的管理费（A_1）＝\frac{被索赔合同原计划直接费}{同期所有合同实际直接费}×同期公司计划 企业管理费$$

$$每元直接费用应分摊的管理费（B_1）＝\frac{A_1}{被索赔合同原计划直接费}$$

$$工作变更企业管理费索赔额（C_1）＝B_1×工作范围变更索赔的直接费$$

应用埃尺利公式的条件：承包商应证明由于索赔事件的出现，确实引起管理费增加，或在工程停工期间，确实无其他工程可干。对于停工期间短或是索赔额中已包含了管理费的索赔，埃尺利公式不适用。

6）融资成本、利润与机会利润损失的索赔。由于承包商只有在索赔事件处理完结后一段时间内才能得到其索赔的金额，因此承包商往往需从银行贷款或以自有资金垫付，这就产生了融资成本问题，主要表现在额外贷款利息的支付和自有资金的机会利润损失。

在以下情况中，可以索赔利息：

a. 业主推迟支付工程款的保留金，这种金额的利息通常以合同约定的利率计算。

b. 承包商借款或动用自有资金弥补合法索赔事项所引起的现金流量缺口，在这种情况下，可以参照有关金融机构的利率标准，或者拟定把这些资金用于其他工程承包项目可得到的收益来计算索赔金额。

利润是完成一定工程量的报酬，因此在工程量增加时可索赔利润。不同的国家和地区对利润的理解和规定有所不同，有的将利润归入总部管理费中，则不能单独索赔利润。

机会利润损失是由于工程延期或合同终止而使承包商失去承揽其他工程的机会而造成的损失，在某些国家和地区，是可以索赔机会利润损失的。

【例 7-3】 背景：某厂（甲方）与某建筑公司（乙方）订立了某工程项目施工合同，同时与某降水公司订立了工程降水合同。甲乙双方合同规定：采用单价合同，每一分项工程的实际工程量增加（或减少）超过招标文件中工程量的 10％以上时调整单价；工作 B、E、G 作业使用的主导施工机械一台（乙方自备），台班费为 400 元/台班，其中台班折旧费为 240 元/台班。施工网络计划如图 7-3 所示。

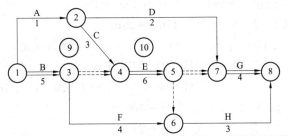

（注：箭线上方为工作名称，箭线下方为持续时间，双箭线为关键线路）

图 7-3 施工网络计划图（单位：天）

甲乙双方合同约定 8 月 15 日开工。工程施工中发生如下事件：

① 降水方案错误，致使工作 D 推迟 2 天，乙方人员配合用工 5 个工日，窝工 6 个工日。

② 8 月 21～22 日，因供电中断停工 2 天，造成人员窝工 16 个工日。

③ 因设计变更，工作 E 工程量由招标文件中的 300m^3 增至 350m^3，超过了 10%；合同中该工作的全费用单价为 110 元/m^3，经协商调整后全费用单价为 100 元/m^3。

④ 为保证施工质量，乙方在施工中将工作 B 原设计尺寸扩大，增加工程量 15m^3，该工作全费用单价为 128 元/m^3。

⑤ 在工作 D、E 均完成后，甲方指令增加一项临时工作 K，经核准，完成该工作需要 1 天时间，机械 1 台班，人工 10 个工日。

问题：（1）上述哪些事件乙方可以提出索赔要求？哪些事件不能提出索赔要求？说明其原因。

（2）每项事件工期索赔各是多少？总工期索赔多少天？

（3）工作 E 结算价应为多少？假设人工工日单价为 50 元/工日，合同规定窝工人工费补偿标准为 25 元/工日，因增加用工所需管理费为增加人工费的 20%，工作 K 的综合取费为人工费的 80%。

（4）试计算除事件 3 外合理的费用索赔总额。

问题（1）：事件①：可提出索赔要求，因为降水工程由甲方另行发包，是甲方的责任。

事件②：可提出索赔要求，因为因停水、停电造成的人员窝工是甲方的责任。

事件③：可提出索赔要求，因为设计变更是甲方的责任，且工作 E 的工程量增加了 50m^3，超过了招标文件中工程量的 10%。

事件④：不应提出索赔要求，因为保证施工质量的技术措施费应由乙方承担。

事件⑤：可提出索赔要求，因为甲方指令增加工作，是甲方的责任。

问题（2）：事件①：工作 D 总时差为 8 天，推迟 2 天，尚有总时差 6 天，不影响工期，因此可索赔工期 0 天。

事件②：8 月 21～22 日停工，工期延长，可索赔工期：2 天。

事件③：因工作 E 为关键工作，可索赔工期：（350－300）/（300/6）＝1 天。

事件⑤：因 E、G 均为关键工作，在该两项工作之间增加工作 K，则工作 K 也为关键工作，索赔工期：1 天。

总计索赔工期：0 天＋2 天＋1 天＋1 天＝4 天。

问题（3）：

按原单价结算的工程量＝300m³×（1＋10％）＝330m³

按新单价结算的工程量＝350m³－330m³＝20m³

总结算价＝330m³×110元/m³＋20m³×100元/m³＝38 300元

问题（4）：事件①：人工费＝6工日×25元/工日＋

5工日×50元/工日×(1＋20％)＝450元

事件②：人工费＝16工日×25元/工日＝400元

机械费＝1台班×240元/台班＝240元

事件⑤：人工费＝10工日×50元/工日×(1＋80％)＝900元

机械费＝1台班×400元/台班＝400元

合计费用索赔总额为：450元＋400元＋240元＋900元＋400元＝2390元。

本 章 回 顾

（1）索赔指在合同的实施过程中，合同一方因对方不履行或未能正确履行合同所规定的义务而受到损失，向对方提出赔偿要求。

（2）按索赔要求，索赔可分为：①工期索赔，即要求业主延长工期，推迟竣工日期；②费用索赔，即要求业主补偿费用损失，调整合同价格。

（3）索赔的作用是对自己已经受到的损失进行追索，其任务有：①预测索赔机会；②在合同实施中寻找和发现索赔机会；③处理索赔事件，解决索赔争执。

（4）承包商的索赔工作包括两个方面：①承包商与业主和工程师之间涉及索赔的一些业务性工作；②承包商为了提出索赔要求和使索赔要求得到合理解决所进行的一些内部管理工作。

（5）索赔证据的基本要求：①真实性；②全面性；③法律证明效力；④及时性。

（6）索赔报告是向对方提出索赔要求的书面文件，是承包商对索赔事件处理的结果。

（7）工期索赔成立的条件通常有两个：①发生了非承包商自身的原因的索赔事件；②索赔事件造成了总工期的延误。

（8）网络图分析法，是利用进度计划的网络图，分析其关键线路。如果延误的工作为关键工作，则延误的时间为索赔的工期；如果延误的工作为非关键工作，当该工作由于延误超过时限而成为关键工作时，可以索赔延误时间与时差的差值；若该工作延误后仍为非关键工作，则不存在工期索赔问题。

（9）经济索赔的计算方法主要有总费用法、修正的总费用法和分项法。

思考与讨论

1. 索赔有哪几种分类？

2. 工程师公正合理地处理索赔事项必须遵循哪些原则？

3. 承包商索赔要求成立必须具备哪些条件？

4. 我国《建设工程施工合同（示范文本）》（GF－2013－0201）规定的施工索赔程序是什么？

5. 为了实施某项目的建设，业主与施工单位按《建设工程施工合同（示范文本）》（GF－2013－0201）签订了建设工程施工合同，该项目未投保工程一切险，在工程施工过程中，遭受特大暴风雨袭击，造成了相应的损失，施工单位及时向工程师提出补偿要求，并附有相关的详细资料和证据。

施工单位认为遭暴风雨袭击是因非施工单位原因（属于不可抗力）造成的损失，故应由业主承担赔偿责任，主要补偿要求包括：

（1）给已建部分工程造成破坏，损失计 18 万元，应由业主承担修复的经济责任，施工单位不承担修复的经济责任。

（2）施工单位人员因此灾害数人受伤，处理伤病医疗费用和补偿金总计 3 万元，业主应给予赔偿。

（3）施工单位进场的正在使用的机械、设备受到损坏，造成损失 8 万元，由于现场停工造成台班费损失 4.2 万元，业主应承担赔偿和修复的经济责任。

（4）工人窝工费 3.8 万元，业主应予以支付。

（5）因暴风雨造成现场停工 8 天，要求合同工期顺延 8 天。

（6）由于工程损坏，清理现场需费用 2.4 万元，业主应予以支付。

问题：

1）因不可抗力事件导致的费用损失与延误的工期由双方按什么原则分别承担？

2）对施工单位提出的补偿要求应如何处理？

 练 一 练

1. 当事人一方违约后，对方未采取适当措施致使损失扩大的（　　）。

A. 所有损失要求赔偿　　　　　　　　B. 所有损失均不能获得赔偿

C. 只可就未扩大的损失要求赔偿　　　D. 只可就扩大的损失要求赔偿

2. 下列关于索赔和反索赔的说法，正确的是（　　）。

A. 索赔实际是一种经济惩罚行为

B. 索赔和反索赔具有同时性

C. 索赔就是承包人对发包人的索赔

D. 反索赔只能是针对承包人的索赔提出的反索赔

3. 工程师要求的暂停施工的赔偿与责任的说法错误的是（　　）。

A. 停工责任在发包人，由发包人承担所发生的追加合同价款，赔偿承包商由此造成的损失，相应顺延工期

B. 停工责任在承包人，由承包人承担发生的费用，相应顺延工期

C. 停工责任在承包人，因为工程师不及时做出答复，导致承包人无法复工，由发包人承担违约责任

D. 停工责任在承包人，由承包人承担发生的费用，工期不予顺延

参 考 文 献

[1] 刘尔烈，朱建元. 工程建设项目的招标与投标 [M]. 北京：人民法院出版社，2000.

[2] 陈传德. 施工企业经营管理 [M]. 北京：人民交通出版社，2000.

[3] 陈森熙，王清池. 建筑工程招标与投标管理 [M]. 北京：人民交通出版社，1993.

[4] 卢谦. 建设工程招标投标与合同管理 [M]. 北京：中国水利水电出版社，2005.

[5] 卞耀武. 中华人民共和国招标投标法实用问答 [M]. 北京：中国建筑材料工业出版社，1999.

[6] 交通部. 建筑工程施工招标评标办法 [M]. 北京：人民交通出版社，1997.

[7] 梅阳春，邹辉霞，陈锦桂，等. 建设工程招投标及合同管理 [M]. 武汉：武汉大学出版社，2004.

[8] 陈光健. 建设项目现代管理 [M]. 北京：机械工业出版社，2004.

[9] 张国联. 土木工程施工 [M]. 北京：中国建筑工业出版社，2004.

[10] 陈慧玲. 建设工程招标投标实务 [M]. 南京：江苏科学技术出版社，2004.

[11] 王生玉. 工程招标的必要性及报价策略 [M]. 青海：青海交通科技出版社，2000.

[12] 李惠强. 建筑工程施工组织 [M]. 北京：高等教育出版社，2008.

[13] 黄景瑗，土木工程施工招投标与合同管理 [M]. 北京：中国水利水电出版社，2002.